A. Kelly

Werkstoffe hoher Festigkeit

Werkstoffkunde

Grundlagen · Forschung · Entwicklung

Herausgegeben von
Prof. Dr. Eckard Macherauch und Prof. Dr. Volkmar Gerold

Band 4

A. Kelly

Werkstoffe hoher Festigkeit

Mit 58 Bildern

» Springer Fachmedien Wiesbaden

Titel der Originalausgabe: Strong Solids
Erschienen bei Clarendon Press, Oxford
© Oxford University Press 1966

Übersetzung aus dem Englischen:
Dr. Karl E. Saeger

Verlagsredaktion: Alfred Schubert, Gerd Grünewald

1973

Alle Rechte vorbehalten
Copyright © 1973 Springer Fachmedien Wiesbaden
Ursprünglich erschienen bei Friedr. Vieweg + Sohn GmbH, Verlag, Braunschweig 1973
Softcover reprint of the hardcover 1st edition 1973
Die Vervielfältigung und Übertragung einzelner Textabschnitte, Zeichnungen oder Bilder, auch
für Zwecke der Unterrichtsgestaltung, gestattet das Urheberrecht nur, wenn sie mit dem Verlag
vorher vereinbart wurden. Im Einzelfall muß über die Zahlung einer Gebühr für die Nutzung
fremden geistigen Eigentums entschieden werden. Das gilt für die Vervielfältigung durch alle
Verfahren einschließlich Speicherung und jede Übertragung auf Papier, Transparente, Filme,
Bänder, Platten und andere Medien.

ISBN 978-3-663-01951-0   ISBN 978-3-663-01950-3 (eBook)
DOI 10.1007/978-3-663-01950-3

Vorwort zur englischen Ausgabe

Seit einiger Zeit besteht großes Interesse an Werkstoffen, die sehr fest, sehr steif und sehr leicht sind. In den letzten Jahren ist eine Reihe von Veröffentlichungen erschienen, die die Grundlagen für die Entwicklung solcher Werkstoffe skizzieren. Darin wird hauptsächlich vorgeschlagen, ein Material von geringer Festigkeit mit hochfesten Fasern oder Whiskers zu verstärken. Dieses Prinzip wird zu einer neuen Art von Werkstoffen führen, die die üblichen hochfesten Metalle und ihre Legierungen für eine Reihe von Anwendungsgebieten ersetzen könnten.

Dieses kleine Buch versucht nun, die Grundlagen der Theorie zu umreißen, die die Eigenschaften dieser Verbundwerkstoffe beschreibt und zu untersuchen, wie gut diese Theorie durch das Experiment bestätigt wird. Einige Aufmerksamkeit wird den Eigenschaften der derzeit verfügbaren hochfesten Materialien geschenkt, sowie den Werkstoffen, die bei höheren Temperaturen verwendet werden können. Da sind in erster Linie die Metalle und die glasfaserverstärkten Kunststoffe. Die Betrachtung der Eigenschaften dieser Werkstoffe führt, ausgehend von den Grundlagen, zu vielen Verbesserungsvorschlägen.

In dieses Gebiet wurde ich durch Prof. A. H. Cottrell eingeführt. Ich bin ihm und Dr. N. Kurti für den Vorschlag, dieses Buch zu schreiben, sehr dankbar. Eine Reihe von Kollegen hat einzelne Kapitel gelesen und nützliche Vorschläge gemacht. Es waren dies L. M. Brown (Kap. 3), A. H. Cottrell (Kap. 4), G. J. Davies (Kap. 6), J. D. Eshelby (Kap. 1 und 2) und W. R. Tyson (Kap. 1). Allen bin ich zu Dank verpflichtet. Weiterhin möchte ich dem Interservices Metallurgical Research Council des Ministry of Aviation danken, auf dessen Einladung hin ich eine Übersicht über die Grundlagen der Verstärkung mit Fasern geschrieben habe, auf der Kapitel 5 basiert.

Die Forschung an Werkstoffen hoher Festigkeit ist ein Gebiet, das sich in der letzten Zeit sehr schnell entwickelt. Aus diesem Grund kann diese Monographie nur eine Art Zwischenbericht sein. Sie will weder originell noch vollständig sein, sie versucht vielmehr, in einem vernünftigen Umfang Gedanken und Ergebnisse zusammenzustellen, die zur Zeit in der Literatur weit verstreut sind. Meine eigene Arbeit auf diesem Gebiet ist ausschließlich in Zusammenarbeit mit meinen studentischen Mitarbeitern durchgeführt worden. All denen, die während der letzten Jahre mit mir auf den Gebieten der keramischen Werkstoffe, der Aushärtung und zuletzt der Verstärkung durch Fasern gearbeitet haben, bin ich sehr dankbar. Viele der Gedanken auf dem Gebiet der hochfesten Stoffe wurden mit Mr. J. E. Gordon und Dr. W. R. Tyson diskutiert. Diesen beiden Kollegen schulde ich besonderen Dank für die Anregung und die Hilfe, die sie mir immer in so bereitwilliger Weise haben angedeihen lassen.

Cambridge

A. Kelly

Vorwort zur deutschen Ausgabe

In den fünf Jahren, die seit dem Erscheinen der englischen Ausgabe verstrichen sind, ist die Produktion faserverstärkter Werkstoffe hoher Festigkeit bedeutend gesteigert worden, und auch der Umfang der wissenschaftlichen Literatur, die sich mit deren Eigenschaften und Verhalten befaßt, ist stark angewachsen. Bei den anderen im vorliegenden Buch behandelten Punkten ist besonders bemerkenswert, daß die Prinzipien der Bruchmechanik mittlerweile weitgehend akzeptiert worden sind und vielfältige Anwendung finden. Bei den Themen von rein wissenschaftlichem Interesse hat sich gezeigt, daß die Theorien der Wechselwirkung von Versetzungen mit Ausscheidungen und der Verfestigung doch eine stärker in die Einzelheiten gehende Behandlung erfordern, als man nach den einfachen Vorstellungen annehmen würde, die in den Abschnitten 4.2 und 4.6 entwickelt werden. Diese Dinge spielen z. B. bei der Herstellung hochfester Drähte durch Ziehen des geschmolzenen Metalls eine wesentliche Rolle. Dieses Verfahren wird jetzt in Deutschland schon routinemäßig betrieben.

Einige sehr geschickt angelegte experimentelle Untersuchungen haben an ideal fehlerfreien Teilchen einer Reihe von Kristallen Festigkeitswerte ergeben, die die in Kapitel 1 angegebenen Werte bestätigen. Sehr viel wissenschaftliche Arbeit wird neuerdings aufgewendet, um das Gefüge der Polymere zu klären. Mit einem besseren Verständnis dieser Werkstoffe wird die Herstellung eines Polymers von hoher Festigkeit und Steifigkeit durch Ausrichten der Moleküle bei tiefer Temperatur (wie in Abschnitt 1.2 angedeutet) auch praktisch möglich werden.

Teddington

A. Kelly

Inhaltsverzeichnis

Einleitung

Dieses Buch befaßt sich mit Stoffen, die eine hohe Zugfestigkeit besitzen. Die Höhe der Spannung, die nötig ist, um einen Festkörper zu zerreißen, hängt von der Art der Beanspruchung ab. In den meisten Fällen werden wir in diesem Buch annehmen, daß der Festkörper einer einfachen einachsigen Zugspannung ausgesetzt ist.

Jeder Festkörper hat im Prinzip eine theoretische Bruchspannung, die nur von den chemischen Bindungskräften zwischen den einzelnen Atomen, aus denen er aufgebaut ist, und der Temperatur bestimmt wird. Diese theoretische Bruchfestigkeit gilt für eine ideale Probe der betreffenden Substanz, die absolut fehlerfrei ist in dem Sinn, daß sie überall homogen ist und keine Risse, Einschlüsse, Fremdatome, Versetzungen oder andere definierbare Fehler aufweist. Vor rund 35 Jahren war das Interesse an der theoretischen Bruchfestigkeit sehr groß, weil die höchsten gemessenen Festigkeitswerte von Festkörpern (mit ein oder zwei Ausnahmen, wie z.B. Quarzfasern) um mindestens zwei Größenordnungen unter dem theoretisch erwarteten Wert lagen. Diese Diskrepanz wurde stark herausgestellt und war ein wichtiges Glied in der Argumentation, daß Festkörper (hauptsächlich Kristalle) Fehler enthalten müssen. Diese Fehler, von denen man weiß, daß sie die Bruchfestigkeit der meisten Kristalle beeinflussen, sind während der letzten 15 Jahre direkt beobachtet worden. Die Untersuchung dieser Fehler, vor allem die der Versetzungen, hat zu einem Rückgang des Interesses an der theoretischen Festigkeit geführt.

In der Zwischenzeit sind jedoch Festkörper mit Festigkeiten von 10^{11} dyn/cm^2 (1000 kp/mm^2) und mehr hergestellt worden. Derartige Festigkeiten nähern sich den theoretischen Werten. Sie wurden hauptsächlich an Whiskers beobachtet, es wurden aber auch große Proben aus Quarzglas und aus Saphir hergestellt, deren Festigkeit noch über dem genannten Wert lag. Damit ergeben sich zwei wichtige Fragen. Die erste betrifft das Problem, ob unsere Schätzungen der theoretischen Festigkeit zutreffen und, wenn ja, ob sich die experimentellen Festigkeitswerte der extrem festen Materialien damit erklären lassen. Grob gesprochen läßt sich diese Frage bejahen. In Kapitel 1 wird dieses Problem quantitativ geprüft, soweit das im Augenblick möglich ist. Im allgemeinen findet man, daß die beobachteten Festigkeiten der höchstfesten Stoffe bei etwa einem Drittel des theoretischen Werts liegen, obgleich auch einige Metallkristalle hergestellt worden sind, die bei der theoretischen Festigkeit zu versagen scheinen.

Die zweite wichtige Frage, die gestellt werden muß, besteht darin, ob diese sehr großen experimentell beobachteten Festigkeiten auch in praktisch verwendbaren Werkstoffen annähernd erreicht werden können. Läßt sich auch diese Frage mit ja beantworten, dann sind viele technische Neuerungen möglich, weil dann dem Konstrukteur neue Werkstoffe mit einem höheren Verhältnis von Festigkeit zu Gewicht und, was noch wichtiger ist, mit einem höheren Verhältnis von Elastizitätsmodul zu Gewicht zur Verfügung gestellt werden können. Weiterhin lassen sich dann auch Werkstoffe erzeugen, die für den Einsatz bei sehr hoher Temperatur geeignet sind. Ein naheliegendes Anwendungsgebiet für Werkstoffe der genannten Art ist im Augenblick das Transportwesen. Hier können sie unter anderem für die Rotorblätter von Hubschraubern verwendet werden, für die Gehäuse von Raketenmotoren und im Turbinenbau (z.B. für die Herstellung von Turbinenschaufeln). Sind aber neue Werkstoffe erst einmal in größerem Umfang auf dem Gebiet des Transportwesens und der Motoren eingeführt, dann kann man auch damit rechnen, daß sie im Bauingenieurwesen und in der Architektur Anwendung finden werden.

Der Gebrauch eines hochfesten Werkstoffs in der Praxis hängt von vielen Faktoren ab. Einer der wichtigsten davon ist die Kostenfrage. Weiterhin muß klar sein, wenn Überlegungen über den Einsatz neuer festerer Werkstoffe angestellt werden, daß Bruchfestigkeit nicht ausschließlich eine Materialeigenschaft ist, sondern daß auch die Form und die Abmessungen des Werkstücks sowie der Spannungszustand in Betracht gezogen werden müssen. Das vorliegende Buch beschränkt sich darauf, auf einer elementaren Ebene zu beschreiben, bei welchen Stoffen man eine hohe Festigkeit im einachsigen Zugversuch erwarten kann. Daneben wird gezeigt, wie man die Eigenschaften dieser Stoffe nutzen kann in Werkstücken mit technisch anwendbaren Abmessungen, die nicht ihre Festigkeit verlieren, sobald die Oberfläche beschädigt wird.

Der Plan dieses Buches ist wie folgt. In Kapitel 1 werden Abschätzungen der theoretischen Festigkeit vorgenommen und, soweit möglich, mit experimentellen Ergebnissen verglichen. Die Diskussion der theoretischen Festigkeit ermöglicht es, Aussagen über den chemischen Aufbau der höchstfesten Stoffe zu machen. In der Praxis läßt sich die hohe Festigkeit nicht realisieren, weil Kristalle normalerweise Fehler enthalten. Die wichtigsten davon sind der Riß und die Versetzung. Der Mechanismus, über den Risse die Festigkeit vermindern, wird in Kapitel 2 umrissen, die Versetzungen werden in Kapitel 3 diskutiert. Die zur Zeit am häufigsten gebrauchten Materialien hoher Festigkeit sind die Metalle. Das Gefüge von Metallproben, das größte Festigkeit hervorruft ohne zu extremer Bruchneigung zu führen, wird in Kapitel 4 diskutiert. Ferner werden dort einige Beispiele dafür aufgezeigt, wie fest und vielseitig Metalle sein können. Das relativ neue Prinzip des Erzeugens eines faserigen Gefüges in künstlich hergestellten Werkstoffen mit dem Ziel, hohe Festigkeit ohne starke Kerbempfindlichkeit zu erreichen, das eine Nachahmung der Natur darstellt, wird in Kapitel 5 beschrieben. In Kapitel 6 schließlich werden einige der Methoden zur Herstellung hochfester Fasern und einige Möglichkeiten, sie in eine Matrix einzubetten, diskutiert.

Beim Schreiben eines Buches dieser Art ergibt sich das Problem, welche Einheiten zum Messen der Festigkeit gewählt werden sollen. Ich neigte dazu, diese Größe in pounds per square inch auszudrücken, in der deutschen Übersetzung wurde die Einheit kp/mm^2 gewählt. Das rührt daher, daß nach meiner Beobachtung die vielen Leute, die auf dem Gebiet der hochfesten Stoffe tätig sind, wie Physiker, Metallkundler und Ingenieure, am leichtesten in der Lage sind, die für ihr Fachgebiet spezifischen Einheiten in die genannte umzurechnen. Die entsprechenden Werte im c.g.s.-System werden an vielen Stellen ebenfalls angegeben. Die Beziehungen zwischen häufig gebrauchten Maßsystemen sind in Teil D des Anhangs vermerkt. In den anderen Teilen des Anhangs sind einige Daten über hochfeste Materialien zusammengestellt.

Die Beziehung zwischen Bruchfestigkeit und Gefüge eines Festkörpers ist ein Problem in der Werkstoffwissenschaft, das noch nicht völlig gelöst ist. Aus diesem Grund können die meisten der Aussagen in diesem Buch nur von qualitativer Art sein. Eine Übersicht der vorliegenden Art zeigt einige wesentliche Lücken in unserem Wissen auf. Beispiele dafür sind unsere Unkenntnis über die Art, wie die theoretische Reißfestigkeit oder die theoretische Schubfestigkeit von überlagerten Spannungen abhängen, unsere Unkenntnis über den Zustand an der Spitze eines echten Risses sowie die Tatsache, daß wir nicht in der Lage sind, den Übergang von duktilem zu sprödem Werkstoffverhalten von Grund auf zu verstehen. Die meisten dieser Probleme hängen zusammen mit dem Verständnis der Natur eines Risses. Das große wissenschaftliche Interesse, das in den letzten Jahren den Versetzungen entgegengebracht worden ist, hat vielleicht etwas von diesem Problem des Verständnisses und der Kontrolle der Bewegung von Rissen abgelenkt.

1. Die theoretische Festigkeit

Ein Festkörper kann auf zwei verschiedene Arten zu Bruch gehen; er kann sich spalten, wie z.B. Glimmer, oder er kann auseinander fließen, wie z.B. Pech. Beobachtet wird jeweils derjenige Bruchvorgang, der die geringere Spannung erfordert. Die bei der Verformung beobachteten Fließvorgänge können von verschiedener Art sein; in Kristallen tritt bei niedrigen Temperaturen plastisches Fließen durch die Bewegung von Versetzungen auf; die Kristalle werden dabei abgeschert. Im vorliegenden Kapitel versuchen wir abzuschätzen, welche Spannung notwendig ist, um einen fehlerfreien Kristall zu spalten oder zu zerreißen (Abschnitte 1.1 und 1.2), und welche Spannung benötigt wird, um einen Kristall abzuscheren (Abschnitt 1.3). In Abschnitt 1.4 wird der Einfluß der Temperatur auf die theoretische Schubfestigkeit betrachtet, und in Abschnitt 1.5 werden die Abschätzungen der theoretischen Festigkeit mit den experimentellen Ergebnissen verglichen. Abschnitt 1.6 beschreibt den chemischen Aufbau der höchstfesten Stoffe und 1.7 zeigt, wie ein gewisses Maß an quantitativer Information über die Fließspannung eines hochfesten Materials aus den Ergebnissen der Härteprüfung gewonnen werden kann.

1.1. Theoretische Reißfestigkeit

Eine einfache Möglichkeit, die zu erwartende Reißfestigkeit eines idealen Festkörpers abzuschätzen, stammt von *Orowan* [1]. Diese Abschätzung ist zwar sehr grob, sie hat jedoch den Vorzug, für alle Festkörper anwendbar zu sein, gleichgültig welcher Art die interatomaren Kräfte im einzelnen sind. Wenn wir versuchen, einen idealen Festkörper am absoluten Nullpunkt der Temperatur zu zerreißen, dann muß sich die Kraft pro Flächeneinheit, die zwei benachbarte Ebenen von Atomen aufeinander ausüben, so mit der Entfernung ändern, wie das in Bild 1.1 gezeigt ist. Beim Gleichgewichtsabstand a_0

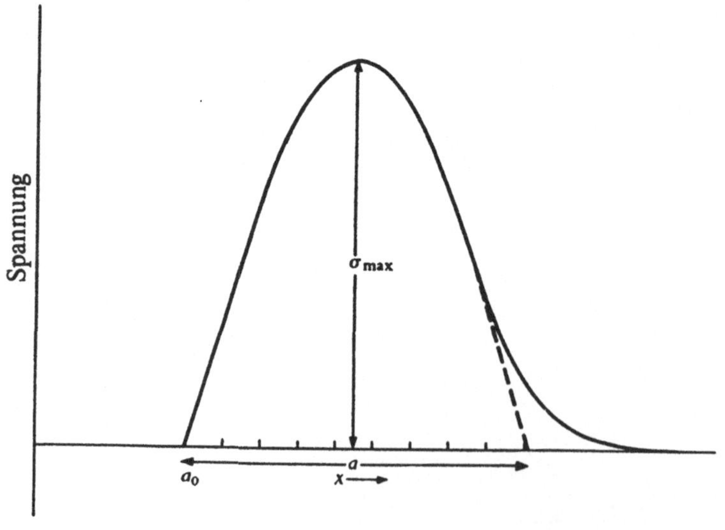

Bild 1.1

ist sie Null. Sie muß bis zu einem Maximalwert ansteigen und dann wieder auf Null abfallen. Die genaue Form der Kurve kann für den Festkörper nur dann berechnet werden, wenn die interatomaren Kräfte in allen Einzelheiten bekannt sind. Wie wir in Abschnitt 1.2 andeutungsweise beschreiben werden, läßt sich diese Rechnung in einigen Fällen durchführen. Im allgemeinen ist das aber nicht möglich. Um nun eine grobe Abschätzung zu erhalten, stellen wir fest, daß die Fläche unter der Kurve die Brucharbeit darstellen muß. Die Brucharbeit kann nicht geringer sein als die Oberflächenenergie der beiden Oberflächen, die beim Zerreißen des Festkörpers neu geschaffen werden. Führen wir an einem Stab einen Zugversuch aus, dann ist diese Arbeit gleich $2\,\gamma_0$ mal der ursprünglichen Querschnittsfläche des Stabes, wobei γ_0 die Oberflächenenergie ist. Wir erwarten, daß die Bruchfestigkeit des Stabes nicht von seiner Länge abhängt, und aus diesem Grund setzen wir die gespeicherte elastische Energie zwischen benachbarten Atomebenen gleich mit der Mindestbrucharbeit.

Ein einfacher Ansatz für die Änderung der rücktreibenden Kraft mit der Entfernung zwischen den Atomebenen liefert für die Spannung

$$\sigma = K \sin \frac{\pi}{a} (x - a_0). \tag{1.1}$$

Die Konstante K läßt sich folgendermaßen bestimmen. Ist $(x - a_0)$ sehr klein, dann gilt

$$a_0 \frac{d\sigma}{dx} = K\,\pi\,\frac{a_0}{a}\,\cos\frac{\pi}{a}(x - a_0) = E,$$

wobei E der Elastizitätsmodul für die entsprechende Richtung im Festkörper ist. Daraus folgt

$$K = \frac{E}{\pi} \cdot \frac{a}{a_0}\,.$$

Die Größe von a, die ein Maß für die „Reichweite der interatomaren Kräfte" darstellt, ist uns nicht bekannt. Um a abzuschätzen, setzen wir nach *Orowan* [1]

$$\int_{a_0}^{a_0 + a} \sigma\,dx = 2\,\gamma_0, \tag{1.2}$$

woraus folgt

$$a = \frac{\pi\,\gamma_0}{K}\,. \tag{1.3}$$

Die „theoretische Reißfestigkeit" σ_{max} ergibt sich als der Maximalwert von σ in Gl. (1.1), d.h.

$$\sigma_{max} = K = \frac{E}{\pi} \cdot \frac{a}{a_0}\,. \tag{1.4}$$

Setzen wir für a den Wert aus Gl. (1.3) ein, dann finden wir

$$\sigma_{max} = \sqrt{\frac{E\gamma_0}{a_0}}. \tag{1.5}$$

Die elastische Dehnung beim Bruch ist

$$\epsilon_{max} = \frac{a}{2a_0} = \frac{\pi}{2}\sqrt{\frac{\gamma_0}{Ea_0}}. \tag{1.6}$$

Nach diesem einfachen Modell ergibt sich die Oberflächenenergie eines festen Körpers nach Gl. (1.3) zu

$$\gamma_0 = \frac{Ka}{\pi} = \frac{E}{a_0}\left(\frac{a}{\pi}\right)^2.$$

Nachdem a näherungsweise gleich a_0 sein wird, erhält man somit als eine sehr grobe Abschätzung der Oberflächenenergie

$$\gamma_0 = \frac{Ea_0}{10}.$$

Entsprechend Gl. (1.5) sollte die Bruchfestigkeit eines idealen Festkörpers am absoluten Nullpunkt mit steigendem Elastizitätsmodul und mit steigender Oberflächenenergie zunehmen, mit steigendem Abstand zwischen den Atomebenen abnehmen. Will man hochfeste Materialien, dann muß man also nach Stoffen mit hohem Elastizitätsmodul, hoher Oberflächenenergie und der größten Zahl von Atomen pro Volumeneinheit suchen.

Beim Gebrauch von Gl. (1.5) muß die Anisotropie der physikalischen Eigenschaften in Betracht gezogen werden. Für einen Kristall wird E durch $\frac{1}{S'_{11}}$ ersetzt, wobei S'_{11} der Elastizitätskoeffizient[1] für die betrachtete Richtung ist. Wir wählen $\frac{1}{S'_{11}}$ und nicht C'_{11}, die entsprechende Elastizitätskonstante[1], da wir die Bruchfestigkeit eines Stabes berechnen, dessen Seiten sich quer zur Zugspannungsrichtung frei bewegen können. Weiterhin werden auch die Werte von γ_0 und a_0 davon abhängen, wie die Ebenen im Kristall, zwischen denen der Bruch auftritt, orientiert sind. Zahlenwerte für eine Reihe von Kristallen sowie für Quarzglas sind in Tabelle 1.1 angegeben, zusammen mit den Werten der theoretischen Bruchfestigkeit ermittelt nach Gl. (1.5). Die Zahlenwerte treffen zu für eine Temperatur von etwa 20 °C. Sie wurden nicht auf 0 K umgerechnet, da die Herleitung der Gl. (1.5) und die Genauigkeit der Abschätzung von γ_0, der Oberflächenenergie, diese Mühe nicht rechtfertigen würden.

Die am wenigsten sichere Größe bei der Anwendung von Gl. (1.5) ist der Wert von γ_0, weil diese Größe für einen Festkörper nur sehr schwer in absoluten Einheiten zu messen ist. Die in Tabelle 1.1 angegebenen Werte für die Oberflächenenergie stammen aus einer Reihe verschiedener Quellen. Sie sind höchstens auf zwei Stellen genau und wurden

---

[1] Anmerkung des Übersetzers: Die S'_{11}- bzw. C'_{11}-Werte werden aus den Elastizitätskoeffizienten S_{ik} bzw. den Elastizitätskonstanten C_{ik} des Einkristalls berechnet, die das elastisch-anisotrope Verhalten beschreiben.

Tabelle 1.1. Werte der theoretischen Reißspannung berechnet nach Gl. (1.5)

Material	Richtung	E[1] $(10^{11}\ dyn/cm^2)$	Oberflächenenergie (erg/cm^2)	σ_{max} $(10^{11}\ dyn/cm^2)$	σ_{max} (kp/mm^2)
Silber	$\langle 111 \rangle$	12,1	1130 [3]	2,4	2360
Gold	$\langle 111 \rangle$	11,0	1350 [3]	2,7	2650
Kupfer	$\langle 111 \rangle$	19,2	1650 [3]	3,9	3820
Kupfer	$\langle 100 \rangle$	6,7	1650 [3]	2,5	2450
Wolfram	$\langle 100 \rangle$	39,0	3000 [4]	8,6	8430
a-Eisen	$\langle 100 \rangle$	13,2	2000 [5] [2]	3,0	2940
a-Eisen	$\langle 111 \rangle$	26,0	2000 [5] [2]	4,6	4510
Zink	$\langle 0001 \rangle$	3,5	100 [7]	0,38	370
Graphit	$\langle 0001 \rangle$	1,0	70 [10]	0,14	137
Silizium	$\langle 111 \rangle$	18,8	1200 [7]	3,2	3140
Diamant	$\langle 111 \rangle$	121,0	5400 [9]	20,5	20100
Quarzglas	–	7,3 [3]	560 [11]	1,6	1570
Natriumchlorid	$\langle 100 \rangle$	4,4	115 [8]	0,43	420
Magnesiumoxid	$\langle 100 \rangle$	24,5	1200 [7]	3,7	3620
Aluminiumoxid	$\langle 0001 \rangle$ [4]	46,0	1000 [12]	4,6	4510

[1] Vgl. Anhang C, Tabelle 1.

[2] Die Oberflächenenergie bei den kubisch raumzentrierten Metallen ist durch die Wechselwirkung mit nächsten und übernächsten Nachbarn bestimmt. Um dies zu berücksichtigen wurde in Gl. (1.5) a_0 gleichgesetzt mit a für die (100)-Ebene und $\frac{a}{2}\sqrt{3}$ für (111), wobei a der Gitterparameter ist. Mit dieser Annahme wird $\gamma_{100} \approx \gamma_{111}$ (*Sundquist* [6]).

[3] Dieser Wert erhöht sich etwas mit zunehmender Verformung (*Mallinder* und *Proctor* [2]).

[4] Hexagonale Zelle.

nicht für eine bestimmte Temperatur korrigiert, da die mit einer solchen Korrektur erzielbare Genauigkeit recht unsicher ist. Die Werte für Zink, Silizium, Natriumchlorid und Magnesiumoxid stammen aus Spaltexperimenten an Kristallen bei niedrigen Temperaturen, die für Silber, Kupfer und Eisen aus Hochtemperaturmessungen über das Kriechverhalten von Drähten. Die Werte für Wolfram und Quarzglas wurden durch Extrapolation aus dem flüssigen Zustand gewonnen. Der Wert für Aluminiumoxid wurde bestimmt mit Hilfe von Messungen des Randwinkels an Tropfen aus flüssigem Nickel auf einer Al_2O_3-Unterlage. Der Wert für Graphit wurde aus Versuchen über die beim Eintauchen in verschiedene Flüssigkeiten freiwerdende Wärme berechnet, der für Diamant aus der Bindungsenergie der C-C-Bindung.

Bei den kubisch flächenzentrierten Metallen ist die Änderung der Oberflächenenergie mit der Orientierung nicht sehr groß, sie beträgt weniger als 15 % (*Sundquist* [6]). Bei den kubisch raumzentrierten Metallen ist sie etwas größer, etwa 25 %. Für diese Metalle beruht also die Änderung von σ_{max} mit der Orientierung hauptsächlich auf der Änderung des Elastizitätsmoduls. Die Werte der Oberflächenenergie für die Metalle sind normalerweise hoch, und so erwartet man nach Gl. (1.5) Bruchfestigkeiten von mehreren tausend kp/mm^2 sowie hohe Werte der Dehnung beim Bruch (20 bis 30 %). Zink und Graphit sind typisch für Schichtstrukturen mit niedrigen Werten der Oberflächenenergie parallel zu den Spaltebenen und niedrigem Elastizitätsmodul für Dehnung senkrecht zu diesen Ebenen.

Die theoretischen Festigkeiten sind hier, verglichen mit denen anderer Kristalle, sehr gering.
Diamant scheint eine sehr hohe Oberflächenenergie zu haben, so daß die theoretische Bruch-
dehnung, falls der angegebene Wert der Oberflächenenergie richtig ist, etwa 20 % beträgt.
Die Werte für die anderen nichtmetallischen Kristalle in Tabelle 1.1 zeigen, daß in solchen
Stoffen Ebenen mit niedriger Oberflächenenergie durch Spaltung freigelegt werden können, und daß aus diesem Grund die theoretischen Bruchfestigkeiten nicht mehr als 15 %
des Elastizitätsmoduls betragen.

Der Vergleich der Werte von σ_{max} für Diamant und NaCl mit denen, die auf etwas
genauere Art in Abschnitt 1.2 berechnet werden, zeigt, daß die Orowansche Abschätzung
(Gl. (1.5)), obgleich sie in der richtigen Größenordnung liegt, die theoretische Bruchfestigkeit für einen Kristall überschätzt, und zwar bis zu einem Faktor 2. Für Quarzglas liegt der
geschätzte Wert recht nahe bei der experimentell ermittelten (temperaturunabhängigen)
Festigkeit bei tiefer Temperatur (Abschnitt 2.5).

1.2. Genauere Berechnungen

Die Kraft zwischen zwei kovalent gebundenen Atomen läßt sich gut durch eine
Morse-Funktion beschreiben. Wir nutzen das, um nach der schon länger bekannten Methode von *de Boer* [13] die Festigkeit einer Kohlenstoff-Kohlenstoff-Bindung zu untersuchen. Die Morse-Funktion ist in Bild 1.2 gezeigt.

Die Wechselwirkungsenergie U zwischen zwei Atomen mit dem Abstand r ist gegeben durch

$$U = U_0 \left[\exp\{-2a(r-r_0)\} - 2\exp\{-a(r-r_0)\} \right]. \tag{1.7}$$

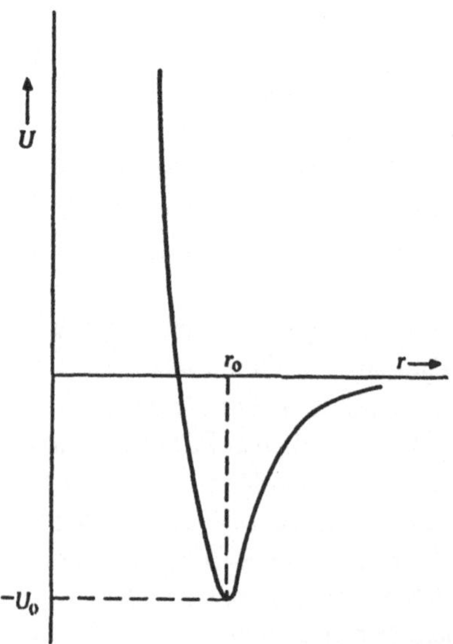

Bild 1.2
Die Morse-Funktion

Die maximale Anziehungskraft zwischen den Atomen beträgt $U_0 \cdot a/2$ und tritt auf beim Abstand

$$r_{max} = \frac{a\,r_0 + \ln 2}{a} \, .$$

Der Wert des Parameters a hängt mit der Krümmung der Kurve im Gleichgewichtsabstand r_0 nach der folgenden Beziehung zusammen:

$$\left(\frac{d^2 U}{dr^2} \right)_{r = r_0} = 2\,a^2\,U_0 . \tag{1.8}$$

Die Bindungsenergie einer aliphatischen Kohlenstoff-Kohlenstoff-Bindung beträgt 83 kcal pro Mol (Anhang A, Tabelle 5) oder $5{,}8 \cdot 10^{-12}$ erg pro Atom, $r_0 = 1{,}54 \cdot 10^{-8}$ cm. Wir erhalten a aus der Federkonstanten für das Dehnen der C-C-Bindungen im Dimethylpropan-Molekül $(C(CH_3)_4)$, die aus Molekülspektren bekannt ist (*Silver* [14]). Es gilt

$$2\,a^2\,U_0 = k_{cc},$$

wobei k_{cc} die Kraftkonstante ist, die die potentielle Energie des Moleküls mit der Dehnung einer Kohlenstoff-Kohlenstoff-Bindung verknüpft. Der Wert von k_{cc} ist nach *Silver* [14] $5{,}2 \cdot 10^5$ dyn/cm, womit $a = 2{,}12 \cdot 10^8$ cm^{-1} wird. Mit diesem Wert für a finden wir für die Kraft, die nötig ist, eine Kohlenstoff-Kohlenstoff-Bindung zu zerreißen, einen Betrag von $6{,}1 \cdot 10^{-4}$ dyn. Die Bindung zerreißt bei einem Abstand zwischen den Atomen, der einer Dehnung von 21 % entspricht. Die Kohlenstoff-Kohlenstoff-Bindung ist sehr fest, und wenn es gelänge, ihre große Festigkeit nutzbar zu machen, dann ließen sich außerordentlich feste Werkstoffe herstellen. In Polyäthylenfasern zum Beispiel hat man $5{,}5 \cdot 10^{14}$ C-C-Bindungen pro cm^2, so daß man eine Spannung von $33{,}6 \cdot 10^{10}$ dyn/cm^2 $(3{,}44 \cdot 10^3$ kp/mm$^2)$ benötigen würde, um alle diese Bindungen gleichzeitig zu zerreißen. Dieser Wert ist natürlich sehr viel größer als die normalerweise beobachtete Bruchfestigkeit von Polymeren (2 bis $5 \cdot 10^9$ dyn/cm^2)[1]). Das Gefüge von Hochpolymeren wird noch nicht so gut verstanden wie das von Kristallen, und daher ist es zur Zeit noch nicht im einzelnen bekannt, warum diese Festigkeit nicht erreicht wird. Eine Möglichkeit der Deutung besteht darin, daß die Molekülketten übereinander gleiten, so daß die C-C-Bindungen gar nicht zerrissen werden, wenn das Material auseinandergezogen wird[2]).

Wir können die Morse-Funktion auch dazu benutzen, die theoretische Bruchfestigkeit des Diamanten abzuschätzen. Zwischen den weit auseinanderliegenden {111}-Ebenen im Diamant (vgl. die Abbildung der Diamantstruktur in Bild 3.2) gibt es $1{,}82 \cdot 10^{15}$ Bindungen pro cm^2. Die Kraft zum Zerreißen einer Bindung beträgt, wie oben abgeschätzt, $6{,}1 \cdot 10^{-4}$ dyn. Die Bruchfestigkeit des Diamants in der $\langle 111 \rangle$-Richtung ist somit $11 \cdot 10^{11}$ dyn/cm^2 $(11{,}2 \cdot 10^4$ kp/mm$^2)$.

---

[1]) Die größte Zugfestigkeit, die dem Autor bekannt ist, wurde an linearem Polythen gemessen, sie beträgt $1{,}52 \cdot 10^{10}$ dyn/cm^2 bei 77 K [15].

[2]) Der Elastizitätsmodul einer fehlerfreien Polymerenkette sollte natürlich auch dann sehr hoch sein, wenn er nur vom Biegen und Strecken von kovalenten Bindungen abhängt. Berechnungen des Elastizitätsmoduls liegen von *Shimanouchi, Asahina* und *Enomoto* [16] vor.

Zwicky [17] versuchte eine exakte Berechnung der Bruchfestigkeit von Steinsalz. Die Methode besteht darin, einen Stab aus NaCl zu betrachten, an dem parallel zur Stabachse eine Kraft in der [100]-Richtung wirkt, und die gesamte elektrostatische Energie U des Kristalls auszudrücken als Funktion von x, dem Abstand benachbarter (100)-Ebenen. Für einen Stab mit der Querschnittsfläche 1 ist die Größe dU/dx ein Maß für die Zugspannung in der Richtung [100]. Bruch tritt ein für $x = x_R$, d.h. wenn $d^2U/dx^2 = 0$. *Zwicky* [17] stellt fest, daß der Bruch bei einer Zugverformung von 14 % eintritt. Die Dehnung senkrecht zur [100]-Richtung beträgt an diesem Punkt – 2,3 %. Die Bruchfestigkeit findet man nun durch Auswerten von dU/dx für den Wert $x_R = 1,14 \cdot a/2$, wobei a der Gitterparameter ist. *Zwicky* [17] erhält so einen Wert von $2 \cdot 10^{10}$ dyn/cm^2 (196 kp/mm^2) für die Bruchfestigkeit von NaCl in der [100]-Richtung.

Die Berechnung von *Zwicky* [17] beruht darauf, die elektrostatische Energie U des Kristalls aus der ursprünglichen Bornschen Theorie der Kristallgitter zu entnehmen und für die potentielle Energie ϕ zwischen einem Ionenpaar im Kristall mit dem Abstand r

$$\phi = \pm \frac{e^2}{r} + \frac{A}{r^9}$$

anzusetzen, wobei A eine Konstante darstellt, die unabhängig von der Art des betrachteten Ions ist. Der Wert von $2 \cdot 10^{10}$ dyn/cm^2 (196 kp/mm^2) für die Bruchfestigkeit eines fehlerfreien Steinsalzkristalls, der in [100]-Richtung gedehnt wird, unterscheidet sich nur um etwa einen Faktor 2 von dem Wert, der mit der einfachen Berechnung aus Abschnitt 1.1 gefunden wurde (vgl. Tabelle 1.1), er ist jedoch niedriger [1]).

de Boer [13] wiederholte die Rechnung von *Zwicky* [17] für Natriumchlorid mit einer etwas einfacheren Methode und erhielt $2,4 \cdot 10^{10}$ dyn/cm^2 (245 kp/mm^2) als Bruchfestigkeit bei einer Dehnung von 17 %. *de Boer* [13] versuchte auch, den Beitrag der van der Waals-Kräfte zur theoretischen Bruchfestigkeit abzuschätzen. Diese Rechnung war weniger genau, sie erhöhte aber den Wert der theoretischen Bruchfestigkeit auf $2,6 \cdot 10^{10}$ dyn/cm^2 (265 kp/mm^2). *Tyson* [18] hat die Rechnung von *Zwicky* [17] mit Hilfe eines Computers und unter Berücksichtigung der van der Waals-Kräfte ebenfalls wiederholt. Um diese zu berechnen, verwendete er die neuesten Zahlen für die Polarisierbarkeit der Ionen. Der Term A/r^9 im Ausdruck für ϕ wurde durch Terme ersetzt, die den Unterschied in der Abstoßungskraft der Ionen unterschiedlicher Art berücksichtigen. Der Wert von *Tyson* [18] für σ_{max} von Natriumchlorid unter Zug parallel zu [100] beträgt $2,7 \cdot 10^{10}$ dyn/cm^2 (276 kp/mm^2), oder E/21 bei 0 K. Die höchste gemessene Festigkeit eines Natriumchlorid-Whiskers bei Raumtemperatur unter Zug parallel zu [100] liegt nahe bei einem Drittel dieses Wertes (Anhang A, Tabelle 1).

Um die Richtigkeit einer der von *Zwicky* [17] gemachten Annahmen zu untersuchen, die auch in den späteren Arbeiten verwendet wurde, führten *Born* und *Fürth* [19] eine Berechnung der Zugfestigkeit eines kubisch flächenzentrierten Gitters aus. Die Bedingung von *Zwicky* [17] für den Bruch des Kristalls, nämlich $d^2U/dx^2 = 0$, besagt, daß der Punkt

---

[1]) *Tyson* [18] hat die Rechnung von *Zwicky* [17] mit Hilfe eines Computers wiederholt. Er berechnete die Konstante A aus dem Gitterparameter bei 25 °C und erhielt einen Wert $\sigma_{max} = 2,3 \cdot 10^{10}$ dyn/cm^2 (235 kp/mm^2).

der Instabilität des Gitters gegenüber weiterer Verformung in Richtung der angelegten
Spannung erreicht ist. *Born* und *Fürth* [19] zeigen jedoch, daß in Wirklichkeit noch zusätzliche Kräfte auf den Kristall wirken, so daß die Bedingungen für die Instabilität verändert werden. Sie nehmen für ihre Rechnung Zentralkräfte und als einfaches Potenz-
gesetz für das Potential zwischen zwei Atomen

$$\phi(r) = U \frac{mn}{n-m} \left[-\frac{1}{m}\left(\frac{r_0}{r}\right)^m + \frac{1}{n}\left(\frac{r_0}{r}\right)^n \right]$$

an. r_0 ist der Gleichgewichtsabstand zweier Einzelatome, und U ist die Energie, die nötig
ist, um sie auf unendliche Entfernung zu bringen. Zur numerischen Berechnung wählen
Born und *Fürth* [19] die Werte m = 6 und n = 12 (das sogenannte Lennard-Jones-Potential) und finden folgendes: Wenn nur eine Zugkraft in [100] angebracht wird, dann ist
das Hookesche Gesetz bis zu einer Dehnung von 10 % gut erfüllt (siehe Bild 1.3). Bei
größeren Dehnungen wird die Abweichung stärker, und Bruch sollte eintreten bei einer
Dehnung von nahezu 25 % bei einer Spannung von 0,16 · E. Wenn aber kleine zusätzliche
Verformungen am Kristall zugelassen werden, dann wird die kritische Dehnung auf 15 %
verringert und die Spannung auf etwa 0,14 · E.

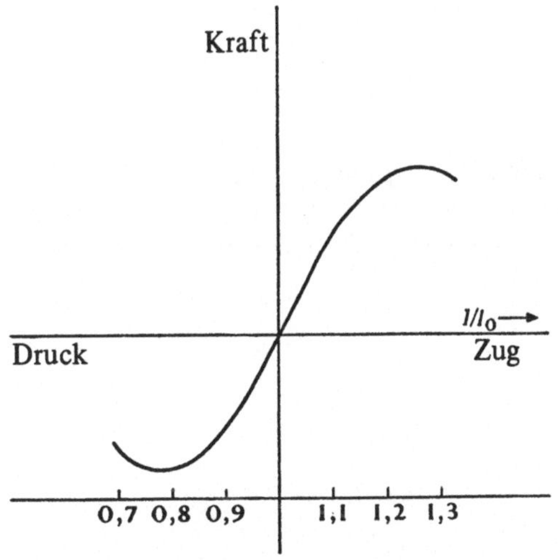

Bild 1.3
Kraft-Verlängerungs-Kurve für einen ku-
bisch flächenzentrierten Lennard-Jones-
Kristall belastet in [100]-Richtung (nach
Born und *Fürth* [19]).

Wegen der besonderen Form, die für ϕ angenommen wurde, ist diese Rechnung für
eine genaue Berechnung der theoretischen Zerreißfestigkeit nur begrenzt brauchbar. Sie
kann angewendet werden für die Bruchfestigkeit fehlerfreier Kristalle der Edelgase sowie
für Kristalle mit van der Waals-Bindung. Diese sind jedoch nicht sehr fest. Für einen Len-
nard-Jones-Kristall kann die nach Born-Fürth abgeschätzte theoretische Zerreißfestigkeit
eines fehlerfreien Kristalls direkt in Beziehung gesetzt werden mit der Sublimationswärme
pro Volumeneinheit, S. Ein Wert von 0,14 E für σ_{max} ergibt für diese Art Kristall

$$\sigma_{max} \approx \frac{S}{3}.$$

Das macht deutlich, daß bei Festkörpern, die bis zu einem nennenswerten Bruchteil ihrer theoretischen Bruchfestigkeit belastet sind, eine stark erhöhte chemische Reaktionsfähigkeit zu erwarten ist, und daß sehr umfangreiche Vorsichtsmaßnahmen notwendig sein werden, um chemischen Angriff und daraus folgenden Festigkeitsverlust zu unterbinden, falls Festkörper für längere Zeit unter Spannungen in der Nähe ihrer theoretischen Bruchspannung verwendet werden sollen.

Die Abschätzung der theoretischen Bruchfestigkeit für Diamant mit Hilfe einer Morse-Funktion ergibt einen Wert von $11 \cdot 10^{11}$ dyn/cm^2 ($11{,}2 \cdot 10^4$ kp/mm^2). Das ist weniger als mit der Abschätzung nach *Orowan* [1] (Gl. 1.5) gefunden wird und entspricht einem Wert von $0{,}09 \cdot E$, die Orowansche Abschätzung ergibt $0{,}17 \cdot E$. Einen Unterschied der gleichen Größenordnung findet man zwischen der elementaren Abschätzung nach *Orowan* [1] und der weit genaueren Rechnung im Fall des Natriumchlorids. Wir schließen daraus, daß die Orowansche Abschätzung um etwa einen Faktor 2 zu hoch liegt. Für Metalle läßt sich ein solcher Vergleich nicht durchführen.

Die Annahme eines Lennard-Jones-Potentials führt zu einer Bruchspannung von $0{,}16 \cdot E$. Diese Tatsache, zusammen mit den Abschätzungen für Diamant und Natriumchlorid läßt uns schließen, daß für nichtmetallische Kristalle σ_{max} zwischen 5 und 16 % des Elastizitätsmoduls beträgt, wobei der genaue Wert von Bindungstyp und Kristallorientierung abhängt.

1.3. Theoretische Schubspannung

Die einfachste Berechnung der theoretischen Schubspannung stammt von *Frenkel* [20]. Wir betrachten zwei benachbarte Ebenen in einem Kristall mit einem Atomabstand b in der Richtung der Scherung (Bild 1.4) und setzen voraus, daß sie in sich nicht verzerrt

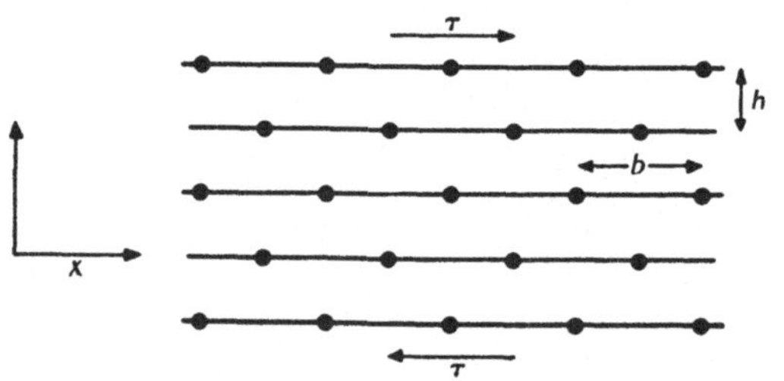

Bild 1.4

werden, wenn eine Schubspannung τ angelegt wird. Wir nehmen an, daß wir als Beziehung zwischen τ und der Verschiebung x schreiben können

$$\tau = k \sin 2\pi \frac{x}{b}.$$

Für kleine x ist $h d\tau/dx$ gleich dem Schubmodul G, und somit wird $k = Gb/2\pi h$. Die maximale rücktreibende Kraft tritt also auf für $x = b/4$ und damit gilt

$$\tau_{max} = \frac{Gb}{2\pi h}. \tag{1.9}$$

Für kubisch flächenzentrierte Metalle schreiben wir $b = a/\sqrt{6}$ und $h = a/\sqrt{3}$, wobei a der Gitterparameter ist. Somit wird

$$\frac{\tau_{max}}{G} \approx \frac{1}{9}.$$

Bei einer Schichtstruktur wie z.B. bei Graphit gilt $b/h = 0{,}4$ für b gleich dem Gleitvektor einer Teilversetzung; es ergibt sich dann

$$\frac{\tau_{max}}{G} \approx \frac{1}{15}.$$

Eine etwas breitere Diskussion ist der theoretischen Schubfestigkeit durch *Mackenzie* [21] zuteil geworden. In der Berechnung von *Frenkel* [20] ändert sich die potentielle Energie U(x) zwischen zwei benachbarten Ebenen mit der relativen Verschiebung x wie

$$U(x) = \frac{Gb^2}{4\pi^2 h} \left(1 - \cos 2\pi \frac{x}{b}\right).$$

Das entspricht der Berücksichtigung von nur dem ersten Term einer Fourier-Reihe für U(x). *Mackenzie* [21] zeigte, wie weitere Glieder zu berücksichtigen sind. Er versuchte, die Koeffizienten mit allgemeinen Argumenten, die für die betroffene Gitterstruktur charakteristisch sind, herzuleiten und betrachtete im Detail einen kubisch flächenzentrierten Kristall. Das entspricht dem Fall der Edelmetalle und Edelgase und ist auch für gewisse hexagonale Metalle zutreffend.

Bild 1.5 (a) zeigt die Plätze der Atome in einer $\{111\}$-Ebene der kubisch flächenzentrierten Struktur. Ein echter Gleitschritt bringt Atom A nach A′, wobei es nahe an Atom C_1 in der darunterliegenden Ebene vorübergleitet. Ein energetisch günstigerer Weg wäre es, über B nach A′ zu gelangen. Wenn wir annehmen, daß der Weg nach A′ über B eingeschlagen wird, dann erwartet man, daß U(x) die in Bild 1.5 (b) gezeigte Form hat. Werden nur zwei Ebene betrachtet, die den Abstand h voneinander haben, dann wird die potentielle Energie bei B die gleiche sein wie die bei A.

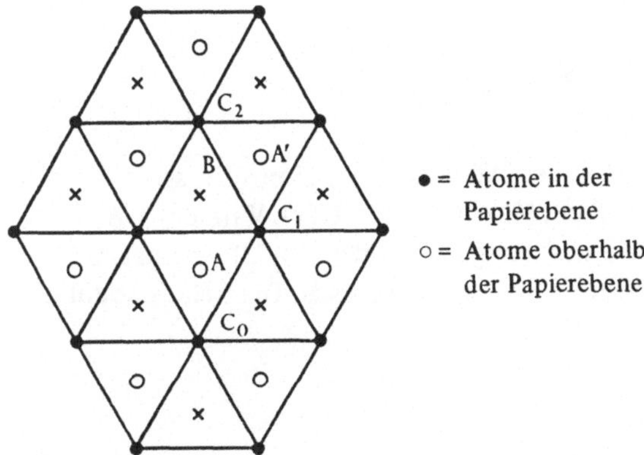

● = Atome in der Papierebene

○ = Atome oberhalb der Papierebene

Bild 1.5 (a)

Anordnung der Atome in den (111)-Ebenen eines kubisch flächenzentrierten Kristalls. Die Buchstaben A, B und C bezeichnen Atome in aufeinanderfolgenden (111)-Ebenen im Kristall.

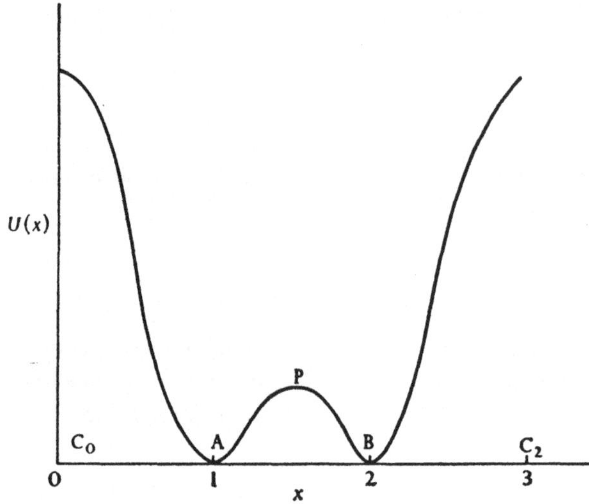

Bild 1.5 (b)
Berechnete Funktion U(x) entlang der Strecke $C_0 C_2$ in Bild
1.5 (a).

Mackenzie [21] wählt einen geeigneten Ursprungspunkt und erhält

$$U(x) = K \left(\cos 2\pi \frac{x}{3} + \alpha \cos 4\pi \frac{x}{3} + \beta \cos 6\pi \frac{x}{3} \right). \tag{1.10}$$

Dabei stellt die Entfernung AB, d.h. $a/\sqrt{6}$, die Längeneinheit dar, wenn a der übliche Gitterparameter eines kubisch flächenzentrierten Kristalls ist. Wir nennen diese Entfernung b′. Die rücktreibende Kraft pro Flächeneinheit, τ, ist gleich $-dU/dx$, wenn die Ebenen um den Betrag x gegeneinander verschoben werden. Daraus folgt

$$\tau = \frac{2\pi K}{3} \left(\sin 2\pi \frac{x}{3} + 2\alpha \sin 4\pi \frac{x}{3} + 3\beta \sin 6\pi \frac{x}{3} \right). \tag{1.11}$$

Diese Kraft muß Null werden für x = 0, 1, 2, 3, was den Punkten C_0, A, B und C_2 in Bild 1.5 entspricht. Um das zu gewährleisten, wählen wir $\alpha = 0,5$. Gl. (1.11) läßt sich dann schreiben als

$$\tau = \frac{2\pi K}{3} \sin \frac{2\pi x}{3} \left(1 + 2 \cos \frac{2\pi x}{3} \right) \left(1 - 3\beta + 6\beta \cos \frac{2\pi x}{3} \right).$$

Der letzte eingeklammerte Term bleibt in der Nähe von x = 1,5 positiv, so-lange $\beta \leqslant 1/9$. Für diesen Fall ergibt sich bei P ein Maximum von U(x). Wird $\beta = 1/8$, dann sehen wir aus Gl. (1.10), daß U(x) bei P auf den gleichen Wert abfällt wie bei A und B. Aus diesem Grund ist die Wahl des Wertes für β etwas kritisch. Der Schubmodul G ist gleich

$$\frac{h}{b'} \left(\frac{d\tau}{dx} \right)_{x=1} = \frac{2\pi^2}{3} K \frac{h}{b'} (1 - 6\beta).$$

Für jeden Wert von β läßt sich nun die kritische Verschiebung angeben, indem man die Gleichung $d\tau/dx = 0$ löst und das Ergebnis in Gl. (1.11) einsetzt, um den Wert von τ_{max} zu finden. Die entsprechende kritische Scherung ist

$$\gamma_{max} = \frac{b'}{h}\,(x_{max} - 1).$$

Werte für τ_{max}, berechnet nach den Ergebnissen von *Mackenzie* [21], sind in Tabelle 1.2 angegeben. Mit b'/h als Variabler können sie für eine Reihe von Kristallstrukturen angewendet werden. Für kubisch flächenzentrierte Metalle gilt $b'/h = 0{,}707$; mit $\beta = 1/9$ und $\beta = 1/8$ findet man für τ_{max}/G die Werte 0,039 bzw. 0,028. Bei kubisch flächenzentrierten Metallen nimmt man die wirkende Schubspannung in einer $\langle 110\rangle$-Richtung an, d.h. entlang AA' im Bild 1.5 (a). Da die vorliegende Rechnung Gleiten entlang dem Zickzackpfad von A über B nach A' annimmt, muß der Wert von $\tau_{max}/\cos 30°$, d.h. $(2/\sqrt{3}) \cdot \tau_{max}$, als die theoretische Festigkeit angesehen werden, wenn Vergleiche mit den Worten der kritischen Schubspannung von Einkristallen angestellt werden sollen. Mit $\beta = 1/8$ ist $0{,}032 \cdot G$ die untere Grenze für $(2/\sqrt{3}) \cdot \tau_{max}$. Darauf beruht die häufig gemachte Feststellung, daß die theoretische Schubfestigkeit $G/30$ beträgt, was in Wirklichkeit die untere Grenze beim kubisch flächenzentrierten Metall ist. Der Wert $\beta = 1/9$ gibt $(2/\sqrt{3}) \cdot \tau_{max} = G/22$. Die Werte von τ_{max}/G in Tabelle 1.2 für dichtest gepackte Ebenen können direkt für kubisch flächenzentrierte Metalle benutzt werden, wenn man $b'/h = 0{,}707$ ansetzt. Für die hexagonalen Metalle ergibt sich b'/h aus dem c/a-Verhältnis zu $2/\sqrt{3} \cdot a/c$. Das Ergebnis der Rechnung von *Mackenzie* [21] für $\beta = 0$ und $\alpha = 0{,}5$ ist ebenfalls in Tabelle 1.2 angegeben. Es gilt für Graphit bei Gleiten in der Basisebene. Für Graphit ist $c/a = 2{,}72$ und somit $\tau_{max} \approx G/20$.

Tabelle 1.2. Verhältnis von Schubfestigkeit zu Schubmodul nach der Methode von *Mackenzie* [21]

Modell	γ_{max}	τ_{max}/G
dichtest gepackte Ebenen $(\alpha = 0{,}5)$		
$\beta = 0$	0,229 b'/h	0,117 b'/h
$\beta = 1/9$	0,125 b'/h	0,055 b'/h
$\beta = 1/8$	0,092 b'/h	0,0395 b'/h
kub. raumz. Gitter		
$\alpha = 0{,}25$	0,204	0,13
$\alpha = 1{,}0$	0,17	0,107
NaCl-Struktur (Gl. (1.9))	0,25	0,16

Mackenzie [21] berechnete τ_{max}/G auch für Gleiten in der Richtung AA' in Bild 1.5 (a) unter Benutzung einer Reihenentwicklung mit $\beta = 0$ und erhielt einen Wert von 0,114. Der Autor hat eine Methode ähnlich der von *Mackenzie* [21] benutzt, um die theoretische Schubfestigkeit eines kubisch raumzentrierten Kristalls für Gleitung auf einer $\{1\bar{1}0\}$-Ebene in einer $\langle 111\rangle$-Richtung zu berechnen. In Tabelle 1.2 sind die Werte von τ_{max}/G für eine Reihe von zwei Gliedern für zwei verschiedene Werte von α angegeben.

Für das Gleiten einer $\{110\}$-Ebene in der $\langle 1\bar{1}0\rangle$-Richtung im NaCl-Gitter führen ähnliche Betrachtungen zu dem Ergebnis, daß die Abschätzung von *Frenkel* [20] mit $b = h$ in Gl. (1.9) die beste Näherung sein dürfte.

Die Berechnung von τ_{max} aus Tabelle 1.2 setzt die Kenntnis des Wertes von G voraus. In der Berechnung der Schubfestigkeit nach *Mackenzie* [21] ist angenommen, daß sich die Gleitebenen nicht verbiegen. Im realen Fall werden sie sich jedoch verbiegen. Dies kann durch die Verwendung der in Tabelle 1.3 angegebenen Werte von G' berücksichtigt werden, die jeweils für die in der Tabelle angeführten Kristallebenen und -richtungen gelten.

Tabelle 1.3. Werte des Schubmoduls für die Berechnung der theoretischen Schubfestigkeit

Kristallsystem	Gleitsystem	G'
kubisch	$\{111\}\ \langle\bar{2}11\rangle$	$\dfrac{3\cdot C_{44}\,(C_{11}-C_{12})}{4\cdot C_{44}+C_{11}-C_{12}}$
kubisch	$\{111\}\ \langle 1\bar{1}0\rangle$	$\dfrac{3\cdot C_{44}\,(C_{11}-C_{12})}{4\cdot C_{44}+C_{11}-C_{12}}$
kubisch	$\{1\bar{1}0\}\ \langle 111\rangle$	$\dfrac{3\cdot C_{44}\,(C_{11}-C_{12})}{4\cdot C_{44}+C_{11}-C_{12}}$
kubisch	$\{110\}\ \langle\bar{1}10\rangle$	$\dfrac{1}{2}\,(C_{11}-C_{12})$
kubisch	$\{110\}\ \langle 001\rangle$	C_{44}
hexagonal	auf (0001) in beliebiger Richtung	C_{44}

Werte für die theoretische Schubfestigkeit, die nach der Methode von *Mackenzie* [21] unter Verwendung von Werten der bei Raumtemperatur gemessenen physikalischen Eigenschaften berechnet wurden, sind in Tabelle 1.4 aufgeführt. Für die kubisch flächenzentrierten Metalle mit niedriger Stapelfehlerenergie (Cu, Ag, Au) und die kubisch raumzentrierten Metalle (Fe, W) wurden die in Tabelle 1.2 unterstrichenen Werte verwendet, um τ_{max}/G zu finden.

Wenn Gleiten von A nach B in Bild 1.5 (a) auftritt, dann wird in einem kubisch flächenzentrierten Metall ein Stapelfehler der Energie γ_S pro Flächeneinheit erzeugt. Das bedeutet, daß die Tiefen der Potentialminima bei A und B nicht mehr gleich sein werden. Wir vernachlässigen den Unterschied, weil unser Modellkristall aus nur zwei Schichten besteht, und erhalten für τ_{max} einen Wert von etwa G/25. Ist der Wert von

Tabelle 1.4. Werte der theoretischen Schubfestigkeit

Material	G' $(10^{11}$ dyn/cm$^2)$	τ_{max}/G'	τ_{max} $(10^{10}$ dyn/cm$^2)$	τ_{max} (kp/mm^2)
Diamant [1])	50,5	0,24	121,0	11850
Cu (bei 10 K)	3,32	0,039	1,29	126
Cu (bei 20 °C)	3,08	0,039	1,2	118
Au	1,90	0,039	0,74	72,5
Ag	1,97	0,039	0,77	75,5
Al	2,3	0,039	0,9	88
Al	2,3	0,114	2,62	253
Si [2])	5,7	0,24	13,7	1340
Fe	6,0	0,11	6,6	645
W	15,0	0,11	16,5	1620
NaCl [1])	2,37	0,12	2,84	278
Al$_2$O$_3$	14,7	0,115	16,9	1660
Zn	3,8	0,034	1,3	127
Graphit	0,23	0,05	$11,5 \cdot 10^{-2}$	11,3

[1]) Die Werte für Diamant und NaCl sind Ergebnisse der Rechnung von *Tyson* [18].
Im Fall des NaCl gilt die Rechnung für 0 K.

[2]) Für Silizium wurde der gleiche Wert von τ_{max}/G' angenommen wie für Diamant.
Diese Schätzung dürfte etwas zu hoch liegen.

γ_S groß, dann kann das Gleiten von A über B nach A' energetisch ungünstig werden. In diesem Fall wird eher ein Gleiten direkt von A nach A' auftreten. Wir dürfen erwarten, daß dann der für den Weg von A nach B berechnete Wert von τ_{max} mit einem großen Fehlerbetrag behaftet ist, falls die Spannung für das Ausdehnen eines Stapelfehlers vergleichbar wird mit τ_{max}. Dann ist

$$\frac{\gamma_S}{b_p} = \frac{G}{25},$$

wobei b_p der Burgersvektor einer Teilversetzung ist. Das entspricht einem Wert für γ_S von etwa Gb/50 mit $b = b_p \sqrt{3}$ = Burgersvektor einer vollständigen Versetzung. Die Werte der Stapelfehlerenergie für die kubisch flächenzentrierten Metalle sind nicht sehr genau bekannt. Für Kupfer, Silber und Gold schätzt man normalerweise, daß die Werte von γ_S sehr viel niedriger als Gb/50 sind. Der Wert von γ_S für Aluminium wird jedoch meist in der Größenordnung von etwa 200 erg/cm^2 oder Gb/35 angenommen. Für Aluminium könnte aus diesem Grund die Verschiebung von A direkt nach A' in Bild 1.5 (a) diejenige sein, die für die Abschätzung von τ_{max} zugrundegelegt werden muß. Diese Verschiebung erfordert eine Spannung von 0,114 G, während für die Verschiebung von A nach B eine Spannung von 0,039 G nötig ist.Beide Werte für Aluminium sind in Tabelle 1.4 angegeben. Der Berechnung des in Tabelle 1.4 angegebenen Wertes für Zink wurde ein kubisch flächenzentriertes Gitter zugrunde gelegt, wobei eine niedrige Stapelfehlerenergie angenommen und eine Korrektur zur Berücksichtigung des c/a-Verhältnisses vorgenommen wurde.

Ein Wert für die theoretische Schubfestigkeit von Aluminiumoxid bei Gleiten in der Basisebene ist ebenfalls in Tabelle 1.4 enthalten. Eine Abbildung der Gleitebene von Saphir ist in Bild 3.3 gezeigt. Vernachlässigt man die Aluminiumionen, dann ist die Ähnlichkeit mit Bild 1.5 (a) offensichtlich. Zur Berechnung des Wertes von τ_{max} für Al_2O_3 in Tabelle 1.4 wurden nur die Sauerstoffatome, die sich in diesem Gitter berühren, berücksichtigt. Es wurde nach der Methode von *Mackenzie* [21] vorgegangen, und zwar entsprechend dem Fall eines kubisch flächenzentrierten Metalls mit hoher Stapelfehlerdichte, was durch die Anwesenheit der Aluminiumionen auf Oktaederplätzen bedingt wird. Berücksichtigt man die Abweichung von der dichtesten Packung bei den Sauerstoffionen, dann erhält man $\tau_{max}/G' = 0,115$. Ganz offensichtlich ist das aber nur eine rohe Abschätzung der theoretischen Schubfestigkeit.

Gegen die Methode von *Mackenzie* [21] zur Abschätzung der Schubfestigkeit eines fehlerfreien Kristalls läßt sich einwenden, daß es keineswegs sicher ist, ob die Potentialkurve U(x) mit einer Fourierreihe, von der nur die ersten beiden Glieder von Bedeutung sind, hinlänglich gut dargestellt ist. Die experimentellen Ergebnisse, die in Abschnitt 1.5 betrachtet werden, zeigen aber, daß die Methode von *Mackenzie* [21] vernünftige Werte für die theoretische Schubfestigkeit von kubisch flächenzentrierten Metallen liefert. Weiterhin läßt sich mit dieser Methode die kritische Scherung für eine versetzungsfreie Schicht von Seifenblasen auf einer Seifenlösung auf 10 % genau berechnen. (Der vorausgesagte Wert von γ_{max} beträgt 0,144, der beobachtete für Blasen von 1,2 mm Durchmesser ist 0,135.)

Mackenzie [21] hat sich selbst Gedanken darüber gemacht, ob die Anwendung der Fourier-Methode gerechtfertigt ist, und hat τ_{max} für eine Reihe von Ansätzen für die interatomaren Kräfte berechnet. Diese Ansätze lassen sich kaum allgemein anwenden, lediglich die Potentialfunktion von Lennard-Jones stellt eine Näherung für das interatomare Kraftgesetz für die Edelgase dar. Mit dieser Näherung fand *Mackenzie* [21], daß für Gleiten auf $\{111\}$ in Richtung $\langle11\bar{2}\rangle$ $\gamma_{max} = 0,129$ und $\tau_{max}/G = 0,062$.

Eine Berechnung der theoretischen Schubfestigkeit des Diamants wurde von *Tyson* [18] während seiner Zusammenarbeit mit dem Autor durchgeführt. Diese Rechnung gilt für Scherungen auf (111) in $[1\bar{1}0]$-Richtung. Die Anordnung der Atome in einer (111)-Ebene beim Diamant ähnelt der in Bild 1.5 (a) gezeigten, die Ebenen sind jedoch anders geschichtet (siehe Bild 3.2). Es wird angenommen, daß das Gleiten zwischen den Ebenen mit großem Abstand voneinander stattfindet, z.B. zwischen den in Bild 3.2 mit C_1 und C_2 bezeichneten. Ein Atom in der Ebene C_1 hat drei nächste Nachbarn in der Ebene B_2 und einen in C_2. Wir nehmen an, das in Bild 1.6 mit 2 bezeichnete Atom sei ein Atom in der Ebene C_1. Ein Gleitschritt ist durchgeführt, wenn das mit 1 bezeichnete Atom in x-Richtung so weit verschoben ist, daß es über dem mit 6 bezeichneten zu liegen kommt. *Tyson* [18] berechnet die Schubkraft (F), die nötig ist, um das Atom 1 in x-Richtung zu bewegen. τ_{max} wird als die maximale Schubkraft pro Flächeneinheit angesehen, die für das gleichzeitige Bewegen von n Atomen des Typs 1 notwendig ist, wobei n die Zahl der Atome pro Flächeneinheit in einer (111)-Ebene des Typs C_2 angibt (Bild 3.2). Die in Bild 1.6 mit 2, 3, 4, 5, 6, 7 und 8 bezeichneten Atome werden dabei als stationär bleibend angesehen. Um die Kraft F zu finden, berechnet *Tyson* [18] wie sich die potentielle Energie des Atoms 1 in bezug auf die Atome 2 bis 8 erhöht, wenn es sich bewegt. U wird

dabei berechnet aus dem Verbiegen und Dehnen der gerichteten Atombindungen, d. h.
aus der Änderung der Abstände r_{12} und r_{16} (Bild 1.6), der Winkel 1, 2, 4; 1, 2, 3; 1, 6, 3;
1, 6, 7 und 1, 6, 8 sowie der entsprechenden Winkel für die Bindungen oberhalb Atom 1.

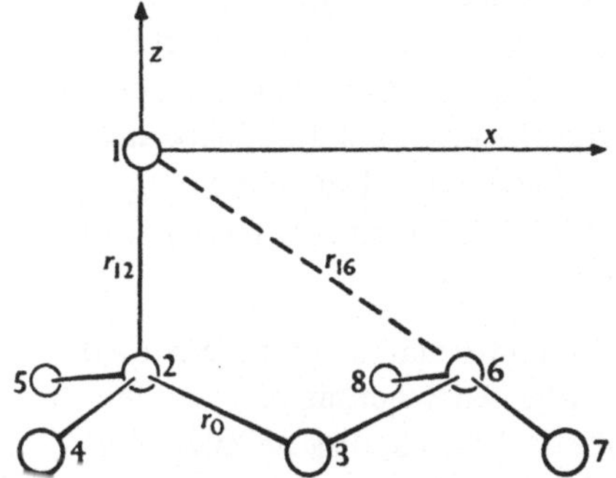

Bild 1.6
Atomanordnung im Diamantgitter. Jedes
Atom hat vier nächste Nachbarn. Die nächsten Nachbarn des Atoms 2 sind die mit 1, 3,
4 und 5 bezeichneten Atome.

Die Wechselwirkungsenergie in Abhängigkeit von r_{12} und r_{16} wird durch eine Morse-
Funktion dargestellt (vgl. Gl. (1.7)). Die Konstante a wird aus der Federkonstanten für
das Dehnen der Bindung zwischen nächsten Nachbarn im Dimethylpropan-Molekül abgeleitet, wie bei *Musgrave* und *Pople* [22]. Für den Teil von U, der vom Verbiegen von
Atombindungen herrührt (U_θ), wird

$$U_\theta = \left(\frac{1}{2} r_0^2 k_\theta\right) \theta^2 \frac{U_r}{U_0}$$

angenommen. Die Konstante k_θ ist die von *Musgrave* und *Pople* [22] hergeleitete Konstante, die das „Verbiegen" von Bindungen beschreibt. Die Größe U_r/U_0 wird eingeführt,
um die Tatsache zu berücksichtigen, daß k_θ mit steigender Entfernung der Atome voneinander kleiner werden muß.

Die Rechnung wurde schrittweise auf einem Computer ausgeführt. Man nimmt an,
das Atom 1 sei um die Entfernung dx verschoben. Somit gilt

$$dU = \left(\frac{\partial U}{\partial z}\right) dz + \left(\frac{\partial U}{\partial x}\right) dx.$$

Es wird nun der Wert von dz aufgesucht, für den $(\partial U/\partial z)$ gleich Null wird, was dem
Fall entspricht, daß keine Kraft senkrecht zur (111)-Ebene wirkt. Dann wird dU für diesen Wert von dz bestimmt. Die Schubkraft F ist gleich (dU/dx). Danach wird eine weitere
kleine Verschiebung dx durchgeführt und so fort. Man findet auf diese Weise, daß sich
die (111)-Ebenen mit zunehmender Scherung voneinander fortbewegen und daß dabei
die maximale Schubspannung

$$\tau_{\max} = \frac{G'}{4}$$

beträgt. G' ist hier der Schubmodul für eine (111) [1$\bar{1}$0]-Scherung. Die Verschiebung
beim Erreichen von $\tau_{\max}$ beträgt 28,6 %. Mit der Abschätzung von *Frenkel* [20] (Gl. (1.9))

würde man beim Diamant für τ_{max} einen Wert von $G'/3{,}9$ erhalten, und die maximale Verschiebung wäre 41 %.

Tyson [18] hat auch eine detaillierte Abschätzung der theoretischen Schubfestigkeit von Natriumchlorid bei gleichmäßiger Scherung auf $(1\bar{1}0)$ in einer $[1\bar{1}0]$-Richtung vorgenommen. Die Berechnung wurde in der gleichen Weise wie beim Diamant auf einem Computer ausgeführt. Die van der Waalssche Anziehung der Ionen wurde berücksichtigt, und die neuesten Werte der Konstanten wurden benutzt, um die Abstoßungskräfte abgeschlossener Schalen zwischen den Ionen zu bestimmen. Der Wert für τ_{max} am absoluten Nullpunkt ist $2{,}84 \cdot 10^{10}$ dyn/cm^2 oder $G'/8{,}3$. Das stimmt recht gut mit der oben gemachten Abschätzung, nämlich $G'/2\pi$, überein.

Die bisher durchgeführten Abschätzungen der theoretischen Schubfestigkeit eines Kristalls gehen davon aus, daß der Kristall nur einer einfachen Scherung unterworfen ist, und daß keine Zugkraft senkrecht zur Gleitebene auftritt. Eine überlagerte Zug- oder Druckspannung kann den Wert von τ_{max} stark beeinflussen. Die quantitative Bestimmung der Abhängigkeit von τ_{max} von anderen angelegten Spannungen ist von großer Wichtigkeit für die Beantwortung der Frage, ob an der Spitze eines Risses Abgleiten bei der theoretischen Schubfestigkeit oder Spaltung auftritt (vgl. Abschnitt 2.4). Im Fall des Natriumchlorids hat *Tyson* [18] den Einfluß einer Zugspannung parallel [110] auf den Wert von τ_{max} für eine Scherung auf (110) in $[1\bar{1}0]$-Richtung abgeschätzt. Er findet eine lineare Abnahme von τ_{max} mit zunehmender Zugspannung σ derart, daß

$$\frac{d\tau_{max}}{d\sigma} = -\,0{,}5.$$

1.4. Temperaturabhängigkeit der theoretischen Festigkeit

Sowohl die theoretische Zerreißfestigkeit als auch die theoretische Schubfestigkeit eines fehlerfreien Kristalls hängen von der Temperatur ab. Das rührt daher, daß sich die beteiligten physikalischen Parameter mit der Temperatur ändern. Es sind dies in erster Linie die elastischen Konstanten, die Gitterparameter und die Oberflächenenergie. Noch wesentlicher jedoch wird die Wirkung thermischer Fluktuationen sein. Verläßliche Abschätzungen über den Einfluß thermischer Fluktuationen auf die Zerreißfestigkeit sind bisher nicht angegeben worden. Eine näherungsweise Rechnung von *Zwicky* [17] ergibt eine Verringerung von σ_{max} proportional zum quadratischen Mittelwert der Amplitude der atomaren Schwingungen. In diesem Abschnitt befassen wir uns mit der Temperaturabhängigkeit der theoretischen Schubfestigkeit.

Die in Tabelle 1.4 angegebenen Zahlenwerte für die theoretische Schubfestigkeit eines Kristalls gelten für den Fall, daß keine thermischen Fluktuationen vorhanden sind. Bei Temperaturen oberhalb 0 K gibt es eine endliche Wahrscheinlichkeit dafür, daß durch eine angelegte Spannung und unterstützt durch thermische Bewegung in einem Kristall Versetzungen erzeugt werden, und daß diese durch die angelegte Spannung ausgewölbt und anschließend vervielfacht werden. Eine Energiebetrachtung zu diesem Prozeß wurde von *Frank* [23] durchgeführt. Wird eine halbkreisförmige Versetzungsschleife vom Radius R auf ihrer Gleitebene an der Kristalloberfläche gebildet unter einer Schubspannung τ, die parallel zum Burgersvektor b der Versetzung wirkt, dann erhöht sich die Energie des Kristalls um

$$U = \frac{\pi R^2}{2}\,(\gamma_S - \tau b) + \frac{1}{4}\,Gb^2 R \cdot \ln\left(\frac{2R}{r_0}\right)\;;\; \tau > \frac{\gamma_S}{b}\,.$$

Der Burgersvektor der Versetzung wird dabei parallel zur Kristalloberfläche angenommen, da dies den Fall leichtester Aktivierung darstellt. Der Unterschied zwischen Schrauben- und Stufenversetzung wird vernachlässigt, ebenso die Energie im Kern der Versetzung. γ_S ist die Energie des erzeugten Stapelfehlers, falls es sich um eine Teilversetzung handelt. Mit steigendem R steigt die Energie bis zu einem Maximalwert U_c an, der gegeben ist durch

$$\frac{U_c}{Gb^3} = \frac{R_c}{8b}\left(\ln\frac{2\,R_c}{r_0} - 1\right). \tag{1.12}$$

Dieser Wert ist erreicht bei

$$\frac{R_c}{b}\left(1 - \frac{\gamma_S}{\tau b}\right) = \frac{G}{4\pi\tau}\left(\ln\frac{2\,R_c}{r_0} + 1\right). \tag{1.13}$$

Eine Schleife mit einem Radius kleiner als R_c wird zusammenschrumpfen, eine solche mit größerem Radius wird sich ausdehnen. U_c stellt somit eine Aktivierungsenergie dar, die für die verschiedenen Werte von G/τ berechnet werden kann. Ist γ_S klein gegenüber Gb, etwa kleiner als $Gb/50$, dann wird eine Teilversetzung entstehen, und b muß dem Burgersvektor b_p der Teilversetzung gleichgesetzt werden. Der Wert von $(1 - \gamma_S/\tau b)$ in Gl. (1.13) unterscheidet sich dann nur geringfügig von eins.

Ist γ_S größer als $Gb/50$, dann wird eine vollständige Versetzung erzeugt. Dann kann das Glied mit γ_S in Gl. (1.13) vernachlässigt werden, wobei b den für eine vollständige Versetzung gültigen Wert annehmen muß.

In Bild 1.7 ist U_c/Gb^3 entsprechend den Gleichungen (1.12) und (1.13) gegen G/τ aufgetragen. Der Wert für r_0 wurde so gewählt, daß die theoretische Schubfestigkeit τ_{max} gleich $G/20$ ist, was etwa dem Fall der Erzeugung einer Teilversetzung in einem kubisch flächenzentrierten Metall entspricht, wenn man der Analyse der theoretischen Schubfestigkeit in Abschnitt 1.3 folgt. Für Stoffe mit hoher Stapelfehlerenergie wird die theoretische Festigkeit bei 0 K etwas höher sein. Die Änderung von U_c mit G/τ wird jedoch ähnlich wie in Bild 1.7 verlaufen, es werden lediglich höhere Werte für die Ordinaten auftreten.

Der maximale Wert der Energie, die aus thermischen Fluktuationen bezogen werden kann, ist proportional zur absoluten Temperatur. Wir können daher U_c als proportional zur absoluten Temperatur annehmen und Bild 1.7 zum Abschätzen der Temperaturabhängigkeit der theoretischen Festigkeit benutzen. Um das tun zu können, entnehmen wir die entsprechenden Werte für Gb^3 oder Gb_p^3 aus Tabelle 1.5.

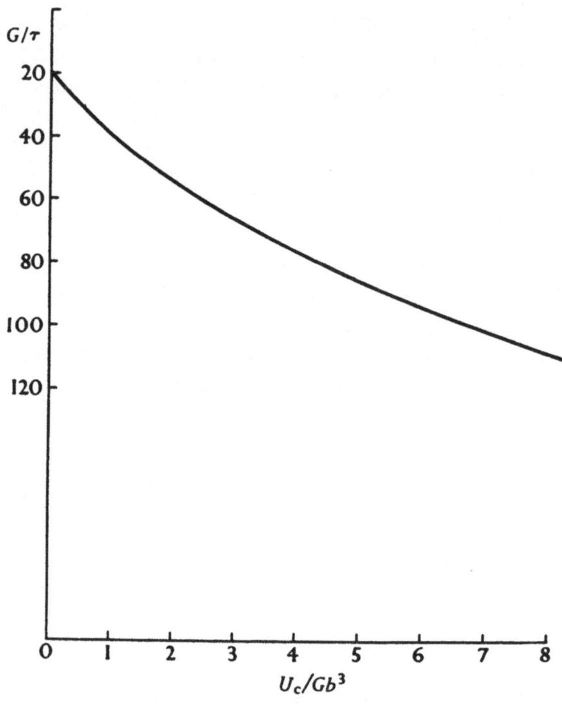

Bild 1.7

Tabelle 1.5. Werte von Gb^3
Die Werte von G gelten für Scherung auf der Gleitebene
in Gleitrichtung und wurden aus Tabelle 1.4 entnommen

Material	b (Å)	b_p [1]) (Å)	Gb^3 (eV)	Gb_p^3 (eV)
Aluminium	2,86	1,65	3,36	0,65
Kupfer	2,56	1,48	3,28	0,63
Silber	2,89	1,67	2,96	0,57
Eisen	2,48	–	6,48	–
Diamant	2,52	1,46	51,0	9,8
Silizium	3,84	2,22	20,3	3,9
Al_2O_3	4,75	1,59	98,5	3,7

[1]) Es gilt $b_p = b/\sqrt{3}$ für alle Materialien außer Al_2O_3,
   bei dem $b_p = b/3$ (vgl. *Kronberg* [24]).

Im Fall des Kupfers haben wir zum Beispiel $Gb_p^3 = 0,63$ eV, und wenn wir annehmen, daß thermische Fluktuationen bei jeder Temperatur eine Energie von bis zu 50 kT
liefern können, dann haben wir $U_c = 50$ kT. Damit wird U_c/Gb^3 bei 27 °C gleich 2,1
und bei 900 °C gleich 8,1. Aus Bild 1.7 läßt sich zwischen diesen beiden Temperaturen
eine Abnahme der theoretischen Schubspannung von G/55 auf G/110, d.h. eine Abnahme

um einen Faktor 2, entnehmen. Somit ist Bild 1.7 eine graphische Darstellung der Temperaturabhängigkeit der theoretischen Schubfestigkeit mit einem Maßstabsfaktor, der für jedes Material von Gb^3 abhängt. Wenn thermische Fluktuationen vollständige Versetzungen im Kupfer erzeugen, dann betragen die Werte von U_c/Gb^3 bei 27 °C und 900 °C 0,4 und 1,6. Das Verhältnis zwischen der theoretischen Schubspannung bei der niedrigeren Temperatur und der bei der höheren würde dann etwa 1,6 betragen. Die Werte von Gb_p^3 für die Nichtmetalle in Tabelle 1.5 liegen sehr hoch, und daher wird für diese Stoffe eine geringe Temperaturabhängigkeit der theoretischen Festigkeit erwartet. Das gilt in noch stärkerem Maß, wenn vollständige Versetzungen erzeugt werden müssen.

1.5. Experimentelle Ergebnisse

An dieser Stelle erscheint es angebracht, zu untersuchen, ob eine Überprüfung der theoretischen Maximalfestigkeiten von Festkörpern, wie sie in den Abschnitten 1.1 bis 1.4 hergeleitet wurden, anhand experimentell ermittelter Werte möglich ist. Bei den theoretischen Abschätzungen handelt es sich um Festigkeiten idealer Festkörper, und daher müssen fehlerfreie Festkörper zur Verfügung stehen, wenn man diese Abschätzung überprüfen will. Das bedeutet, daß man Proben herstellen muß, die eine bis in den atomaren Bereich glatte Oberfläche haben und keine inneren Risse, Einschlüsse oder Versetzungen enthalten. An diesen Proben müssen dann genaue Zugversuche ausgeführt werden. Die einzigen Experimente dieser Art stammen von *Brenner* [25].

Brenner [25] hat genaue Zugversuche an sehr kleinen Whiskers aus Eisen, Kupfer und Silber durchgeführt. Diese Kristalle weisen Festigkeiten auf, die der theoretischen Schubspannung nahe kommen. Die Bruchspannungen σ_m bei Raumtemperatur für die besten der von *Brenner* [25] untersuchten Whiskers sind in Tabelle 1.6 angegeben. τ_m ist jeweils die entsprechende Schubspannung.

Tabelle 1.6. Ergebnisse der Experimente von *Brenner* [25, 26] an hochfesten Metallwhiskers

Whisker	Achsen-richtung	Durch-messer (μm)	σ_m (dyn/cm^2)	Gleitsystem	τ_m (dyn/cm^2)	τ_m/G'
Fe	[111]	1,6	$13,1 \cdot 10^{10}$	$(0\bar{1}1)\,[1\bar{1}1]$	$3,56 \cdot 10^{10}$	0,052
Cu	[111]	1,25	$2,94 \cdot 10^{10}$	$(1\bar{1}1)\,[011]$	$0,84 \cdot 10^{10}$	0,027
Ag	[001]	3,80	$1,73 \cdot 10^{10}$	$(1\bar{1}1)\,[011]$	$0,71 \cdot 10^{10}$	0,036

Der Vergleich der Werte für die theoretische Reißfestigkeit in Tabelle 1.1 mit den theoretischen Schubfestigkeiten in Tabelle 1.4 zeigt, daß die theoretische Reißfestigkeit für die von *Brenner* [25] untersuchten Metalle immer um mehr als einen Faktor 4 höher ist. Es ist daher zu erwarten, daß beim Anlegen einer kontinuierlich wachsenden Last die theoretische Schubfestigkeit dieser Kristalle eher erreicht wird als ihre Reißfestigkeit. Bei den kubisch flächenzentrierten Kristallen ist die theoretische Reißfestigkeit um eine Größenordnung höher als die theoretische Schubfestigkeit.

Die Werte von τ_{max}/G' in Tabelle 1.4 wurden in keinem Fall übertroffen, die in Tabelle 1.6 angegebenen Werte von τ_m/G' liegen durchweg etwas niedriger als τ_{max}/G' in Tabelle 1.4. (Eigentlich müßten die Werte für Kupfer und Silber in Tabelle 1.4 mit einem Faktor $2/\sqrt{3}$ multipliziert werden, um mit den Werten in Tabelle 1.6 verglichen werden zu können.) Wenn Kristalle bei der theoretischen Schubfestigkeit fließen und brechen, dann erwartet man, daß die Steigung der Spannung-Dehnung-Kurve vor dem Bruch kontinuierlich abfällt. Man erwartet außerdem einen charakteristischen Scherungsbruch. Letzteres wird allerdings schwierig zu beobachten sein, weil der Kristall wegen des hohen Betrages an elastischer Energie, die beim Bruch frei wird, noch an weiteren Stellen brechen kann. *Brenner* [26] fand eine Spannung-Dehnung-Kurve mit abnehmender Steigung (vgl. Bild 1.8), die Art des Bruches ließ sich jedoch nicht in allen Fällen eindeutig bestimmen. Bemerkenswert ist, daß die Eisenwhiskers bei Schubspannungen von wenig über der Hälfte der berechneten Schubfestigkeit versagten, und daß die Zugspannung senkrecht zur (100)-Spaltebene mit $4,35 \cdot 10^{10}$ dyn/cm^2 (445 kp/mm^2) nur ein siebtel der nach der Abschätzung von *Orowan* [1] berechneten theoretischen Reißfestigkeit betrug. Im Fall des Kupfers lag die maximale Zugfestigkeit sogar nur bei einem zwanzigstel des nach *Orowan* [1] geschätzten Wertes.

Für Whiskers unter Zug in der [111]-Richtung hat der Faktor zur Berechnung der Schubkomponente der angelegten Spannung für das am höchsten belastete Glied in den Gleitsystemen $\langle 111 \rangle \{10\bar{1}\}$ oder $\langle 10\bar{1} \rangle \{111\}$ seinen kleinstmöglichen Wert, nämlich

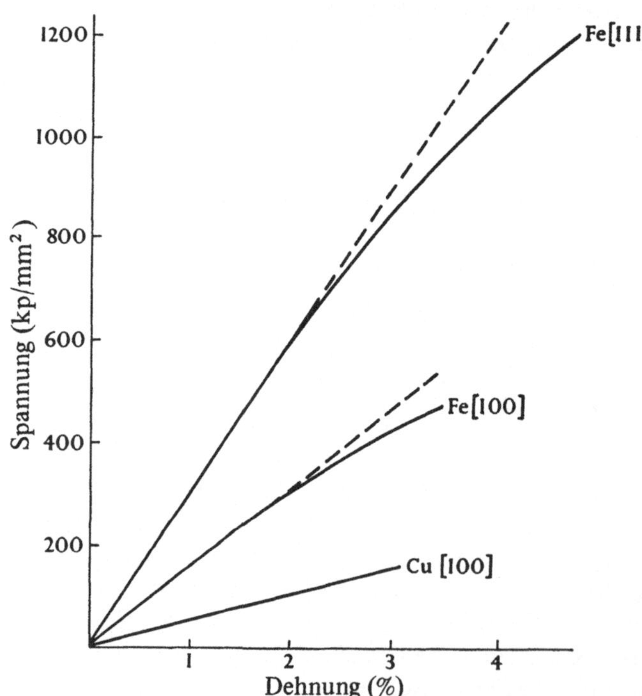

Bild 1.8
Spannung-Dehnung-Kurven von Eisen- und Kupferwhiskern unter Zug in den angegebenen Richtungen (nach *Brenner* [26]).

0,272. Aus diesem Grund ergibt diese Orientierung der Zugspannung das größtmögliche
Verhältnis von Zugspannung zu wirksamer Schubkomponente. Aufgrund der Größe des
Verhältnisses von σ_{max} zu τ_{max} muß man daher erwarten, daß die kubisch flächenzen-
trierten Metalle durch Abgleitung bei der theoretischen Schubfestigkeit versagen und
nicht durch Zerreißen. Beim Eisen ist das jedoch nur der Fall wenn der Fehler in der
Abschätzung nach *Orowan* [1] weniger als eine Größenordnung beträgt[1]).

Zieht man die Temperaturabhängigkeit der theoretischen Schubfestigkeit in Betracht, dann scheinen nach dieser Diskussion die Ergebnisse von *Brenner* [25, 26] mit
der Annahme übereinzustimmen, daß die festesten seiner Whiskers innerhalb der Genauigkeit der Abschätzung von τ_{max} bei der theoretischen Schubfestigkeit oder zumindest in
deren Nähe versagen. *Brenner* [25] hielt einen Kupferwhisker zwei Stunden lang bei
900 °C unter einer Schubspannung von einem Sechstel des Werts, der bei Raumtemperatur zum Bruch führte, dabei wurde kein Fließen beobachtet. Das ist wiederum in völliger
Übereinstimmung mit der Annahme, daß die Kristalle bei der theoretischen Schubfestigkeit versagen, und auch mit der in Abschnitt 1.4 berechneten Temperaturabhängigkeit
der theoretischen Schubfestigkeit. Man kommt somit zu dem Schluß, daß die Methode
von *Mackenzie* [21] zur Bestimmung der theoretischen Schubfestigkeit für Metalle anwendbar ist.

1.6. Hochfeste Stoffe

Aus den Ergebnissen der Rechnungen in den Abschnitten 1.1, 1.2 und 1.3 lassen
sich einige allgemeine Feststellungen treffen über die Beziehung zwischen der idealen
Festigkeit von Werkstoffen und ihrem chemischen Aufbau. Nach Gl. (1.5) müssen die
Werkstoffe mit der höchsten Bruchfestigkeit einen hohen Elastizitätsmodul, hohe Oberflächenenergie und geringen Atomabstand haben. Diese drei Eigenschaften sind allerdings
nicht unabhängig voneinander. Kristalle mit kovalenter Bindung und Metallkristalle erreichen die höchsten Werte von σ_{max}. Bei den Ionenkristallen ist σ_{max} nicht so hoch, was
in erster Linie davon herrührt, daß in diesen Kristallen elektrisch neutrale Ebenen als
Spaltebenen mit niedriger Oberflächenenergie wirken können. Unter den Metallen haben
die Übergangsmetalle wegen ihres größeren Elastizitätsmoduls und der geringeren Atom-
abstände a_0 höhere Werte von σ_{max} als die Edelmetalle und Aluminium.

Die theoretische Reißfestigkeit ist normalerweise höher als die theoretische Schubfestigkeit[2]). Das hat den physikalisch einleuchtenden Grund, daß beim Gleiten der Atome
auf der Gleitebene die Bindungen mit den Atomen auf der anderen Seite der Ebene durch
die Annäherung an immer wieder neue Nachbaratome periodisch erneuert werden. Außer
den Stufen an den Enden der Ebene wird keine neue Oberfläche geschaffen, daher ist der

---

[1]) Es ist nicht bekannt, ob die von *Brenner* [25, 26] untersuchten Whiskers unter Zwillingsbildung,
die die theoretische Schubfestigkeit herabsetzen könnte, versagten. Weiterhin ist auch nicht bekannt, wie τ_{max} für dieses Material von einer überlagerten Zugspannung abhängt.

[2]) Zum Beispiel beträgt für ein Lennard-Jones-Potential, für das sowohl σ_{max} als auch τ_{max} berechnet werden kann, das Verhältnis von Reißfestigkeit senkrecht zur (100)-Ebene zur Schubfestigkeit für (111) [$\bar{2}11$]-Gleitung 2,6 E/G (vgl. Abschnitte 1.2 und 1.3).

Gleitprozeß weniger drastisch als das Zerreißen und τ_{max} kleiner als σ_{max}. Die genaue Betrachtung der Abschätzung von σ_{max} und τ_{max} (Tabellen 1.1 und 1.4 sowie die in Abschnitten 1.1, 1.2 und 1.3 diskutierten Werte) zeigt, daß sich die Metalle durch niedrige Werte des Verhältnisses τ_{max}/σ_{max} auszeichnen. Für Diamant und Steinsalz liegt dieses Verhältnis in der Nähe von eins, während es für das Edelmetall Kupfer etwa ein dreißigstel beträgt. Der Wert für kubisch raumzentrierte Übergangsmetalle ist wesentlich höher als der für kubisch flächenzentrierte Metalle, dennoch ist er geringer als der für Festkörper mit typisch kovalenter oder ionischer Bindung.

Eigentlich sollte immer die elastische Anisotropie des Kristalls mit berücksichtigt werden. Wir dürfen sie jedoch vernachlässigen, wenn τ_{max} kleiner ist als $\sigma_{max}/4$[1]), weil in diesem Fall unter einachsiger Zugspannung eine Festigkeit in der Höhe von σ_{max} nicht erwartet werden kann. Schon bei niedrigeren Spannungen wird Abgleitung auftreten. Für Metalle beträgt τ_{max}/σ_{max} weniger als ein Viertel. Daher erwartet man, daß fehlerfreie Metallkristalle durch Scherung versagen und daß ihre maximal erreichbaren Festigkeiten durch τ_{max} begrenzt sind. Für diese Werkstoffe sollte die obere Grenze der erreichbaren Zugfestigkeit bei tiefer Temperatur je nach Kristallorientierung zwischen dem zweifachen und dem vierfachen Wert von τ_{max} (Tabelle 1.4) liegen.

Metalle zeigen, im Vergleich zu Kristallen mit anderen Bindungsarten, wegen des niedrigen Werts von τ_{max}/G und des kleinen Verhältnisses von G zu E niedrige Werte von τ_{max}/σ_{max}. Der kleine Wert von G/E läßt auf einen entsprechend hohen Wert der Querkontraktionszahl in einem elastisch isotropen Festkörper schließen. Einige Werte der Querkontraktionszahl sind im Anhang C, Tabelle 2 zusammengestellt. Die Metalle als Werkstoffklasse zeichnen sich durch einen Wert der Querkontraktionszahl von etwa 0,33 aus.

Ein ideal festes Material wird hohe Werte von sowohl σ_{max} als auch τ_{max} besitzen. Mit den Eigenschaften, die dafür sorgen, daß σ_{max} groß wird, haben wir uns befaßt. Um einen großen Wert von τ_{max} zu erhalten, muß einerseits der Schubmodul G andererseits aber auch der Wert von τ_{max}/G (vgl. Gl. 1.9) so groß wie möglich sein. Das findet man bei Festkörpern, bei denen die interatomaren Kräfte gerichteter Natur sind. Es sind dies die kovalent gebundenen Festkörper und die Stoffe mit stark polarisierter Ionenbindung. Um in einem kovalent gebundenen Festkörper einen hohen Elastizitätsmodul zu erhalten, bedarf es kleiner Atome mit geringen Bindungsabständen, damit eine hohe Bindungsdichte pro Volumeneinheit hervorgerufen wird. Voraussetzung für den Aufbau eines dreidimensionalen Netzwerks aus kovalenten Bindungen und damit für die Bildung kovalent gebundener Kristalle statt Moleküle, ist die Fähigkeit der Atome, drei oder vier kovalente Bindungen eingehen zu können. Bei den Ionenkristallen steigt der Elastizitätsmodul mit steigender Wertigkeit, er ist umgekehrt proportional zur vierten Potenz des Atomabstands (*Gilman* [26]). Ein kleines Ion mit hoher Ladung besitzt eine große Polarisationskraft, so daß ionisch gebundene Festkörper mit hohem Elastizitätsmodul zwangsläufig

---

[1]) Der Faktor 1/4 kommt daher, daß der Maximalwert des Verhältnisses σ/τ in irgendeinem Gleitsystem, wobei σ die angelegte Zugspannung ist und τ die entsprechende Schubkomponente, 3,7 beträgt, wenn τ in einem Gleitsystem mit hoher Multiplizität liegt (z.B. $\{111\}\ \langle10\bar{1}\rangle$ in einem kubisch flächenzentrierten Kristall).

stark polarisierte Bindungen aufweisen werden. Wenn man hochfeste Stoffe sucht, wird also die Unterscheidung zwischen konvalenter Bindung und Ionenbindung etwas künstlich. Wir können einfach sagen, daß man Stoffe mit der höchstmöglichen Dichte starker, gerichteter Bindungen braucht. Für einige sehr feste Bindungen sind die Energien, die zum Aufbrechen der Bindung benötigt werden, in Tabelle 5 in Anhang A aufgeführt. Da ein dreidimensionales Netzwerk von Bindungen aufgebaut werden muß, ist es notwendig, daß alle Atome mindestens zweiwertig und die Bindungsabstände so kurz wie möglich sind. Die Elemente, die die geforderten Eigenschaften aufweisen, sind Beryllium, Bor, Kohlenstoff, Stickstoff, Sauerstoff, Aluminium und Silizium. Die festesten Materialien enthalten immer eines dieser Elemente, häufig bestehen sie sogar ausschließlich aus ihnen.

Aus dieser Definition des chemischen Aufbaus der höchstfesten Stoffe ergeben sich einige wichtige Folgerungen. Die Forderung nach kleinen Atomen ergibt, daß die leichteren Elemente beteiligt sein müssen, die nach gerichteter Bindung läßt die dichtest gepackten Kristallstrukturen ausscheiden. Aus diesen Gründen wird die Dichte der höchstfesten Stoffe gering sein. Weiterhin ist mit einem hohen Elastizitätsmodul eine hohe Bindungsenergie des betreffenden Festkörpers verknüpft (das folgt unmittelbar aus Gl. (1.8), da der Elastizitätsmodul proportional zu d^2U/dr^2 ist) und daher auch ein hoher Schmelzpunkt. Somit werden die Stoffe höchster Festigkeit einen hohen Elastizitätsmodul, eine niedrige Dichte und einen hohen Schmelzpunkt haben. Alle diese Eigenschaften sind für den Ingenieur sehr interessant.

Die gemessene Festigkeit eines Festkörpers kommt normalerweise nicht in die Nähe der theoretischen Festigkeit. Schon bei viel niedrigeren Spannungen tritt Bruch durch einen von zwei Mechanismen auf. Entweder fließt das Material auseinander (das plastische Fließen von Kristallen ist eine Möglichkeit dafür), oder es zerreißt. In Kapitel 3 werden wir zeigen, daß Kristalle mit kleinen Werten von τ_{max}/G, d.h. hauptsächlich die Metalle, Versetzungen enthalten, die sich schon bei sehr geringen Spannungen bewegen. Die Festigkeit solcher Stoffe ist durch die Versetzungsbewegung bestimmt und nicht durch die theoretische Festigkeit. Die Festigkeiten, die sich dadurch erzielen lassen, daß auf irgendeine Weise die Versetzungsbewegung behindert wird, werden in Kapitel 4 diskutiert. Kristalle mit hohen Werten von τ_{max}/G zeigen von sich aus einen hohen Widerstand gegen die Bewegung von Versetzungen. Ihre Zugfestigkeit bei tiefen Temperaturen wird normalerweise durch die Anwesenheit von Stufen an der Oberfläche, Rissen und Kerben bestimmt und nicht durch theoretische Festigkeit. Ein ähnliches Verhalten zeigen die Gläser. Die Wirkung von Rissen und Kerben wird in Kapitel 2 behandelt.

Die Gründe dafür, daß die theoretische Festigkeit nicht erreicht wird, sind bei den polymeren Werkstoffen noch nicht so gut verstanden wie bei den Kristallen. Der Unterschied zwischen theoretischer und beobachteter Festigkeit hängt aber auch bei diesen Stoffen ohne Zweifel mit dem Vorhandensein von Fehlern im Material zusammen.

Trotz der experimentellen Schwierigkeiten bei der Herstellung hochfester Stoffe ist eine Reihe von Kristallen und Gläsern in einer Form erzeugt worden, in der sie sehr hohe Werte der Festigkeit bei Zugbeanspruchung zeigen. Die übliche Form ist die einer Faser, entweder als Whisker-Kristall oder als langer dünner Stab. Die beobachteten höchsten Festigkeiten einiger dieser Stoffe sind in Anhang A, Tabelle 1 aufgeführt. In einigen

Fällen entsprechen die experimentellen Werte recht gut den in den Tabellen 1.1 und 1.4 angegebenen berechneten Werten. Die Werte der theoretischen Schubfestigkeit werden nicht überschritten. Einige in der Natur vorkommende Fasern zeigen große Festigkeit. Ihre Kenndaten, sowie die verschiedener künstlich hergestellter Fasern, sind in Anhang A, Tabelle 2 aufgeführt. Zahlenwerte für eine Reihe von hochfesten Metalldrähten finden sich in Anhang A, Tabelle 4.

Es ist leichter, Materialien mit fehlerfreier Oberfläche herzustellen als solche, die keine Versetzungen enthalten. Daher war es möglich, aus Glas und gewissen kristallinen Substanzen wie Silizium, Germanium und Aluminiumoxid, in denen Versetzungen nur sehr schwer zu bewegen sind, große Proben mit sehr hoher Festigkeit herzustellen. Aus dem gleichen Grund ist es nie gelungen, große Kristalle aus reinen Metallen herzustellen, deren Festigkeit den theoretischen Werten nahe kam.

Viele der in den Tabellen 1 und 2 im Anhang A aufgeführten Stoffe sind deshalb interessant, weil sie Werte des Elastizitätsmoduls aufweisen, die wesentlich höher liegen als der von Stahl, und eine dem Stahl weit überlegene Festigkeit zeigen. Weiterhin ist auch das Verhältnis der Festigkeit zum spezifischen Gewicht (spezifische Festigkeit[1])) und das Verhältnis des Elastizitätsmoduls zum spezifischen Gewicht (spezifischer Elastizitätsmodul) weit höher als bei Stahl. Diese Materialien versprechen also die Möglichkeit der Herstellung von Werkstoffen, die bei geringer Dichte eine hohe Festigkeit und Steifigkeit bei Raumtemperatur besitzen. Ist bei diesen Stoffen der Schmelzpunkt wesentlich höher als bei den üblicherweise verwendeten Metallen, so ergibt sich außerdem die Möglichkeit, sie als Hochtemperaturwerkstoffe anzuwenden. Um solche Stoffe technisch einsetzen zu können, muß eine große Zahl paralleler Fäden in einer Matrix, z.B. aus Kunstharz oder Metall zusammengefügt werden. Dieser Gedanke wird in Kapitel 5 diskutiert.

Wir haben dargelegt, daß Festkörper mit gerichteter Bindung immer eine hohe Bruchfestigkeit besitzen sollten. Diese hohe Festigkeit kann im Zugversuch nur dann beobachtet werden, wenn die Kristalle frei von Rissen sind und glatte Oberflächen aufweisen. Diese Bedingung ist schwierig zu erfüllen. Ein Maß für die Fließspannung im Druckversuch kann aus Messungen der Eindruckhärte gewonnen werden. Näherungsbeziehungen zwischen Eindruckhärte und Fließspannung sind in Abschnitt 1.7 angegeben. Aus Härtemessungen gewonnene Werte der Fließspannung finden sich in Anhang A, Tabelle 3. Sie bestätigen die hohen Erwartungswerte, die in der gleichen Größenordnung liegen wie die Festigkeiten der Whiskers in Tabelle 1. Die Werte der Fließspannung in Tabelle 3 und die der Zugfestigkeit von Whiskers in Tabelle 1 im Anhang A lassen sich mit den Werten von $2\,\tau_{max}$ aus Tabelle 1.4 vergleichen (der Faktor 2 ist das niedrigste Verhältnis von Zugfestigkeit zu Schubfestigkeit im Zugversuch). Für Diamant und Aluminiumoxid liegen experimentelle Ergebnisse vor. Der größte gemessene Wert der

---

[1]) Anmerkung des Übersetzers: Die spezifische Zugfestigkeit hat die Dimension einer Länge. Wenn σ_B die technische Zugfestigkeit eines Materials ist und γ sein spezifischen Gewicht, dann ist die Größe σ_B/γ die Länge, bei der das Material unter seinem eigenen Gewicht reißt. Dementsprechend findet man in der Literatur für die Größe σ_B/γ auch die Bezeichnung „Reißlänge".

Festigkeit beträgt etwa $0,25 \cdot 2\,\tau_{max}$ für Diamant und etwa $0,4 \cdot 2\,\tau_{max}$ für Aluminium-oxid. Es scheint, daß die größten gemessenen Festigkeiten bei diesen hochfesten Stoffen in der Nähe der theoretischen Schubfestigkeit liegen, wie das auch bei Metallen der Fall ist.

1.7. Zusammenhang zwischen Fließspannung und Eindruckhärte

Die Spannung, die notwendig ist, um in scheinbar spröden Werkstoffen plastisches Fließen hervorzurufen, kann aus den Prüfungen der Eindruckhärte ermittelt werden. Die genaueste davon ist die Härteprüfung nach Vickers. Dabei wird eine Diamantspitze unter einer bestimmten Last in die Oberfläche des zu untersuchenden Materials gedrückt und der entstehende Eindruck vermessen. Für den Zusammenhang zwischen der Fließspan-nung unter Druck, σ_{dF}, und der Vickershärtezahl sind Näherungsbeziehungen aufge-stellt worden. Die Form dieser Beziehungen hängt davon ab, ob das Verhältnis σ_{dF}/E größer oder kleiner ist als etwa 0,01. Ist σ_{dF}/E kleiner als etwa 0,01, dann wird unter dem Eindringkörper ein plastischer Eindruck gebildet dadurch, daß das Material unter dem Eindringkörper hervorfließt und an seinen Seiten als Wulst herausgedrückt wird. Die Beziehung zwischen der Druckfließspannung σ_{dF} und der Vickershärte wurde für diesen Fall von *Tabor* [28] abgeleitet. Die Vickershärtezahl kann weitgehend mit dem Druck P auf die Eindruckfläche identifiziert werden. Für viele Stoffe gilt $P/\sigma_{dF} \approx 3$.

Wird σ_{dF}/E gleich oder größer als etwa 0,01, dann findet man ein anderes Verhalten. Das Material wird in diesem Fall vom Eindruckspunkt radial nach außen verschoben. Un-ter diesen Bedingungen nimmt das in größerer Entfernung vom Eindringkörper befind-liche Material die Verschiebung durch elastische Zugverformung auf. Dieser Fall wurde von *Marsh* [29] betrachtet. Um einen kugelförmigen Hohlraum in einem elastisch-pla-stischen Festkörper auszudehnen, bedarf es eines Drucks, der folgendermaßen beschrie-ben werden kann:

$$\frac{P}{\sigma_{dF}} = C + K\left(\frac{3}{3-\lambda}\right)\ln\left(\frac{3}{\lambda + 3\mu - \lambda\mu}\right),$$

wobei

$$\mu = (1+\nu)\,\sigma_{dF}/E \quad \text{und} \quad \lambda = 6(1-2\nu)\,\sigma_{dF}/E.$$

ν ist die Querkontraktionszahl und C und K sind Konstanten der Größe 2/3.

Aus Messungen der Vickershärte an verschiedenen Stoffen mit bekannten Werten von σ_{dF} und E fand *Marsh* [29] empirisch, daß für einen halbkugelförmigen Eindruck, der unter einem Eindringkörper erzeugt wird, $C = 0,28$ und $K = 0,60$ gilt. Die Kurve in Bild 1.9, die P/E und σ_{dF}/E miteinander verknüpft, wurde unter Verwendung dieser Werte berechnet. Benutzt man diese Kurve, dann kann für jedes Material der Wert der Druckfließspannung aus dem gemessenen Wert von P ermittelt werden. Das ist nützlich für das Abschätzen der Fließspannung vieler Festkörper, wie der Edelsteine, der Karbide, der Übergangsmetalle und ähnlicher Stoffe, von denen man aus ihrem chemischen Auf-bau heraus erwartet, daß sie sehr fest sind, bei denen aber die Fließspannung nicht direkt gemessen werden kann, weil hinreichend große Stücke mit fehlerfreier Oberfläche bisher

noch nicht hergestellt werden konnten. Die in Anhang A, Tabelle 3, angegebenen Werte
der Fließspannung wurden auf diese Weise ermittelt. Sie müssen mit einiger Vorsicht
behandelt werden, da sowohl die Beziehung von *Tabor* [28] für den Zusammenhang
zwischen P und σ_{dF}, als auch die von *Marsh* [29] davon ausgehen, daß das untersuchte
Material plastisch isotrop ist. Diese Annahme mag zutreffend sein für Gläser sowie für
Metalle und andere Kristalle, die eine Vielzahl möglicher Gleitsysteme besitzen, in vielen
keramischen Stoffen dagegen stellt sie eine sehr schlechte Näherung dar (vgl. Abschnitt 3.3).

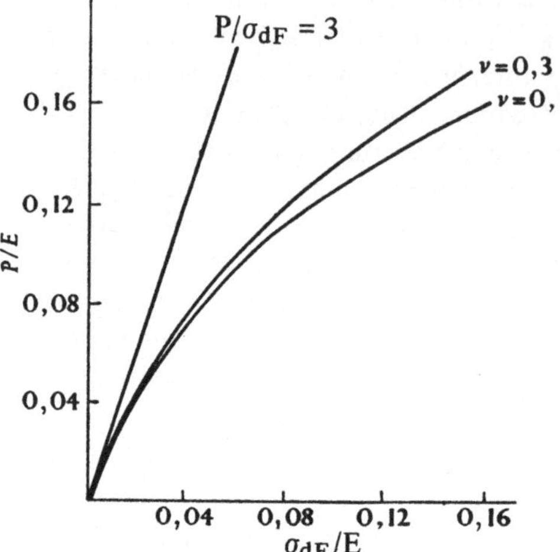

Bild 1.9
Zusammenhang zwischen dem Druck P unter
dem Eindringkörper und der Fließspannung
unter Druck im einachsigen Druckversuch,
σ_{dF}. E ist der Elastizitätsmodul (nach
Marsh [29]).

2. Risse und Kerben

Ein Riß oder Spalt an der Oberfläche oder im Inneren eines Festkörpers ist ein Fehler, der Spannungskonzentrationen hervorruft. An der Spitze eines Risses kann die Zugspannung die Reißfestigkeit des Materials erreichen, auch wenn am Körper insgesamt nur geringe Spannungen angelegt werden. In diesem Kapitel wird über die Ergebnisse von Berechnungen über die spannungserhöhende Wirkung eines Loches oder einer Stufe an der Oberfläche berichtet. Im Anschluß daran diskutieren wir die Bedingungen, unter denen ein Riß sich ausbreiten und zum Bruch führen kann. Obgleich diese Bedingungen seit der Arbeit von *Griffith* [1] in allgemeiner Form aufgestellt werden können, gibt es noch ungelöste Probleme zur Art der Spannungsverteilung an der Rißspitze. Die Bestimmung dieser Spannungsverteilung erfordert die Kenntnis der interatomaren Bindungskräfte an der Rißspitze. Einige Bemerkungen zu diesem Problem werden im Abschnitt 2.4 gemacht.

Außer gewissen in der Natur vorkommenden Materialien wie Asbest, ist Glas der Werkstoff, der am leichtesten in hochfester Form mit einer Bruchfestigkeit von mehr als 350 kp/mm² hergestellt werden kann. Der Grund dafür ist die Tatsache, daß man heute in der Lage ist, die Risse, deren Vorhandensein normalerweise die Festigkeit von Glas begrenzt, fast völlig zu eliminieren. Wir diskutieren die Festigkeit von Glas in Abschnitt 2.5. Mit Glasfasern lassen sich sehr hohe Festigkeiten erreichen. Hochfeste Glasfasern können aber auch sehr leicht beschädigt werden, wodurch sich ihre Festigkeit stark verringern kann. Das hat sich durch experimentelle Untersuchungen nachweisen lassen. Die Probleme der Beschädigung von Fasern behandeln wir in Abschnitt 2.6.

2.1. Das elliptische Loch

Wir wollen versuchen, die Spannungen in der Umgebung eines Loches mit elliptischem Querschnitt, das sich in einem unter äußerer Last stehenden Körper befindet, zu ermitteln. Ein solches Loch kann näherungsweise als Modell eines Risses dienen. Die Ergebnisse dieser Untersuchung gestatten es uns, die Wirkung von Rissen und Kerben darzustellen. Wir nehmen an, das elliptisch geformte Loch befindet sich in einer Platte. Mit dem Ursprungspunkt in der Mitte lautet die Gleichung der Ellipse

$$\frac{x^2}{a^2} + \frac{y^2}{b^2} = 1.$$

Der Abstand der beiden Brennpunkte voneinander beträgt $2\,c = 2\sqrt{a^2 - b^2}$. Der Krümmungsradius am Ende der großen Hauptachse, ρ, ist gleich b^2/a, der am Ende der kleinen a^2/b. Die Exzentrizität e der Ellipse ist gleich $\sqrt{1 - b^2/a^2}$.

Die allgemeinen Ausdrücke für die Spannungen um eine Höhlung von elliptischer Form in einem elastischen Körper sind sehr kompliziert. Sie wurden zuerst von *Inglis* [2] und *Kolosoff* [3] danach von einer Reihe anderer Autoren angegeben (vgl. *Timoshenko* und *Goodier* [4]). Für das zweidimensionale Problem können, wenn die Platte in der

z-Richtung in Bild 2.1 entweder sehr dünn (ebener Spannungszustand oder "plane stress")
oder aber sehr dick ist (ebener Dehnungszustand oder "plane strain"), exakte Lösungen
erhalten werden, falls die Spannungen an der Platte in der (x, y)-Ebene wirken. Sie sind
am einfachsten, wenn die Platte unter einer gleichförmigen zweiachsigen Spannung in
der (x, y)-Ebene steht, d.h. wenn $\sigma_x = \sigma_y$ und $\tau_{xy} = 0$ für große Abstände vom Loch.
Für eine Platte unter einfachem Zug sind die Ausdrücke sehr viel komplizierter, sie wurden jedoch explizit von *Inglis* [2] angegeben. Seit 1955 sind Spannungsverteilungen mit
Hilfe von Computern berechnet worden.

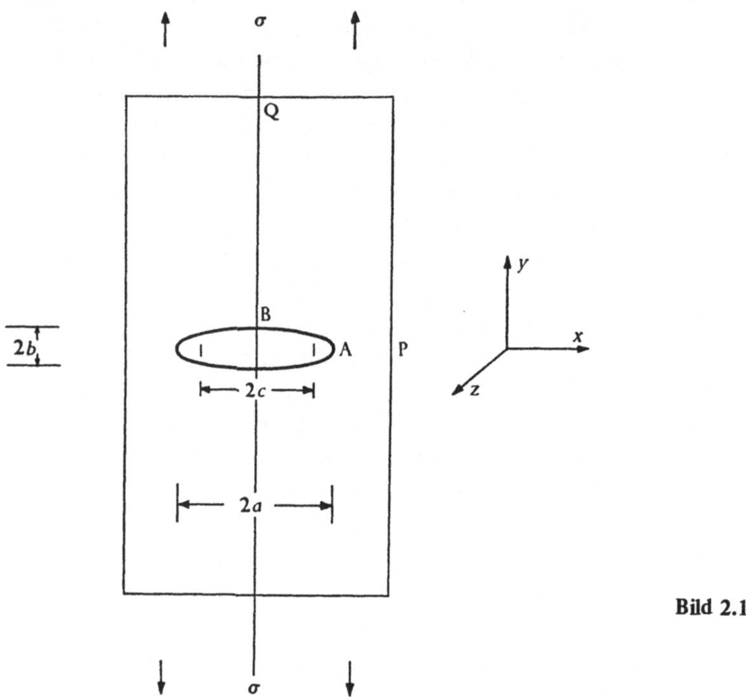

Bild 2.1

Die Ergebnisse dieser Rechnungen geben exakte Ausdrücke für die Spannungen in
der Umgebung von Rissen und an scharfen Ecken in einem elastisch beanspruchten Körper, sofern die Dehnungen gering sind und die lineare Elastizitätstheorie angewendet
werden kann.

Unter der Annahme, daß die Abmessungen der Platte aus Bild 2.1 in x- und y-Rich-
tung sehr groß sind und eine gleichförmige Zugspannung auf die Platte parallel zur y-
Achse in großer Entfernung vom Loch wirkt, lauten einige der wichtigen Ergebnisse wie
folgt: Die Zugspannung σ_y an der Stelle A ergibt sich zu

$$\sigma_y = \sigma \left(1 + \frac{2a}{b} \right) = \sigma \left(1 + 2\sqrt{\frac{a}{\rho}} \right). \tag{2.1}$$

Dies ist die größte auftretende Spannung. Bei B wirkt eine Druckspannung der Größe $\sigma_x = -\sigma$. Entlang der x-Achse verringert sich die Größe von σ_y schnell auf den Wert $\sigma_y = \sigma$. Entlang BQ ändert sich σ_x innerhalb einer Entfernung von etwa ρ von der Druckspannung bei B zu einer geringen Zugspannung, die mit weiter wachsender Entfernung gegen Null geht. In der Nähe von A herrscht eine Zugspannung σ_x, die bei A selbst Null ist und in einem Abstand von etwa b^2/a, vom Rand des Loches aus gerechnet, einen Maximalwert erreicht. Dieser Maximalwert liegt zwischen einem Fünftel und einem Sechstel des Maximalwerts von σ_y, d.h.

$$\sigma_{x\,max} \approx \frac{\sigma}{5}\left(1 + \frac{2a}{b}\right).$$

Das Verhältnis von $\sigma_{y\,max}$ zu $\sigma_{x\,max}$ hängt nur wenig von a/b ab (*Cook* und *Gordon* [5]). Der Verlauf von σ_y und σ_x entlang der x-Achse ist in Bild 2.2 gezeigt, die verwendeten Maße entsprechen dem Fall a = 3b. Der Krümmungsradius der Ellipse bei A ist dann gleich a/9. Nach Erreichen des Maximums von σ_x fallen σ_x und σ_y gleichmäßig ab. Die Differenz zwischen beiden Größen bleibt dabei nahezu konstant und hat für große Abstände vom Loch der Wert σ. Weiterhin wirkt entlang BQ auch eine Zugspannung σ_y.

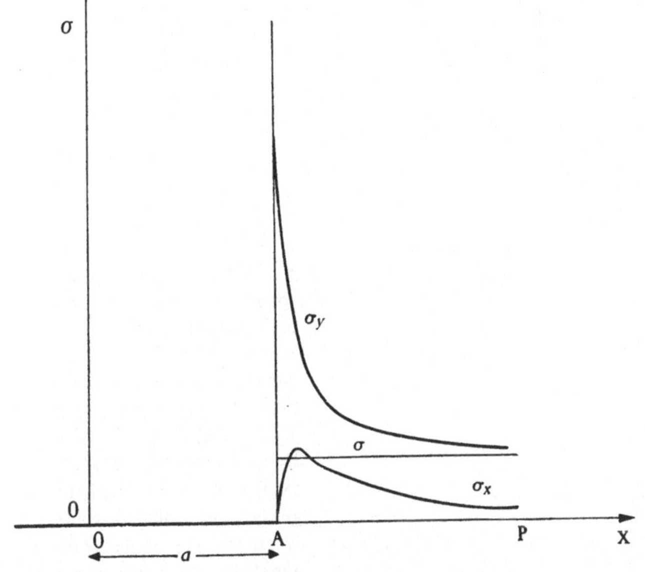

Bild 2.2

Verlauf von σ_y und σ_x entlang der Strecke AP in Bild 2.1. Die Kurven sind gezeichnet für den Fall a = 3b.

Sie ist gleich Null bei B und erreicht in größerem Abstand vom Loch den Wert σ. Die Schubspannungen in der Umgebung der Rißspitze bei verschiedenen Werten von a/b, nämlich 10, 18, und unendlich, sind in Bild 2.3 gezeigt. Die Schubspannungsverteilungen sind der Berechnung von *Schijve* [6] entnommen. Sie gelten für ein Material mit der Querkontraktionszahl 0,33. Die gezeigten Konturen stellen Werte von τ/σ dar, wobei τ die maximale Schubspannung in Ebenen senkrecht zur betrachteten Platte ist. Nur in einem winzigen Bereich unmittelbar an der Rißspitze kann die maximale Schubspannung den Wert 5σ nennenswert überschreiten. Mit zunehmendem Abstand vom Loch fällt sie

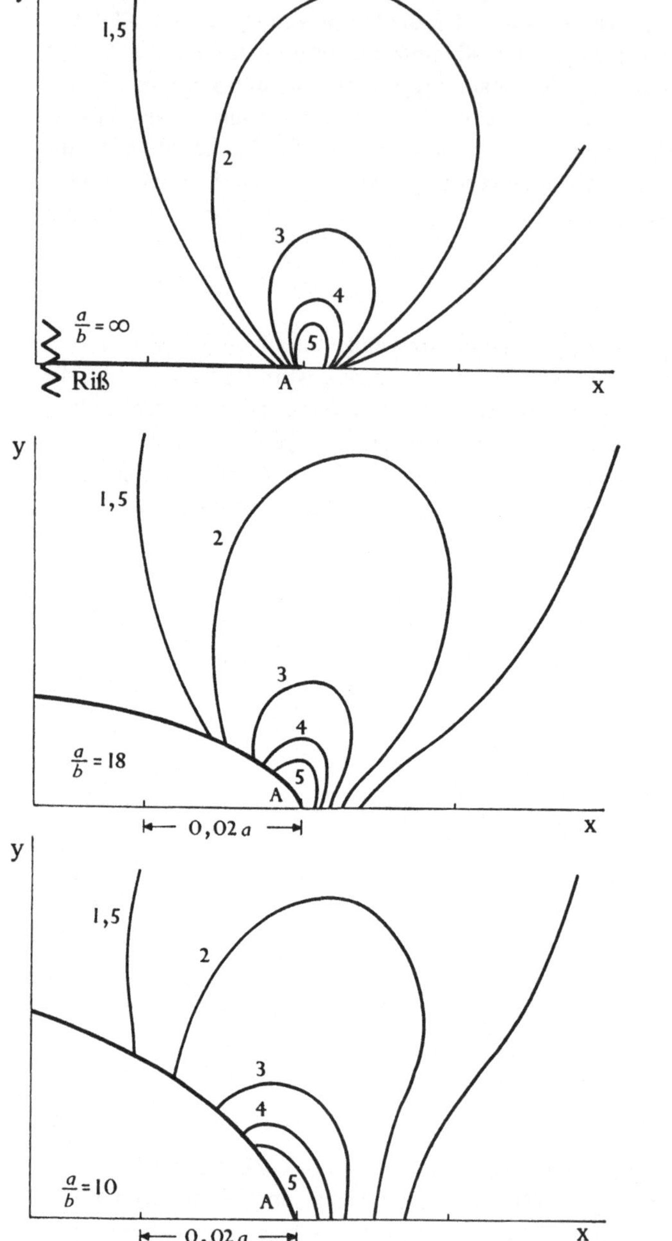

Bild 2.3
Verlauf der maximalen Schubspannung τ in Ebenen senkrecht zu der in Bild 2.1 gezeigten Platte für verschiedene Krümmungsradien an der Rißspitze. $\tau = \frac{1}{2}\,|\,S_1 - S_2\,|$, wobei S_1 und S_2 die Hauptspannungen in der (x,y)-Ebene sind. Die Kurven gelten jeweils für konstante Werte von τ/σ, wobei σ die angelegte Zugspannung ist. (nach *Schijve* [6]).

sehr schnell ab. Bei einer Entfernung von weniger als b^2/a von der Spitze beträgt sie nur noch $1,5\,\sigma$. Die größte Schubspannung wird am Punkt A (Bild 2.1) erreicht, wo $\sigma_y = \sigma(1 + 2 \cdot a/b)$ und $\sigma_x = 0$ ist. Sie beträgt $\sigma/2 \cdot (1 + 2 \cdot a/b)$ in einer Ebene, die um $45°$ gegen die x- und die y-Achse geneigt ist. Aus Bild 2.3 entnimmt man, daß die Lage der Konturen hoher Schubspannung vom Wert des Krümmungsradius an der Rißspitze abhängt. Schon in geringer Entfernung von der Spitze nimmt der Einfluß des Krümmungsradius stark ab.

Für den Fall tiefer, scharfer Risse, d.h. b/a $\ll$ 0,1, erhält man eine gute Näherung für die Spannung in der Umgebung eines Rißendes, indem man b = 0 setzt, den Ursprung des Koordinatensystems an die Rißspitze legt und den Term vernachlässigt, der nur von der angelegten Spannung herrührt. Die resultierenden Spannungen ausgedrückt in Polarkoordinaten lauten folgendermaßen (*Schijve* [6]):

$$\sigma_\theta = \frac{\sigma}{8} \sqrt{\frac{c}{2r}} \left\{ (1 - \cos 2\beta) \left(3 \cos \frac{\theta}{2} + \cos \frac{3\theta}{2} \right) - 3 \sin 2\beta \left(\sin \frac{3\theta}{2} + \sin \frac{\theta}{2} \right) \right\};$$

$$\sigma_r = \frac{\sigma}{8} \sqrt{\frac{c}{2r}} \left\{ (1 - \cos 2\beta) \left(5 \cos \frac{\theta}{2} - \cos \frac{3\theta}{2} \right) + \sin 2\beta \left(3 \sin \frac{\theta}{2} - 5 \sin \frac{\theta}{2} \right) \right\};$$

$$\tau_{r\theta} = \frac{\sigma}{8} \sqrt{\frac{c}{2r}} \left\{ (1 - \cos 2\beta) \left(\sin \frac{\theta}{2} + \sin \frac{3\theta}{2} \right) + \sin 2\beta \left(3 \cos \frac{3\theta}{2} + \cos \frac{\theta}{2} \right) \right\}. \qquad (2.2)$$

$\theta = 0$ entspricht hierbei der x-Achse in Bild 2.1, β ist der Winkel zwischen der Ebene des Risses und der Richtung der angelegten Spannung σ. Für die Querkontraktionszahl wurde der Wert 1/3 angenommen.

Aus diesen Ausdrücken findet man die folgenden Ergebnisse: Die Höhe der Spannungskonzentration fällt mit $r^{-1/2}$. (Wie aus Bild 2.2 hervorgeht, ist das der Fall, sobald r größer wird als der Krümmungsradius der Rißspitze.) Die Verteilung der Werte von σ_θ für kleine θ, d.h. der Wert der konzentrierten Spannung parallel zur angelegten Spannung, ändert sich nur langsam mit β für $\beta > 45°$. Die Verteilung der Schubspannung auf Ebenen, die durch die Rißspitze gehen, d.h. $\tau_{r\theta}$, hängt stärker von β ab. Mit abnehmendem β vom Wert 90° erhöht sich die Schubspannungskonzentration entlang des Risses.

2.2. Kerben

Näherungen für die Spannungsverteilung am Kerbgrund in einem elastisch beanspruchten Körper werden für viele Formen von Kerben in dem Buch von *Neuber* [7] angegeben. Für unseren Zweck können wir jedoch alles Notwendige den Berechnungen von *Inglis* [2] entnehmen.

Ein wichtiges Ergebnis von *Inglis* [2] ist, daß die Spannungen an den Enden eines Hohlraums fast ausschließlich von seiner Länge und der Form seiner Begrenzung an diesen Enden abhängen. Zum Beispiel ändern sich die Werte der Spannungen an Punkt A in Bild 2.4 fast nicht, wenn der Hohlraum statt der elliptischen Form die gestrichelt eingezeichnete Gestalt annimmt. Solange die Spitzen des Hohlraums elliptische Form haben, ist es für die Berechnung der Spannungen in ihrer Umgebung zulässig, den Hohlraum durch eine Ellipse mit der gleichen Länge und dem gleichen Krümmungsradius der Spitze zu ersetzen. Die maximale Zugspannung bei A in Bild 2.4 beträgt $\sigma (1 + 2 \sqrt{a/\rho})$, und diese Beziehung ist anwendbar für einen Hohlraum beliebiger Form mit der Länge 2a und dem Krümmungsradius ρ an der Spitze, vorausgesetzt der Hohlraum geht in der Nähe dieser Spitze glatt in eine elliptische Form über.

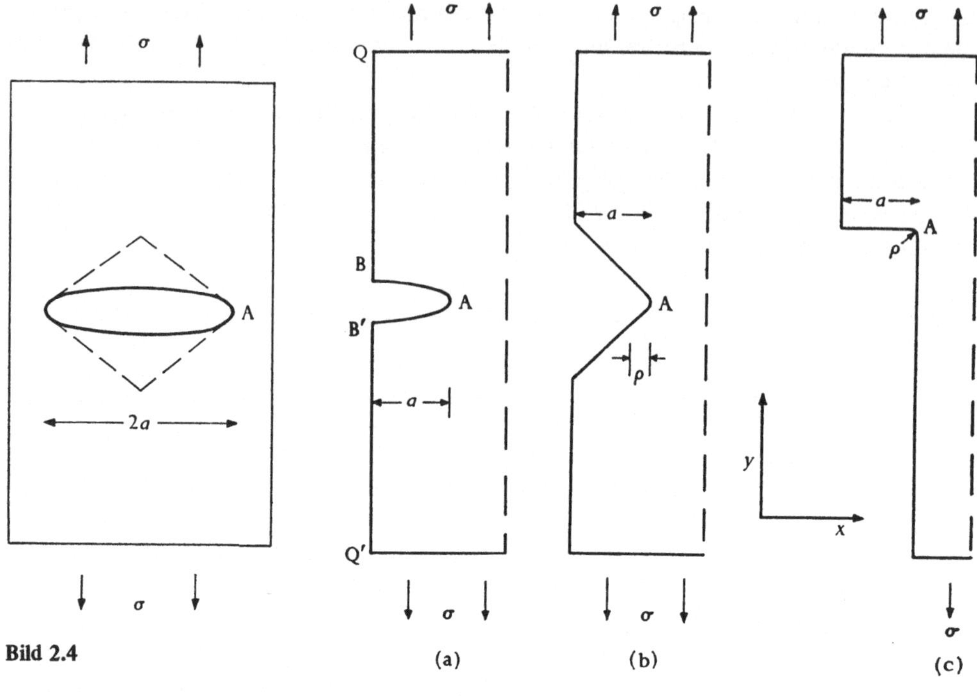

Bild 2.4

Bild 2.5

Wird die Platte in Bild 2.1 in der Mitte längs durchgeschnitten, dann erhält man die in Bild 2.5 (a) gezeigte gekerbte Platte. Auf diese Platte wirken neben der Zugspannung σ, die in großer Entfernung von der Kerbe angreifen soll, zusätzlich noch die Zugkräfte senkrecht zur Oberfläche entlang BQ und B′Q′. Können diese Zugkräfte aufgehoben werden, dann haben wir die gleichen Spannungen wie in einer Platte, die ein elliptisch geformtes Loch enthält und unter der Zugspannung σ steht. Die maximale Zugspannung bei A beträgt dann

$$\sigma_y = \sigma \left(1 + 2 \sqrt{\frac{a}{\rho}} \right),$$

vermindert um die Wirkung der Normalspannung entlang BQ und B′Q′. Ist die Einkerbung schmal und tief, dann ist der Einfluß dieser Normalspannung gering. Selbst wenn der Druck $\sigma_x = -\sigma$ bei B über die ganze Strecke BQ erhalten bliebe, dann würde das bei A nur zu einer zusätzlichen Spannung der Größenordnung von σ führen. Diese wäre vernachlässigbar sobald $a/b \gtrsim 10$. In Wirklichkeit fällt aber diese Spannung mit der Entfernung von QQ′ schnell ab, und daher liegt die maximale Zugspannung an der Kerbspitze zwischen

$$2\sigma \sqrt{\frac{a}{\rho}} \quad \text{und} \quad \sigma \left(1 + 2 \sqrt{\frac{a}{\rho}} \right).$$

Der erste Ausdruck ist dabei die bessere Näherung für eine scharfe, tiefe Einkerbung. Mit ähnlichen Betrachtungen findet man für die maximale Zugspannung bei A in Bild 2.5 (b)

$$\sigma_y = \sigma \left(1 + 2 \sqrt{\frac{a}{\rho}} \right).$$

In Bild 2.5 (c) ist die tangential zur Oberfläche wirkende Zugspannung bei A gleich $\sigma \sqrt{a/\rho}$. Streng genommen ist das nicht die größte Zugspannung, für $a \gg \rho$ stellt jedoch dieser Ausdruck eine sehr gute Näherung dar (*Marsh* [8]). Zum Schluß sei noch festgestellt, daß eine doppelte Spannungserhöhung auftritt, falls sich unmittelbar neben einem Loch eine Kerbe befindet.

Die theoretischen Werte für die erhöhte Spannung in der Umgebung von Kerben haben sich für Werkstoffe wie Zelluloid oder Araldit mit spannungsoptischen Methoden gut bestätigen lassen, sofern die Spannungen überall gering waren und somit die Verformungen im elastischen Bereich bleiben. Mit diesen Werten sollten sich in guter Näherung auch die Verformungen in der Umgebung von Kerben in Werkstoffen mit hohem Elastizitätsmodul berechnen lassen, solange diese Verformungen klein bleiben. Aus Gl. (2.1) wird deutlich, daß in elastischen Körpern an den Enden scharfer Ecken oder Kerben sehr hohe Spannungen auftreten können. So wird die aufgebrachte Spannung um einen Faktor 64 vergrößert, wenn $\rho = 30$ Å und $a = 3$ μm wird. Auf diese Weise kann am Grund einer Kerbe oder Stufe die theoretische Reißfestigkeit erreicht werden, auch wenn die am Körper angelegten Spannungen sehr viel kleiner sind als die, die bei einer fehlerfreien Probe zum Bruch führen. Eine solche Spannungskonzentration kann in Werkstoffen wie Metallen auch Versagen durch plastisches Fließen hervorrufen.

Diese schwächende Wirkung von Rissen, Stufen, Kerben und Spalten in elastisch beanspruchten Festkörpern ist für die Anwendung hochfester Werkstoffe von großer Bedeutung und erfordert einige Diskussion.

2.3. Die Theorie von Griffith

Um die normalerweise beobachtete Diskrepanz zwischen den berechneten und den gemessenen Werten der Bruchfestigkeit von Festkörpern zu erklären, machte *Griffith* [1] die Annahme, daß in diesen im allgemeinen Risse vorhanden sind, und daß der Bruch auftritt, indem sich einer der bereits existierenden Risse unter dem Einfluß der auf den Körper wirkenden Kräfte ausbreitet. Das Ausbreiten eines Risses erfordert Energie. Diese Energie ist proportional zum Zuwachs der Fläche der Rißwände. Ein Riß kann sich also nur dann ausbreiten, wenn die Arbeit der von außen aufgebrachten Kräfte mindestens gleich der Erhöhung der Oberflächenenergie des Festkörpers ist, die mit der Rißausbreitung einhergeht.

Setzt man einen elastischen Körper einem gleichförmigen Spannungszustand mit den Hauptspannungen σ_1, σ_2 und σ_3 aus, dann erhöht die Anwesenheit eines sehr dünnen kreisförmigen Risses vom Radius c in einer Ebene senkrecht zu σ_1 die elastische Verformungsenergie im Körper um einen Betrag

$$W_1 = \frac{8 \, (1 - \nu^2) \, \sigma_1^2 \, c^3}{3E},$$

unabhängig von den Werten von σ_2 und σ_3 (*Sack* [9]), vorausgesetzt c ist klein gegenüber den Abmessungen des Körpers. Dabei ist ν die Querkontraktionszahl und E der Elastizitätsmodul. Der Riß hat eine Oberflächenenergie

$$W_2 = 2\pi c^2 \gamma_0,$$

wobei γ_0 die freie Oberflächenenergie des Materials ist. Der Beitrag zur gesamten freien Energie, die von der Anwesenheit des Risses herrührt, beträgt dann

$$\Delta W = -W_1 + W_2 = 2\pi c^2 \gamma_0 - \frac{8(1-\nu^2)\sigma^2 c^3}{3E},$$

wenn σ die Spannung senkrecht zum Riß darstellt[1]). Die Bedingung dafür, daß sich der Riß fortpflanzt, lautet $\partial\Delta W/\partial c = 0$, woraus folgt

$$\sigma = \sqrt{\frac{\pi}{2(1-\nu^2)} \cdot \frac{E\gamma_0}{c}}. \tag{2.3}$$

Unter einer Spannung, die niedriger ist als die in Gl. (2.3) angegebene, kann sich der Riß nicht ausbreiten. Das gleiche Argument kann angewendet werden für einen elliptischen Hohlraum der Breite 2c, der sich über eine ganze Platte erstreckt. Wird die Platte unter "plane stress"-Bedingungen belastet, dann wird

$$\sigma = \sqrt{\frac{2E\gamma_0}{\pi c}}, \tag{2.4}$$

unter "plane strain"-Bedingungen

$$\sigma = \sqrt{\frac{2}{\pi(1-\nu^2)} \cdot \frac{E\gamma_0}{c}}. \tag{2.5}$$

Weiterhin kann dieses Argument für einen schlanken Spalt an der Oberfläche eines Körpers angewendet werden. Hat dieser Spalt die Tiefe c, dann gelten ebenfalls die Gln. (2.4) und (2.5) für den Fall "plane stress" bzw. "plane strain". Die Spannungen die durch die Gln. (2.3), (2.4) und (2.5) gegeben sind, unterscheiden sich höchstens um einen Faktor 1.75, wenn $\nu = 0{,}3$ ist. Das ist durchaus innerhalb der Grenzen der Genauigkeit, mit der diese Berechnungen durchgeführt werden können, weil die Verformung am Ende des Risses, der als sehr scharf angenommen wird, sehr hoch sein wird und dort das Hookesche Gesetz nicht mehr gilt.

---

[1]) Bei der Wahl des Vorzeichens von W_1 in dieser Gleichung ist Vorsicht angebracht. Die Berechnung für die Änderung der elastischen Energie eines Körpers durch die Einführung eines Risses wird durchgeführt unter der Annahme, daß die in großer Entfernung vom Riß angelegte Spannung konstant gehalten wird. Wenn nun der Riß eingeführt wird, dann leisten die Zugkräfte an der Oberfläche Arbeit, da der Körper stärker deformierbar wird. Die von diesen Zugkräften geleistete Arbeit ist genau doppelt so groß wie die *Zunahme* der elastischen Energie des Körpers, die von der Einführung des Risses herrührt. Die Änderung der freien Energie des Körpers beträgt somit $-W_1$.

In einem echt spröden Festkörper wird mit Sicherheit kein plastisches Fließen auftreten, und daher wird sich an der Spitze eines scharfen, tiefen Risses unter Spannung eine hohe Spannungskonzentration ausbilden. Die erhöhte Spannung wird gleich $\sigma \sqrt{c/\rho}$ sein, wobei σ die angelegte Spannung ist und $c \gg \rho$ gilt. Soll das Material brechen, dann muß diese erhöhte Spannung gleich der theoretischen Reißfestigkeit werden, nämlich gleich $\sqrt{E\gamma_0/a_0}$ (Gl. (1.5)). Damit ergibt sich

$$\sigma = \sqrt{\frac{E\gamma_0}{c} \cdot \frac{\rho}{a_0}}\,. \tag{2.6}$$

Orowan [10] konnte zeigen, daß in einem echt spröden Festkörper der Effektivwert von ρ immer in der Größenordnung des Atomabstands liegt und nicht kleiner als dieser sein kann. Es ist also $\rho \approx a_0$, und Gl. (2.6) wird im Rahmen der Genauigkeit der Rechnung auf die in den Gln. (2.3), (2.4) und (2.5) angegebenen Griffith-Spannungen reduziert.

Es muß jedoch beachtet werden, daß die Rechnung von *Griffith* [1] die theoretische Bruchspannung eines fehlerfreien Festkörpers nicht einschließt. Gl. (2.3) ist im Grunde eine Form des 1. Hauptsatzes der Thermodynamik, angewendet auf den Bruch, und stellt eine notwendige Bedingung für die Rißausbreitung dar. Bei einem echt spröden Festkörper ist die Gl. (2.3) gleichzeitig auch eine hinreichende Bedingung. Die Griffithsche Gleichgewichtsbeziehung für die Energie kann auch so erweitert werden, daß Versagen unter Mitwirkung plastischen Fließens eingeschlossen ist, falls γ_0 als die gesamte Arbeit angesehen wird, die nötig ist, um die Bruchfläche um eine Flächeneinheit zu vergrößern (*Irwin* [11]; *Orowan* [10]). Wir werden auf diesen Punkt in Kapitel 4 zurückkommen.

Für die Ausbreitung eines Risses oder einer Kerbe in einem spröden Körper ist die Anwesenheit hoher elastischer Spannungen an der Rißspitze erforderlich. Das wiederum erfordert eine lokale Konzentration der Spannung. Die Theorie gilt nicht für elastische Körper, die sich zunächst sehr stark verformen lassen, wie z.B. Gummi, wo bei der Spannung Null die Molekülketten in Stücken von etwa 100 Atomabständen zwischen Punkten, an denen die Ketten verbunden sind, gefaltet sind. Wird unter diesen Bedingungen ein Schlitz in das Material geschnitten, dann wird unter Belastung keine große Spannungskonzentration hervorgerufen, weil sich der Schlitz elastisch so weit dehnen kann bis er breiter ist als tief. Gummi ist jedoch spröde, und ein Riß wird sich darin ausbreiten, falls das Material stark gedehnt ist und daher die Molekülketten gestreckt sind.

2.4. Die Rißspitze

In Abschnitt 2.1 wurden die Ergebnisse von Berechnungen der Spannungen in der Nähe des Endes eines elliptischen Loches in einem elastischen Körper unter äußerer Last angegeben. Diese Ergebnisse wurden dann in Abschnitt 2.3 angewendet, um die Griffithsche Bruchtheorie darzulegen. Die in Abschnitt 2.1 aufgezeigten Ergebnisse gelten für ein reales Material, das einen Riß enthält, in Entfernungen von der Rißoberfläche, die groß sind gegenüber dem Krümmungsradius an der Rißspitze. Die Spannungen in unmittelbarer Nähe der Rißspitze sind jedoch bestimmt durch die interatomaren Kräfte, die den Körper zusammenhalten. Somit ist die Form des Risses in der Nähe seiner Spitze, wenn der Körper belastet wird, vom Material abhängig und möglicherweise durch eine elliptische Oberfläche nicht sehr gut dargestellt. Die Art der interatomaren Kräfte wird ausschlaggebend sein für das Verhältnis von maximaler Zugspannung zu maximaler Schubspannung und wird bestimmen ob ein Material dazu neigt, sich ohne plastisches Fließen zu spalten, oder ob an der Rißspitze Versetzungen erzeugt werden, die ausgedehntes plastisches Fließen hervorrufen und unter Umständen sprödes Spalten verhindern.

Nach Vorschlägen von *Rehbinder, Mott* und *Elliot* (vgl. *Barenblatt* [12]) zeigte *Orowan* [10] als erster, daß in einem echt spröden Material, d.h. einem Material, das nicht plastisch fließen kann, bei konstant gehaltener Verformung zwischen starren Halterungen ein Riß aussehen muß wie in Bild 2.6. Der Riß schließt sich glatt, und in der Nähe der Spitze gibt es Bindungen in allen Stadien der Dehnung bis zum Zerreißen. Ein solcher Riß wird sich unter einer angelegten Spannung σ entweder schließen oder weiter ausbreiten außer für die Rißtiefe 2c, bei der ein labiles Gleichgewicht herrscht. Schreitet der Riß um einen Atomabstand weiter fort, dann nimmt jede über die Rißebene greifende Bindung die Verformung auf, die zunächst die vorhergehende Bindung aufgenommen hatte. Die dazu notwendige Arbeit ist gleich dem Gewinn an Oberflächenenergie. Dies ist die Beschreibung der Theorie von *Griffith* [1] auf atomarer Basis. In einem echt spröden Körper ist die Griffith-Bedingung notwendig wie hinreichend für den Bruch.

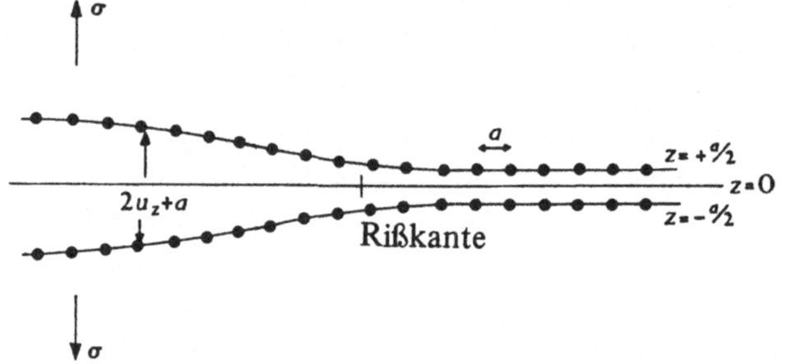

Bild 2.6

Die Verschiebung der Atomebenen auf den beiden Seiten eines kreisförmigen Risses (nach *Elliot* [13]) für eine Rißlänge von 2500 · a in einem Material mit E = 10¹² dyn/cm² und ν = 0,25.

Für das duktile oder spröde Verhalten eines rißbehafteten Materials, das auf Zug beansprucht wird, sind die Einzelheiten der Spannungsverteilung um die Rißspitze von wesentlicher Bedeutung. Dieses Problem ist schwierig und wurde noch nicht vollständig gelöst.

Als erster versuchte *Elliot* [13], eine Analyse der Form eines wirklichen Risses durchzuführen. Er gibt einige Ergebnisse für die Spannungen in der Nähe einer Rißspitze an. Bild 2.6 ist seiner Arbeit entnommen. Seine Methode besteht darin, die asymptotische Lösung für den mathematischen Riß mit Spitzenradius Null zu wählen. Er ermittelt die Spannungen in der Nähe des Risses unter der Annahme, daß die Flächen des mathematischen Risses keine Spannungen übertragen. Dann berechnet er σ_z, die z-Komponente der Spannung, in den zwei Ebenen, die vor Anlegen der Spannung die Entfernung a/2 von der Ebene des mathematischen Risses hatten (vgl. Bild 2.6). Die Form dieser Ebenen ist identisch mit den Seitenflächen des Risses unter Spannung, vorausgesetzt f(z), die interatomare Kraft pro Flächeneinheit bei einem Abstand $(z + a)$ der beiden Ebenen voneinander, hängt auf die gleiche Weise von z ab wie σ_z von $2u_z$, wobei u_z die Verschiebung der Ebenen in z-Richtung ist. Geht man auf diese Art vor, dann muß noch das Kraftgesetz hergeleitet werden, dem diese Lösung entspricht. Das wird für kleine z durch den Ansatz $f(z) = E \cdot 2u_z/a$, wobei E der Elastizitätsmodul ist, und die Forderung, daß der Maximalwert von σ_z gleich der theoretischen Reißfestigkeit σ_{max} ist, erreicht. Die Beziehung für die Kraft sieht so aus, daß sie einem Abfallen von σ_z wie $1/u_z$ entspricht und somit nur langsam gegen Null geht, wenn u_z gegen unendlich geht. Die so hergeleitete Form des Risses ist in Bild 2.6 gezeigt. Das Vorgehen von *Elliot* [13] war eine Näherung und ergab eine anfängliche Erhöhung von E mit zunehmender Verschiebung. Eine solche Erhöhung kann z.B. für Quarzglas auftreten, wird aber im allgemeinen für Kristalle nicht erwartet. Die neueren Arbeiten zur mathematischen Theorie der Rißspitze wurden von *Barenblatt* [12] zusammenfassend dargestellt.

Wir können die Spannungen nahe bei der Rißspitze nach der asymptotischen Lösung für den mathematischen Riß mit den Gln. (2.2) untersuchen. Wählen wir r sehr klein im Vergleich zu c und setzen wir θ nahezu Null, dann sehen wir, daß für $\beta = 90°$ ein Zustand zweiachsigen Zuges in der Nähe der Rißspitze auftritt, da $\sigma_r = \sigma_\theta$ und $\tau_{r\theta} = 0$. Die Größe von σ_r und σ_θ ist dann

$$\sigma \sqrt{\frac{c}{2r}}\,.$$

Schijve [6] hat für den Fall eines Risses, der sich durch ein Blech erstreckt, andere Formen der Gln. (2.2) angegeben. Mit diesen ist es möglich, den Maximalwert der Schubspannung nach der asymptotischen Lösung für $\beta = 90°$ in den Gln. (2.2) aufzufinden. Auf Ebenen senkrecht zur Blechebene ist die Schubspannung, die maximal erreicht wird, halb so hoch wie oben angegeben, nämlich $\sigma/2 \cdot \sqrt{c/2r}$. Das gilt sowohl für den Zustand ebener Spannung wie für den ebener Dehnung. Der Maximalwert der Schubspannung auf Ebenen, die gegen die Blechebene geneigt sind, beträgt

$$0{,}65\, \sigma \sqrt{\frac{c}{2r}}$$

im ebenen Spannungszustand. Im Zustand ebener Dehnung hängt der Wert der maximalen Schubspannung auf gegen die Blechebene geneigten Ebenen von der Querkontraktionszahl ν ab und ist größer für kleinere Werte von ν.

Sind in einem Material keine beweglichen Versetzungen vorhanden, dann ist das Verhältnis von maximaler Zugspannung zu maximaler Schubspannung im Gebiet nahe der Rißspitze von großer Bedeutung, da es von diesem Verhältnis abhängt, ob Spaltbruch eintritt, oder ob die theoretische Schubfestigkeit erreicht wird und Versetzungen im fehlerfreien Gitter gebildet werden (*Cottrell* und *Kelly* [14]). Aus der obenstehenden Diskussion läßt sich entnehmen, daß die Schubspannungsverteilung in der Nähe einer Rißspitze von den elastischen Konstanten des Materials, ihrem Zusammenhang mit den interatomaren Kräften und der Rißform abhängt. Weiterhin müssen die Werte von τ_{max} und σ_{max} für den in der Nähe der Rißspitze zu erwartenden zweiachsigen Spannungszustand berechnet werden. Unser derzeitiger Wissenstand ist zwar lückenhaft, es läßt sich aber mit Sicherheit sagen, daß der zweiachsige Spannungszustand nahe der Rißspitze den Spaltbruch begünstigt, sofern σ_{max} und τ_{max} auch nur annähernd vergleichbar sind. Nur bei den reinen kubisch flächenzentrierten Metallen ist das Verhältnis von σ_{max} zu τ_{max} (vgl. Kapitel 1) so groß, daß wir trotz unserer Unkenntnis der Einzelheiten und der Unsicherheit in der Abschätzung von σ_{max} und τ_{max} sagen können, daß in Abwesenheit einer korrodierenden Umgebung nach der Theorie ein Spaltbruch nicht zu erwarten ist.

Man ist sich allgemein darüber einig, daß die Spannung, die erforderlich ist, damit sich ein Riß in einem echt spröden Körper ausbreitet, durch Gl. (2.6) mit $\rho = a_0$ gegeben ist. Wie wir jedoch aus dieser Diskussion entnommen haben, steht uns zur Zeit kein Mittel zur Verfügung, um zu entscheiden, welche Festkörper als echt spröde angesehen werden können. Eine brauchbare Definition lautet folgendermaßen: Ein Körper ist dann echt spröde, wenn bei seinem Bruch kein plastisches Fließen auftritt, die Brucharbeit also gleich dem Zuwachs der Oberflächenenergie ist. Das wurde für die Herleitung der Gl. (2.3) und bei der Abschätzung der theoretischen Reißfestigkeit in Abschnitt 1.1 angenommen. Viele Werkstoffe erscheinen als in erster Näherung spröde, und die plastische Verformung, die bei ihrem Bruch auftreten kann, ist sehr gering, wenn die Temperatur hinreichend niedrig ist. Beispiele hierfür sind Lithiumfluorid, Magnesiumoxid, Flußspat, Bariumfluorid, Kalkspat, Silizium, Zink und Eisen (mit 3 % Silizium). Für diese Stoffe wurden die Werte der Oberflächenenergie bestimmt aus Bruchversuchen unter genau kontrollierten Bedingungen. Die so gewonnenen Werte der Oberflächenenergie stimmen mit den aus der Theorie erwarteten überein (*Gilman* [15]). Auch Quarzglas scheint unter den meisten Bedingungen bei tiefer Temperatur in echt spröder Weise zu brechen. Sorgfältig geführte Untersuchungen über das Brechen der meisten spröde erscheinenden Stoffe zeigen jedoch, daß in gewissem Umfang plastisches Fließen auftritt. So fanden zum Beispiel *Johnston, Stokes* und *Li* [16] Hinweise auf die Bewegung von Versetzungen in Germanium, das bei Raumtemperatur zerbrochen wurde. Die Vorstellung, daß es ein wirklich sprödes Material gibt, ist möglicherweise eine Idealisierung. Nachdem sich aber viele Stoffe, wie z.B. Glas, Bakelit, Quarz und Germanium, näherungsweise wie echt spröde Materialien zu verhalten scheinen, ist diese Vorstellung eine nützliche Idealisierung.

Ein echt spröder Stoff wird immer sehr fest sein (d.h. seine Bruchfestigkeit wird seiner theoretischen Reißfestigkeit nahe kommen), sofern Stufen, Kerben und Risse entfernt werden. Die Bruchfestigkeit wird dagegen drastisch reduziert, wenn derartige Fehler vorhanden sind und sich Spannungskonzentrationen ausbilden. Im Vergleich zu den beobachtbaren Oberflächenrissen und Kerben werden einzelne Versetzungen keine nennenswerten Spannungskonzentrationen hervorrufen, weil der entsprechende Wert c in Gl. (2.3) selbst nur in atomarer Größenordnung liegt, wenn man die Versetzungen als innere Risse ansieht [1]).

---

[1]) Sind Versetzungen mit großem Burgersvektor vorhanden, dann könnte man eine gewisse Verringerung der Festigkeit erwarten. Experimentell hat man jedoch in Materialien wie SiO_2 und Saphir bei den derzeit erreichbaren Spannungen nicht beobachtet, daß sich von diesen Versetzungen her Risse ausbreiten (vgl. Abschnitt 3.2).

Echt spröde Stoffe können also sehr fest gemacht werden, wenn man das Auftreten von Oberflächenfehlern und Löchern im Inneren unterbinden kann. Wenn das gelungen ist, dann muß die erreichbare Festigkeit bestimmt sein durch das Verhältnis von theoretischer Reißfestigkeit zu theoretischer Schubfestigkeit. Nachdem sich Gläser auf SiO_2-Basis im allgemeinen wie spröde Körper verhalten, werden wir im folgenden die Festigkeitseigenschaften von Glas diskutieren, wie sie unter verschiedenen Bedingungen beobachtet werden.

2.5. Die Festigkeit von Glas

Die wesentlichen Bestandteile der mineralischen Gläser sind ineinander lösliche Oxide von Elementen mit Wertigkeit drei oder höher. Das häufigste dieser Oxide ist das SiO_2. Oxide mit Wertigkeiten kleiner als drei werden oft zugefügt, um die Kristallisation zu unterbinden und um die Erweichungstemperatur herabzusetzen. Bei Temperaturen, bei denen viskoses Fließen nicht berücksichtigt werden muß, scheint Glas sich wie ein echt spröder Festkörper zu verhalten. Die bleibende Zugverformung im makroskopischen Maßstab ist vernachlässigbar, obwohl der Eindringkörper eines Härteprüfgeräts bleibende Verformung verursacht. Die Festigkeit ändert sich mit der chemischen Zusammensetzung. Es gibt Anzeichen dafür, daß die Festigkeit von reinem SiO_2 um etwa einen Faktor 2 höher ist als die der üblichen Gläser, die Oxide von Kalzium, Natrium, Bor und Aluminium enthalten; systematische Untersuchungen dazu sind allerdings noch nicht durchgeführt worden.

In der Vergangenheit hat man meist angenommen, daß dünne Glasfasern fester sind als dicke. Diese Annahme ist nicht mehr aufrecht zu halten. Viele neuere Experimente haben ergeben, daß es keine Dickenabhängigkeit im eigentlichen Sinn gibt. *Thomas* [17] wies nach, daß Fasern aus E-Glas mit Durchmessern zwischen 5 μm und 50 μm im Kurzzeitversuch bei Raumtemperatur in Luft mit einer relativen Feuchtigkeit von 40 % durchweg eine Bruchfestigkeit von etwa 370 kp/mm² besitzen. Der relative Fehler betrug weniger als 1 %. Diese Ergebnisse wurden vielfach bestätigt.

Hinsichtlich der Absolutwerte sind bei Glas zwei Festigkeitsbereiche zu unterscheiden (*Proctor* [18], *Gurney* [19]). Es sind dies die Festigkeit von gewöhnlichen Glasstäben im Lieferzustand, die normalerweise etwa 0,7 bis 14 kp/mm² beträgt, und die Festigkeit sorgfältig präparierter Proben, meist Fasern oder Stäbe, bei denen die Oberfläche nicht durch Scheuern an anderen Fasern oder Berührung mit Staubteilchen beschädigt ist. Dieses hochfeste Glas besitzt eine Zugfestigkeit von mehreren hundert kp/mm². Beispielsweise findet man für reines SiO_2 bei Raumtemperatur einen Wert von etwa 565 kp/mm².

Die Festigkeit des gewöhnlichen, ohne besondere Sorgfalt behandelten Glases wird durch Wärmebehandlung kaum verändert, es kann höchstens geringfügig fester werden. Durch Ätzen dagegen kann die Festigkeit bedeutend gesteigert werden, weil dadurch Kerben, die zu Spannungskonzentrationen führen können, abgestumpft werden. Wird aber hochfestes Glas über etwa 300 bis 400 °C erhitzt, dann liegt die Raumtemperaturfestigkeit nach der Wärmebehandlung merklich niedriger. Diese Festigkeitsabnahme hängt von der Dauer der Glühung oberhalb 300 °C ab. Erst nach einigen Stunden der Wärmebehandlung wird ein konstanter Wert der Festigkeit erreicht (*Thomas* [17]). Es hat den Anschein, daß im hochfesten Glas bei Temperaturen oberhalb 300 °C Fehler erzeugt werden und daß deren Ausbildung zeit-, temperatur- und möglicherweise auch noch spannungsabhängig ist. Diese Fehler können zum Teil durch Kristallisation bedingt sein, die zu Volumenänderungen und damit zur Entstehung von möglicherweise spannungskonzentrierenden Defekten führt. Derartige Schäden scheinen eng verknüpft zu sein mit der Anwesenheit von Wasserdampf, sie treten jedoch auch nach Glühbehandlungen unter Vakuum auf. In vielen Fällen kann der durch Erhitzen verursachte Festigkeitsverlust durch anschließendes Ätzen wieder beseitigt werden.

Bei Raumtemperatur und darunter ist die Bruchfestigkeit von hochfestem SiO_2-Glas thermisch reversibel. Der Verlauf der Bruchfestigkeit mit der Temperatur für Quarzglas ist in Bild 2.7 (a) gezeigt. Bei Temperaturen oberhalb 77 K zeigen die meisten Glasproben „statische Ermüdung", d.h. die gemessene Festigkeit ist zeitabhängig in dem Sinn, daß irgendwann Versagen eintritt, vorausgesetzt, die Spannung überschreitet einen gewissen Minimalwert. Bei 77 K ist dieser Effekt bei fast allen Gläsern verschwunden. Die statische Ermüdung hängt ab von der umgebenden Atmosphäre und wird besonders stark beeinflußt durch Wasserdampf. Neben der Ermüdung unter statischer Last werden keine Anzeichen für eine Ermüdung unter Wechsellast gefunden (*Gurney* und *Pearson* [20]).

Die Zugfestigkeit von sorgfältig behandeltem reinem Quarzglas beträgt bei der Temperatur des flüssigen Stickstoffs im Durchschnitt $1,4 \cdot 10^3$ kp/mm² bei einer Streuung der Meßwerte zwischen $1,25 \cdot 10^3$ und $1,62 \cdot 10^3$ kp/mm². Die Festigkeit bei 77 K scheint zeitunabhängig zu sein und ist die gleiche wie die bei 4,2 K (*Morley*, *Andrews* und *Whitney* [22]). Dieser Mittelwert liegt nahe bei dem aus Gl. (1.5) errechneten Wert der theoretischen Reißfestigkeit (Tabelle 1.1), der sich mit der Temperatur nur geringfügig über die Temperaturabhängigkeit der in Gl. (1.5) eingehenden Größen ändern sollte. Für ein Material wie Quarzglas, in dem die Atome durch starke kovalente Bindungen miteinander verkettet sind, kann sich der Wert für $2\,\tau_{max}$ dem Wert σ_{max} nähern. Wir können somit nur sagen, daß die Werte der Bruchfestigkeit von sehr sorgfältig präpariertem Quarzglas bei tiefen Temperaturen mit der Annahme eines Versagens bei der theoretischen Festigkeit übereinzustimmen scheinen.

Bei Temperaturen oberhalb 77 K ist der beobachtete Unterschied zwischen der theoretischen Festigkeit σ_{max} und den gemessenen Werten oft dem Vorhandensein von Fehlern und Rissen zugeschrieben worden, die zu Sprödbruch bei einer der Griffith-Spannung (Abschnitt 2.3) entsprechenden Belastung führten. Um die in Bild 2.7 gezeigten Werte der Bruchfestigkeit bei Raumtemperatur erklären zu können, benötigt man Risse mit etwa 15 Å Weite. Es gibt zwar einige Anzeichen für das Vorhandensein solcher Risse (vgl. die Literaturzitate zu der Arbeit von *Proctor* [18]), die reversible Temperaturabhängigkeit der Festigkeit zwischen Raumtemperatur und 77 K läßt sich jedoch mit den Gln. (2.3) bis (2.6) kaum erklären.

Obgleich die Beziehung von *Griffith* [1] in der allgemeinen Theorie des Bruches von Festkörpern und insbesondere für den Bruch von Glas eine äußerst bedeutende Rolle spielt, sind bisher nur wenige quantitative Nachprüfungen ihrer Voraussagen, nämlich daß die Bruchfestigkeit σ proportional ist zu $c^{-1/2}$ und daß die Proportionalitätskonstante für die verschiedenen Spannungszustände durch die Gln. (2.3) bis (2.5) gegeben ist, durchgeführt worden. *Griffith* [1] brachte zylindrische Rohre und Hohlkugeln aus Glas, die

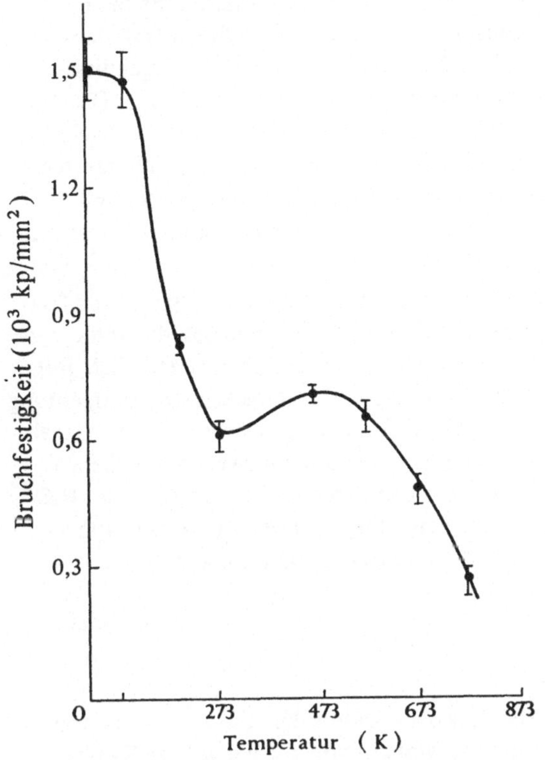

Bild 2.7 (a)

Die Temperaturabhängigkeit der Bruchfestigkeit von Fasern aus reinem SiO_2 (nach *Morley* [21]). Oberhalb von 573 K wird die Festigkeit zeitabhängig, erreicht aber einen konstanten Endwert. Dieser Endwert wurde hier verwendet. Das Symbol $|$ bezeichnet den Festigkeitsbereich, in dem ein gemessener Wert mit einer Wahrscheinlichkeit von 95 % zu liegen kommt.

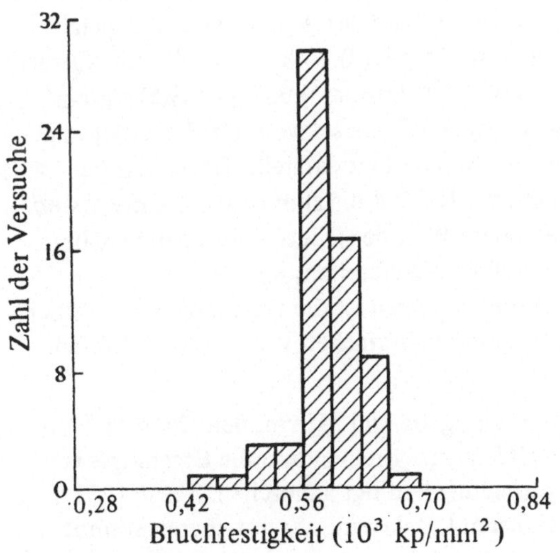

Bild 2.7 (b)

Festigkeit von SiO_2-Fasern in Luft bei 20 °C (nach *Morley* [21]).

Kratzer von bekannter Länge enthielten, durch inneren Druck zum Platzen. Er fand
dabei, daß beim Versagen die Größe $\sigma \sqrt{c}$ konstant war. Weiterhin stellte er fest, daß
diese Größe von Spannungen parallel zum Riß nicht beeinflußt wurde. Die Ergebnisse
stimmen gut mit Gl. (2.4) überein, die Abweichungen betrugen weniger als 10 %. Die
Größe γ_0, die er als die freie Oberflächenenergie ansah, bestimmte er aus der Beobachtung
des Durchhängens dünner Fasern unter einer Last quer zur Faserachse bei Temperaturen
zwischen 750 und 1110 °C. Der auf Raumtemperatur extrapolierte Wert von γ_0 betrug
550 erg/cm². Die von *Griffith* [1] zum Zerreißen seiner Rohre und Hohlkugeln benutzten
Werte der angelegten Spannung lagen bei etwa 0,7 kp/mm².

Shand [23] und einige andere Autoren bestätigten, daß die Bruchfestigkeit von Glas
proportional zu $c^{-1/2}$ ist. Die Untersuchungen von *Shand* [23] zeigten, daß die unter Verwendung von Gln. (2.3) bis (2.5) experimentell ermittelten Werte von γ_0 wesentlich größer
sind als die Oberflächenenergie. Seine Methode sei im folgenden dargelegt. Die Betrachtung
der Bruchflächen ergab, daß sie sich von einem spiegelähnlichen glatten zu einem unregel-
mäßigen getüpfelten Aussehen verändern, wenn ein gewisser Maximalwert der örtlichen
Spannung erreicht wird. Dieser Wert entspricht einer kritischen Geschwindigkeit der Rißausbreitung. Mit der angelegten Spannung σ_a und den Abmessungen der glatten Bruchfläche kann man, wenn der wirksame Spannungskonzentrationsfaktor bekannt ist,
schreiben

$$\sigma_a = \frac{\sigma_m \sqrt{\rho}}{f}.$$

Dabei ist σ_m die Maximalspannung und ρ ein effektiver Radius der Rißspitze. Die Größe
$f/\sqrt{\rho}$ ist dann der Spannungskonzentrationsfaktor, wobei f von der Wurzel des Radius
der glatten Bruchfläche und von den Probenabmessungen abhängt. Aus dieser Gleichung
findet man Werte für $\sigma_m \sqrt{\rho}$. Die von *Shand* [23] ermittelten Werte für diese Größe liegen bei 7,27 kp · mm$^{-3/2}$ für Natronkalkglas bei Raumtemperatur. Bei einem echt spröden Material muß die maximale Spannung an einer Rißspitze gleich der Reißfestigkeit
sein. Ferner stellten wir in Abschnitt 2.3 fest, daß der effektive Wert von ρ von der Größenordnung des Atomabstandes ist. Nach Gl. (1.5) sollte dann der Wert von $\sigma_m \sqrt{\rho}$ gleich
$\sqrt{E\gamma_0}$ werden, d.h. etwa gleich $1,4 \cdot 10^7$ dyn · cm$^{-3/2}$ oder 0,44 kp · mm$^{-3/2}$ für Natronkalkglas, wenn man $E = 6,5 \cdot 10^{11}$ dyn/cm² (6,65 · 10³ kp/mm²) und $\gamma_0 = 300$ erg/cm²
ansetzt. Der von *Shand* [23] gefundene Wert ist ein Vielfaches davon. Das bedeutet, daß
die Oberflächenenergie von Glas nicht die wahre Brucharbeit darstellt. Durch das Bestimmen der Beziehung zwischen der Rißtiefe und der Zeit bis zum Bruch konnte *Shand*
[24] zeigen, daß die Brucharbeit sich nur dann dem Wert der Oberflächenenergie nähert,
wenn sich die Risse mit sehr geringer Geschwindigkeit ausbreiten, und der Versuch in
Luft stattfindet. Unter allen anderen Versuchsbedingungen ist die Brucharbeit wesentlich
höher als die Oberflächenenergie. Sie kann bis zum fünfzigfachen Wert der Oberflächenenergie betragen.

Einer Anregung von *Shand* [24] folgend schlug *Marsh* [25] vor, den Überschuß an
Brucharbeit plastischem Fließen an der Rißspitze zuzuschreiben und die Ergebnisse von
Griffith [1] weitgehend als durch statische Ermüdung bedingt anzusehen. *Marsh* [25]
zeigte auch, daß die Bruchspannung bei hochfesten Glasfasern sehr gut übereinstimmt

mit der Druckfließspannung bei der Härteprüfung, wenn man vorgeht, wie in Abschnitt 1.7 beschrieben. Das gilt für einen sehr weiten Temperaturbereich. Oberhalb von 77 K ist es notwendig, die Dehnungsgeschwindigkeit zu berücksichtigen, um den Einfluß der statischen Ermüdung auszuschalten. *Marsh* [25] vermutet, daß die Art des plastischen Fliessens bei Glas sehr stark von Wasserdampf beeinflußt wird. Bei Temperaturen oberhalb 77 K führt die Anwesenheit von Wasserdampf zu einer Verringerung der Fließspannung und zu einer Abhängigkeit der Fließspannung von Zeit und Temperatur. Er erklärt die scheinbar plötzliche Art des Versagens einer hochfesten Glasfaser durch das Fehlen einer Verfestigung bei einem derartigen Material. Bei Temperaturen von 77 K und darunter ist die Festigkeit zeitunabhängig. Für Natronkalkglas beträgt die Bruchspannung bei 77 K etwa $1000 \, kp/mm^2$ oder $0,15 \, E$. Die maximale Schubspannung ist halb so groß, so daß feste Fasern aus Natronkalkglas durch Scherung bei Schubspannungen von $0,19 \, G$ versagen, wobei G der Schubmodul ist. Berechnungen der theoretischen Schubfestigkeit von Glas sind bisher nicht ausgeführt worden. Sie dürfte aber kaum höher als $0,25 \, G$, also der in Abschnitt 1.3 für kovalent gebundene Kristalle hergeleitete Wert sein. Fehlerfreie Fasern aus Natronkalkglas scheinen also bei tiefen Temperaturen durch Scherung bei oder nahe bei der theoretischen Schubfestigkeit zu versagen.

2.6. Das Beschädigen von Fasern

Die Vorzüge von SiO_2-Fasern als möglicherweise nutzbare hochfeste Stoffe, insbesondere zur Verstärkung von Matrixmaterialien von geringer Festigkeit, sind von *Morley* [21] dargelegt worden. SiO_2-Fasern lassen sich leicht in großer Menge herstellen, ihre Dichte ist gering ($2,5 \, g/cm^3$) und ihre Festigkeit hoch (vgl. Anhang A). Fasern, die bei Raumtemperatur untersucht wurden, hatten eine durchschnittliche Festigkeit von etwa $600 \, kp/mm^2$ (Bild 2.7 (b)). Bei Temperaturen oberhalb 300 °C ist die Festigkeit zeit- und temperaturabhängig. Bei Raumtemperatur verringert sich die Festigkeit bei Anwesenheit von Wasserdampf, aber selbst für lange Zeiten der Einwirkung sinkt die Festigkeit nicht unter $270 \, kp/mm^2$. Mechanische Beschädigungen oder lokaler chemischer Angriff können allerdings die Festigkeit drastisch erniedrigen. Aus diesem Grund müssen derartige Fasern in irgendeiner Weise umhüllt werden, um die Bildung von Rissen und Kerben durch chemische oder mechanische Einwirkung zu verhindern.

Das Verhalten von Glas bei tiefen Temperaturen entspricht sehr weitgehend dem der inhärent festen Kristalle, die in Abschnitt 3.2 diskutiert werden. Bei all diesen Stoffen wird die Festigkeit bei tiefen Temperaturen durch die Anwesenheit von Rissen und Kerben bestimmt. Nachdem wir in Abschnitt 2.5 gesehen haben, daß die Festigkeit von Glas, das keine Oberflächenfehler enthält, dem theoretischen Wert für einen fehlerfreien Festkörper bei tiefen Temperaturen sehr nahe kommen kann, müssen wir uns nun damit beschäftigen, wie Risse entstehen können. Da für Glas sehr viele Untersuchungen vorliegen, können wir die mit diesem Material gewonnenen Erfahrungen heranziehen, um festzustellen, welche Vorgänge Risse verursachen.

Risse können auf chemische und auf mechanische Weise erzeugt werden. Die chemischen Prozesse sind meist sehr spezifisch für die untersuchten Substanzen. Die einzige allgemein gültige Feststellung ist, daß in Stoffen ohne Korngrenzen der chemische Angriff nur dann örtlich begrenzt sein kann, wenn Inhomogenitäten im Gefüge vorhanden sind. Bei Gläsern kann das herrühren von einer Neigung zum Kristallisieren an bestimmten Stellen, von örtlichen Inhomogenitäten in der chemischen Zusammensetzung oder von der Anwesenheit von Einschlüssen, die beim Ziehen entstehen. Zusätzlich zu diesen Möglichkeiten fördern bei Kristallen die an der Oberfläche austretenden Versetzungen die Neigung zu erhöhter chemischer Reaktion.

Risse können sehr leicht auf mechanische Weise erzeugt werden, insbesondere durch Schlag und gleitende Berührung. Als erster beschäftigte sich *Hertz* mit dem Aufeinanderprallen elastischer Körper. Eine Kugel vom Radius R mit der kinetischen Energie W, die auf eine ebene Fläche aus dem gleichen Material mit der Querkontraktionszahl 0,25 auftrifft, erzeugt einen maximalen Druck p_0, der gegeben ist durch

$$p_0 = 0,37 \left(\frac{5}{2} \cdot \frac{W}{R^3} \right)^{\frac{1}{5}} E^{\frac{4}{5}}$$

(vgl. *Timoshenko* und *Goodier* [4]). Die maximale Zugspannung beträgt bei $\nu = 0,25$ ein sechstel dieses Wertes. Um eine Zugspannung von E/6 zu erzeugen, benötigt eine Kugel der Dichte 3 g/cm^3 eine Geschwindigkeit von nur 91 cm/sec, die sie erreichen kann, indem sie 4,2 cm fällt. Es wird hieraus völlig einleuchtend, daß große Sorgfalt nötig ist, um Werkstücke aus einem hochfesten Material gegen den Aufschlag von Staubpartikeln und die Berührung mit anderen Stücken des gleichen Materials zu schützen.

Trotz der Leichtigkeit, mit der hohe Spannungen durch senkrechtes Aufprallen erzeugt werden können, gibt es Anzeichen dafür, daß gleitende Berührung zwischen Glasfasern schwerere Beschädigungen hervorruft als Druck senkrecht zur Berührungsfläche. *Gurney* [19] berichtet darüber und stellt fest, daß beim leichten Aufeinanderpressen kaum Beschädigungen auftreten, wenn der Druck senkrecht zur Berührungsebene wirkt, daß aber Schäden leicht erzeugt werden, wenn die Richtung der relativen Bewegung schief zur Berührungsebene liegt. *Gurney* [19] vermutet, daß die extrem hohe Empfindlichkeit gegenüber gleitender Berührung gedeutet werden kann mit der Rechnung von *Mindlin* [26] über die Schubspannungen, die parallel zur Berührungsebene zweier elastischer Körper erzeugt werden können, wenn diese Körper zusammengepreßt und einer tangentialen Kraft unterworfen werden.

Betrachten wir zwei zylindrische Stäbe mit dem Radius R, die rechtwinklig zueinander ausgerichtet sind und mit einer Kraft P aufeinandergedrückt werden. Die Berührungsfläche ist ein Kreis mit Radius b, gegeben durch

$$b = 1,12 \left(\frac{PR}{E} \right)^{\frac{1}{3}},$$

bei einem Wert der Querkontraktionszahl von 0,25 und b $\ll$ R (*Timoshenko* und *Goodier* [4]). Wird nun eine Tangentialkraft T angelegt, dann läßt sich die tangentiale Schubspannung als Funktion des Abstandes x von der Mitte des Berührungskreises beschreiben als

$$\tau = \frac{T}{2\pi b} \left(b^2 - x^2 \right)^{-\frac{1}{2}}, \text{ für } x < b. \tag{2.7}$$

τ wächst also gegen unendlich mit der Annäherung an den Rand des Berührungskreises (*Mindlin* [26]). Setzen wir $\rho = (b - x)$ und substituierten wir mit dieser Größe b, dann reduziert sich Gl. (2.7) für $\rho \ll b$ auf

$$\tau = 0,095 \; T \left(\frac{E}{PR\rho} \right)^{\frac{1}{2}} .$$

Um die Bedingungen zu untersuchen, die zur Rißbildung führen, können wir annehmen, daß ein kritischer Wert der Größe $\tau\rho^{1/2}$ überschritten werden muß, um einen Riß zu erzeugen. Als vernünftigen Wert für diese Größe kann man etwa 10^8 dyn $\cdot$ cm$^{-3/2}$ annehmen, was etwa in der Mitte des von *Shand* [23] beobachteten Bereichs liegt (vgl. Abschnitt 2.5). Für Glasfasern von 0,01 cm Durchmesser mit $E = 6,9 \cdot 10^{11}$ dyn/cm^2 finden wir, daß die Größe $T/P^{1/2}$ größer als etwa 100 dyn$^{1/2}$ sein muß. Gleiten die Fasern mit einem Reibungskoeffizienten μ aufeinander, dann wird $T = \mu P$ und somit

$$\frac{T}{P^{\frac{1}{2}}} = \mu P^{\frac{1}{2}} .$$

Wenn nun die Fasern mit einer Kraft von 10 p aufeinander gepreßt werden, dann wird ein Reibungskoeffizient größer als 1 benötigt, damit ein Riß erzeugt wird. Daher muß nach *Gurney* [19] örtliches Verschweißen eintreten, wenn dieser Mechanismus leicht Risse in dünnen Fasern erzeugen soll.

Die obenstehenden Bemerkungen über mechanische Beschädigungen gelten, wenn sich zwei gleichartige Stoffe berühren. Kommen aber Stoffe sehr unterschiedlicher Festigkeit und unterschiedlicher elastischer Eigenschaften in Kontakt, dann können wir nur aus der Mohsschen Härteskala einen allgemeinen Anhaltspunkt gewinnen, und zwar wenn wir der Interpretation von *Tabor* [27] folgen. In der Mohsschen Skala werden die Stoffe in der Reihenfolge steigender Härte in Stufen von 1 bis 10 angeordnet. Ein Unterschied in der Mohsschen Härte von einer Einheit entspricht einer Erhöhung der Vickershärte um 60 %. Da die Fließspannung σ_{dF} eines Materials mit der Vickershärte P durch die Beziehung $P \approx 3\sigma_{dF}$ verknüpft ist (Abschnitt 1.7), dürfen wir annehmen, daß beim Aufeinanderpressen von Stoffen unterschiedlicher Härte bei langsamer Verformung ($\dot{\varepsilon} \lesssim 10^{-2}$/s) der weichere in den härteren nicht eindringt, falls seine Härte um mehr als 2 Mohssche Einheiten unter der des härteren liegt. SiO$_2$ hat eine Mohssche Härte von 7, was etwa der hochfester Metalle entspricht. Nach dem obigen Kriterium können also Metallteilchen SiO$_2$ beschädigen. Stoffe wie Al$_2$O$_3$ haben eine Mohssche Härte von 9 und können somit durch SiO$_2$ und die hochfesten Metalle beschädigt werden, nicht aber durch weiche Metalle und andere Stoffe mit Mohsscher Härte unter 7.

3. Versetzungen

Das plastische Fließen von Kristallen geschieht über die Bewegung von Versetzungen. Die Kristalle, in denen Versetzungsbewegung bei Spannungen weit unter der theoretischen Schubfestigkeit auftritt, z.B. Metallkristalle, können eine hohe Festigkeit nur dann bekommen, wenn die Versetzungsbewegung behindert wird. Dieser Punkt wird in Kapitel 4 behandelt. Einige Kristalle zeigen kein plastisches Fließen bei tiefen Temperaturen, auch wenn sie Versetzungen enthalten. Die Theorie zeigt, wie wir solche Kristalle erkennen können. Wir werden uns in Abschnitt 3.1 mit diesem Problem beschäftigen. Derartige Kristalle nennen wir inhärent fest, weil sie auch hohe theoretische Schubfestigkeiten aufweisen. In Abschnitt 3.2 werden einige atomare Modelle für den Versetzungskern in inhärent festen Kristallen untersucht. Das ermöglicht einige weitere Voraussagen über das Verhalten von Versetzungen in diesen Werkstoffen, insbesondere darüber, wie die Bewegung von Versetzungen bei höheren Temperaturen möglich wird. Bei hohen Temperaturen wird die Festigkeit solcher Stoffe durch die Beweglichkeit der Versetzungen bestimmt, und damit ergibt sich ein Verhalten, das dem der Metalle entspricht.

Einkristalle eines Materials können plastisches Fließen zeigen, während das gleiche Material im vielkristallinen Zustand nur eine sehr begrenzte Verformbarkeit besitzt. In Abschnitt 3.3 werden die Bedingungen dafür diskutiert, daß Verformbarkeit des Einkristalls zu Duktilität beim Vielkristall führt. Falls diese Bedingungen erfüllt werden, kann sich ein duktiles Material durch plastisches Fließen verfestigen. Werden sie nicht erfüllt, dann kann ein geringes Ausmaß an plastischem Fließen dort, wo das Gleiten blokkiert wird, zu Spannungskonzentrationen führen, so daß ein Riß entsteht und Versagen durch Rißausbreitung bereits bei der Fließgrenze auftritt.

Duktile Werkstoffe werden unter einachsiger Zugbeanspruchung nach Erreichen der Fließgrenze instabil, falls sie keine Verfestigung zeigen. Abschnitt 3.4 befaßt sich mit dem Versagen eines duktilen Materials unter Zug.

3.1. Die Peierls-Nabarro-Spannung

Enthalten Kristalle Versetzungen, dann fällt ihre Festigkeit normalerweise weit unter den theoretischen Wert. Sie wird in diesem Fall ausschließlich von den Eigenschaften der Versetzungen und ihren Wechselwirkungen untereinander bestimmt.Bei bestimmten Kristallstrukturen kann jedoch die Spannung, die für das Bewegen von Versetzungen benötigt wird, bei tiefen Temperaturen auch dann sehr hoch sein, wenn der Kristall keine weiteren Gitterfehler mehr enthält.

Um eine gerade Versetzung in einem sonst fehlerfreien Kristall zu bewegen, müßte eine endliche Spannung erforderlich sein. Nimmt man an, daß die Versetzung bei ihrer Bewegung gerade bleibt, dann ist diese Spannung die sogenannte Peierls-Nabarro-Spannung τ_P. Diese Spannung ist sehr schwer zu berechnen, weil sie in erster Näherung verschwindet. Im Augenblick ist für die einzelnen Kristallstrukturen nur eine qualitative Diskussion möglich, da die Berechnungen nicht genügend genau sind.

Die neueste detaillierte Rechnung stammt von *Sanders* [1]. Seine Ergebnisse stehen bezüglich des Wertes der Weite einer Versetzung in guter Übereinstimmung mit früheren Arbeiten. Streng genommen gilt die Rechnung von *Sanders* [1] nur für einen primitiv kubischen Kristall. Qualitativ gelten die Ergebnisse jedoch für alle Kristallstrukturen. Die Rechnung von *Sanders* [1] zeigt, daß

$$\tau_P \sim \exp(-W), \tag{3.1}$$

wobei W die Weite der Versetzung ist. Damit wird τ_P sehr stark vom Wert der Größe W abhängig. Die Weite einer Versetzung ist definiert als die Breite des Gebiets, gemessen senkrecht zur Versetzungslinie und der Gleitebene, innerhalb dessen die relative Verschiebung der Atome über und unter der Gleitebene größer ist als der halbe Maximalwert der Verschiebung. Gl. (3.1) besagt, daß schmale Versetzungen schwierig zu bewegen sind und breite entsprechend leichter. Das ist in Übereinstimmung mit allen theoretischen Behandlungen der Größe τ_P. Die quantitativen Unterschiede zwischen der Rechnung von *Sanders* [1] und den Rechnungen anderer Autoren sind für die folgende qualitative Diskussion nicht wesentlich. Die Weite einer Versetzung ändert sich umgekehrt proportional zu τ_{max}/G, dem Verhältnis von theoretischer Schubspannung zu Schubmodul. Sie hängt auch ab vom Anteil der Zentralkräfte und dem der nicht-zentralen Kohäsionskräfte. Einige der Ergebnisse von *Sanders* [1] sind in Bild 3.1 dargestellt. Wenn G/τ_{max} klein ist und das Verhältnis R der Zentralkräfte zu den nicht-zentralen Kräften ebenfalls, dann ist die Versetzung schmal und schwer zu bewegen. Sind G/τ_{max} und R groß, dann sind die Versetzungen breit und bewegen sich schon unter geringer Spannung. Für τ_P von realen Kristallen halten wir also fest, daß die Höhe der Peierls-Nabarro-Spannung von zwei Faktoren abhängt:

a) von der Größe des Verhältnisses von theoretischer Schubfestigkeit zu Schubmodul τ_{max}/G, und

b) dem Bindungstyp der Atome untereinander im Kristall.

Diese Unterscheidung ist im Grunde allerdings künstlich, da a) von b) abhängt. Eine detaillierte und genaue Berechnung erfordert die Kenntnis der interatomaren Kräfte und der atomaren Struktur im Kern einer Versetzung.

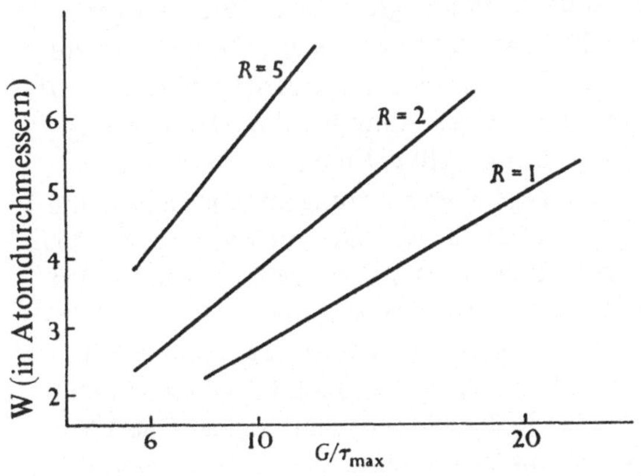

Bild 3.1

Der Verlauf der Versetzungsweite in Abhängigkeit von G/τ_{max} (nach *Sanders* [1]). R ist das Verhältnis von Zentralkräften zu nicht-zentralen Kräften.

Zahlenwerte für τ_{max}/G wurden in Kapitel 1 hergeleitet und sind in Tabelle 1.4 aufgeführt. Sie sind niedrig bei den kubisch flächenzentrierten Metallen und etwas höher bei den kubisch raumzentrierten. Sie sind am höchsten für die kovalent gebundenen Festkörper und für Ionenkristalle. Die kubisch raumzentrierten Metalle nehmen eine gewisse Zwischenstellung ein, weil bei ihnen nicht-zentrale Kräfte zur Bindung beitragen. Die Werte von τ_{max}/G hängen von Gleitebene und Gleitrichtung ab und ändern sich mit dem Wert von b/h (vgl. Abschnitt 1.3). Sie liegen am höchsten für große Werte von b/h. Somit wird τ_P für nicht-dichtest gepackte Ebenen größer als für dichtest gepackte. Sprünge in Versetzungen werden also normalerweise einen höheren Widerstand gegenüber Bewegung zeigen als der Rest der Versetzung, wenn der Sprung in einer weniger dicht gepackten Ebene liegt. Unter den verschiedenen Kristallstrukturen wird b/h dann am kleinsten und dichtest gepackte Ebenen treten auf, wenn b sehr klein ist (kubisch flächenzentrierte Metalle und Graphit beim Gleiten parallel zu Schichtebenen).

Der Grund für die Abhängigkeit von τ_P vom Bindungstyp ist leicht einzusehen. Da die metallische Bindung multipolar und nicht gerichtet ist — die Bindungsenergie hängt stark vom Atomvolumen ab, nicht aber von der genauen Lage der nächsten Nachbarn — sind Versetzungen in Metallen breit, und die Energie des Kristalls wird nicht wesentlich beeinflußt durch die geringen Änderungen der Atomlagen im Versetzungskern, wenn sich die Versetzung bewegt. Das bestimmt τ_P, und somit wird τ_P niedrig. Die Sachlage ändert sich, sobald die Bindung ionischen Charakter annimmt oder sehr stark gerichteter Natur wird. Stark gerichtete Bindungen findet man in kovalent gebundenen Kristallen sowie in Kristallen mit stark polarisierter Ionenbindung. In Ionenkristallen rührt τ_P davon her, daß beim Abgleiten Ionen gleichen Vorzeichens einander sehr nahe kommen (z.B. beim Gleiten um a/2 in [110]-Richtung auf der (001)-Ebene in der NaCl-Struktur). Stark gerichtete Bindung macht Versetzungen sehr schmal und erhöht auf diese Weise τ_P. Weiterhin ist der Wert von b oft größer als der Abstand nächster Nachbarn, wie es bei der Diamantstruktur der Fall ist (Bild 3.2). In diesem Fall enthält der Versetzungskern einen Riß von atomarer Dimension. Aus diesen qualitativen Bemerkungen und der Aufstellung der theoretischen Schubfestigkeiten (Tabelle 1.4) sehen wir, daß die Materialien mit hoher Peierls-Spannung auch die mit hoher theoretischer Schubfestigkeit sind.

Da τ_P für reale Kristalle nicht genau zu berechnen ist, müssen Experimente die wirklichen Werte für die Spannung liefern, die für die Versetzungsbewegung notwendig ist. Ohne sehr ins Einzelne gehende und genaue Berechnungen der Kohäsionskraft in einem Kristall sind keine Angaben darüber möglich, ob hinreichend große gerichtete Kräfte vorhanden sind, die einen hohen Wert von τ_P ergeben. Einen Hinweis auf die Höhe von τ_P erhält man jedoch aus dem Wert der Querkontraktionszahl ν. Kleines ν deutet, wie wir in Kapitel 1 sahen, auf einen hohen Widerstand gegenüber Scherung im Kristall hin, und das wiederum auf einen hohen Wert von τ_{max}/G. Für alle Kristalle mit Werten $\nu < 0,25$ kann man beträchtliche Werte von τ_P erwarten. Eine weitere nützliche Tatsache ist, daß das Verhältnis von Eindruckhärte zu Elastizitätsmodul groß sein sollte, wenn Versetzungen in einem Werkstoff schwer zu bewegen sind. Plastisches Fließen ist experimentell kaum zu beobachten, selbst wenn das Material Versetzungen enthält, falls dieses Verhältnis einen Wert von etwa 0,01 überschreitet. Eine Reihe von Stoffen mit einer Querkontraktionszahl kleiner als 0,25 und einem Verhältnis Vickershärte zu Elastizitätsmodul

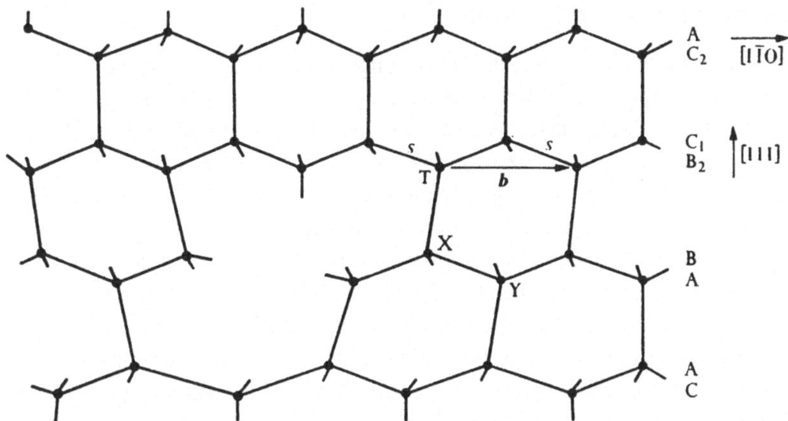

Bild 3.2 Skizze einer 60°-Versetzung im Silizium (Diamant)-gitter. b ist der Burgersvektor der Versetzung, s der Abstand nächster Nachbarn voneinander. Die Versetzungslinie liegt parallel zur Richtung [1̄01], sie schließt mit der Papierebene einen Winkel von 60° ein. Die Atome sind auf die (112̄)-Ebene projiziert. Die Buchstaben ABC bezeichnen die Projektion der nicht verschobenen Atompositionen auf die (111)-Ebene.

größer als 0,01 ist in Tabelle 3, Anhang A, aufgeführt[1]). Die Werte für die Fließgrenze im Zugversuch, die in dieser Tabelle angegeben sind, wurden nach der in Abschnitt 1.7 gezeigten Methode berechnet. Die Werte sind für die Materialien, für die τ_{max} abgeschätzt werden kann, nahezu doppelt so hoch wie die in Tabelle 1.4 angegebene theoretische Schubfestigkeit. Im Fall von Aluminiumoxid, Diamant, Wolframkarbid und Aluminiumnitrid steht es fest, daß alle Proben Versetzungen enthalten. Wir sehen also, daß sich diese Versetzungen normalerweise bei Raumtemperatur bei Spannungen weit unter der theoretischen Schubfestigkeit nicht bewegen lassen. Stoffe, in denen sich Versetzungen so verhalten, nennen wir inhärent fest. Gelingt es, diese Stoffe mit glatter Oberfläche sowie ohne innere Risse und Spalten herzustellen, dann wird man auch an großen Stücken hohe Festigkeiten beobachten. Das hat sich für Aluminiumoxid, wie auch für Silizium, experimentell voll bestätigen lassen (vgl. die Literaturangaben zu Tabelle 1, Anhang A). Die chemischen Verbindungen, die inhärent feste Stoffe bilden, müssen ausgeprägte gerichtete Bindungen aufweisen. Dazu gehören die Karbide, die Boride, die Silizide, die Nitride und die Oxide der mehrwertigen Metalle mit niedriger Ordnungszahl und der Übergangsmetalle, Ionenverbindungen mit großem Radienunterschied und mindestens zweifacher Ladung (damit eine starke polarisierte Bindung auftritt), ferner die Kristalle der Elemente Kohlenstoff, Bor, Silizium und Germanium.

---

1) Ein hohes Verhältnis von Eindruckhärte zu Elastizitätsmodul zeigen hochpolymere Werkstoffe wie Polymethylmethacrylat (Plexiglas) und Polystyrol. Auch in diesen Stoffen ist das plastische Fließen erschwert, allerdings aus ganz anderen Gründen als in Kristallen. Ferner zeigen diese Materialien niedrige Werte des Elastizitätsmoduls.

3.2. Versetzungen in hochfesten Stoffen

Bei höheren Temperaturen können sich Versetzungen auch in den inhärent festen Materialien bewegen. Die Temperaturen, bei denen das der Fall ist, hängen vom jeweiligen Material ab. Natürlich wird der Vorgang der Versetzungsbewegung erst dann wesentlich, wenn Beweglichkeit und Dichte der Versetzungen so groß sind, daß eine aufgezwungene Zugverformung durch plastische Verformung aufgenommen werden kann. Zugversuche werden normalerweise mit Dehnungsgeschwindigkeiten zwischen $1\ s^{-1}$ und $10^{-5}\ s^{-1}$ durchgeführt. In Kristallen mit Zinkblende- oder Diamantstruktur beginnt sich unter diesen Bedingungen Plastizität zu zeigen, wenn $T/T_s \approx 0{,}5$. Dabei ist T die Temperatur in K, bei der der Versuch stattfindet, und T_s die Schmelztemperatur. Das Silizium ist ein typischer Vertreter dieser Klasse von inhärent festen Substanzen. Sein Verhalten, das von *Pearson, Read* und *Feldmann* [2] ausgiebig studiert wurde, wollen wir als Beispiel betrachten. Bei Raumtemperatur und bis zu Temperaturen, die der Bedingung $T/T_s \approx 0{,}5$ entsprechen, brechen Siliziumkristalle (vorausgesetzt, daß vorher kein plastisches Fließen bei höherer Temperatur hervorgerufen wurde) ohne nennenswerte plastische Verformung. Sofern nicht besondere Vorsichtsmaßregeln getroffen werden, hängt die Festigkeit normal hergestellter Proben von deren Größe ab. Die Festigkeit steigt mit abnehmender Probengröße und erreicht für Proben mit einem Durchmesser von etwa 50 μm oder weniger einen Wert von etwa 700 kp/mm², was bis auf einen Faktor kleiner als 2 dem Wert entspricht, den man nach der theoretischen Schubfestigkeit erwartet (vgl. Tabelle 1.4). Werden kleine Proben aus größeren hergestellt, z.B. durch Schneiden und Ätzen, dann ist die Festigkeit unabhängig von der Art der Herstellung. Dieses Verhalten ähnelt dem von Glas (vgl. Abschnitt 2.5). Die Streuung der Festigkeitswerte steigt mit geringer werdendem Durchmesser. Die Bruchfestigkeit bei Raumtemperatur ist unabhängig von der Dichte der Versetzungen (die durch Verformung bei hoher Temperatur eingeführt wurden) und so ist es gleichgültig, ob Versetzungen vorhanden sind oder nicht. Da die Streuung der gemessenen Festigkeitswerte mit abnehmender Größe zunimmt, scheint der Einfluß der Probengröße von der willkürlichen Verteilung von Spannungskonzentrationen (z.B. Unregelmäßigkeiten an der Oberfläche) herzurühren. Diese Vermutung wird gestützt durch die Ergebnisse an großvolumigen Proben nach Abätzen und durch die Tatsache, daß es gelungen ist, durch sorgfältiges chemisches Polieren der Oberfläche große Stücke mit Festigkeiten von mehr als der Hälfte der an Whiskers gemessenen Werte herzustellen. Ein sehr ähnliches Verhalten wurde auch bei Titankarbid (*Williams* [3]) und Saphir (*Wachtmann* und *Maxwell* [4], *Mallinder* und *Proctor* [5]) festgestellt.

Beim Silizium tritt bei Temperaturen gleich der halben Schmelztemperatur oder höher (d.h. oberhalb 600 °C, was etwa $T/T_s = 0{,}5$ entspricht) an vorher nicht verformten Kristallen plastisches Fließen auf. Durch vorherige Verformung bei höherer Temperatur wird diese Temperatur verringert. Nach einer Vorverformung bei 800 °C zeigt eine Probe bereits bei 450 °C vor dem Bruch plastische Verformung. Die Höhe der Fließgrenze hängt stark von der Temperatur ab. Da diese starke Temperaturabhängigkeit im Bereich zwischen 600 und 860 °C zu beobachten ist und Silizium bei 1450 °C schmilzt, kann sie nicht von der thermischen Erzeugung von Versetzungen im fehlerfreien Kristall unter der Einwirkung von Spannung (vgl. Abschnitt 1.4) verursacht werden. Sie muß daher entweder von der Bewegung bereits vorhandener Versetzungen herrühren, oder aber von solchen, die von der Oberfläche her in den Kristall eingeführt werden. Bei hohen Temperaturen gibt es keinen Einfluß der Probengröße auf die Fließspannung, folglich müssen auch Kristalle kleiner Dimensionen, die bei tiefen Temperaturen hohe Werte der Bruchspannung aufweisen, Versetzungen enthalten, die bei Temperaturerhöhung beweglich werden.

Das Verhalten beweglicher Versetzungen in inhärent festen Materialien läßt sich qualitativ aus der Anordnung der Atome im Versetzungskern verstehen. Für den Fall des Siliziums wollen wir das nun genauer betrachten. Bild 3.2 zeigt das zu erwartende Aussehen einer 60°-Versetzung im Gitter des Siliziums (*Haasen* [6]). Sind drastische Änderungen der Valenzwinkel nicht möglich, dann wird zwischen den beiden Atomen unterhalb der eingeschobenen Halbebene ein Riß auftreten. Das ist der Fall wegen der stark gerichteten Bindung und weil der Burgersvektor b der Versetzung um etwa 60 % größer ist als der Abstand s zwischen nächsten Nachbarn ($|\underline{b}| = 1{,}63$ s)[1]). Obgleich es in der Schraubenversetzung keine eingeschobene Halbebene gibt, müssen die Bindungen im Versetzungskern dennoch um mehr als 60 % gedehnt werden. Die Bewegung einer Versetzung, die einen solchen Riß enthält, wie in Bild 3.2 gezeigt, macht es erforderlich, daß auch der Riß mit diffundiert. Wir müssen nämlich das Atom bei X weiter als einen Atomabstand s verschieben, wenn wir die Versetzung in Bild 3.2 um die Länge b nach rechts bewegen wollen. Das heißt, die Bindung zwischen den Atomen X und Y muß aufgebrochen werden. Beim Bewegen des Versetzungskerns um eine Entfernung von der halben Größe des Burgersvektors muß etwa eine Bindung aufgebrochen werden. Die dazu nötige Spannung beträgt dann also etwa

$$\tau \approx 2E_B/b^3,$$

wenn E_B die Bindungsenergie ist. Die Bindungsenergie im Silizium ist etwa 2,3 eV (vgl. Tabelle 5, Anhang A). Das ergibt einen Wert von $13{,}4 \cdot 10^{10}$ dyn/cm², was in der gleichen Größenordnung liegt wie die theoretische Schubspannung des Kristalls (vgl. Tabelle 1.4).

Wir haben soeben die Spannung abgeschätzt, die erforderlich ist, um eine Versetzung schnell durch den Kristall zu bewegen, und gesehen, daß diese Spannung etwa der theoretischen Schubspannung entspricht. Ist genügend Zeit vorhanden, daß der Riß im Versetzungskern mitdiffundieren kann, dann vermag eine Versetzung sich auch bei geringeren Spannungen zu bewegen. Unter der Einwirkung einer Kraft F könnte sich ein einzelner Gitterfehler der in Bild 3.2 gezeigten Art durch Diffusion bewegen und dabei eine Driftgeschwindigkeit in Kraftrichtung von der Höhe

$$v \approx \frac{\nu b}{6}\, 2\sinh\,(Fb/kT)\,\exp\,(-\,U/kT)$$

erreichen. U ist dabei die Aktivierungsenergie für die Bewegung des Gitterfehlers um eine Entfernung b, ν ist eine Schwingungsfrequenz. Entlang einer 60°-Versetzung haben die Risse eine Entfernung b voneinander, so daß wir nach *Haasen* [6] annehmen, daß die von

---

[1]) Wir erwarten, daß eine kovalente Bindung bei einer Dehnung von etwa 20 % aufbricht (vgl. Abschnitt 1.2) .

einer Spannung τ auf die Versetzung ausgeübte Kraft dargestellt werden kann durch eine Kraft F auf den Riß, multipliziert mit der Zahl der Risse pro Längeneinheit. Damit wird $F = \tau \cdot b^2$, und die erwartete Versetzungsgeschwindigkeit ist

$$v \approx \frac{\nu b}{3} \sinh \frac{\tau b^3}{kT} \exp\left(-U/kT\right). \tag{3.2}$$

Ist $\tau \cdot b^3 \ll kT$, dann ergibt sich daraus für v eine lineare Abhängigkeit von τ und eine exponentielle Temperaturabhängigkeit, da der Exponentialausdruck die Abhängigkeit von $1/T$ überwiegt. Wird $\tau \cdot b^3$ vergleichbar mit kT, dann wird v von einer höheren Potenz von τ abhängen.

Aus verschiedenen Gründen lassen sich die Messungen von Versetzungsgeschwindigkeiten in realen Kristallen nicht einfach mit einer Beziehung wie Gl. (3.2) vergleichen. Der wichtigste Grund ist die Tatsache, daß Gl. (3.2) nur für eine gerade Versetzung gilt, die genau in einer bestimmten Richtung im Gitter liegt. Ist die Versetzung nicht gerade, dann wird ihre Bewegung durch die Bewegung von Knickstellen (kinks) entlang der Versetzung bestimmt. Dennoch zeigt Gl. (3.2) gewisse Eigenschaften der Versetzungsbewegung in einem inhärent festen Kristall. Die Geschwindigkeit einer Versetzung wird von einer Potenz der angelegten Schubspannung abhängen, die größer als eins ist, ferner wird sie sich exponentiell mit der Temperatur ändern.

In sehr reinem Silizium und Germanium (Verunreinigungsgehalt < 0,1 ppm) findet man aus direkten Messungen der Versetzungsbewegung (*Chaudhuri*, *Patel* und *Rubin* [7]), daß sich die Versetzungsgeschwindigkeit mit Spannung und Temperatur entsprechend der Beziehung

$$v = B\tau^m \exp\left(-U/kT\right) \tag{3.3}$$

ändert. Für Silizium beträgt m 1,4 bis 1,5, und $U \approx 2{,}2$ eV. Die Aktivierungsenergie der Selbstdiffusion ist beim Silizium ≈ 4 eV oder etwa 2U. Ähnlich verhält sich Germanium, wo wiederum 2U gleich der Aktivierungsenergie der Selbstdiffusion ist. In Verbindungen mit α-ZnS-Struktur ist der Wert von 2U kleiner als die Aktivierungsenergie der Selbstdiffusion der einzelnen Komponenten.

Das Verhalten der Versetzungen in anderen inhärent festen Materialien entspricht qualitativ dem im Silizium. Die Versetzungen können sich nur dann bei deutlich geringeren Spannungen als τ_{max} bewegen, wenn Diffusionsbewegung der Atome möglich ist. Das beruht hauptsächlich auf der stark gerichteten Bindung und der daraus resultierenden geringen Weite der Versetzungen. In Verbindungen, und dabei besonders in solchen mit komplizierter Kristallstruktur, hängt das auch damit zusammen, daß sich Atome verschiedener Art zusammen bewegen müssen, damit die Struktur während der Bewegung der Versetzungen erhalten bleibt. Dieser Vorgang wird „synchroshear" (synchrone Scherung) genannt (*Kronberg* [8]). Er wurde eingeführt um das Verhalten von Aluminiumoxid zu erklären und gilt wahrscheinlich auch für viele intermetallische Verbindungen sowie für die Karbide der Übergangsmetalle. Bild 3.3 zeigt die Gleitebene für Saphir. Die Entfernung XY stellt einen vollständigen Gleitschritt dar. Man erwartet, daß das Sauerstoffion bei X dem gestrichelten Weg nach Y folgt, um den Sauerstoffionen auf der nächsttieferen Ebene auszuweichen.

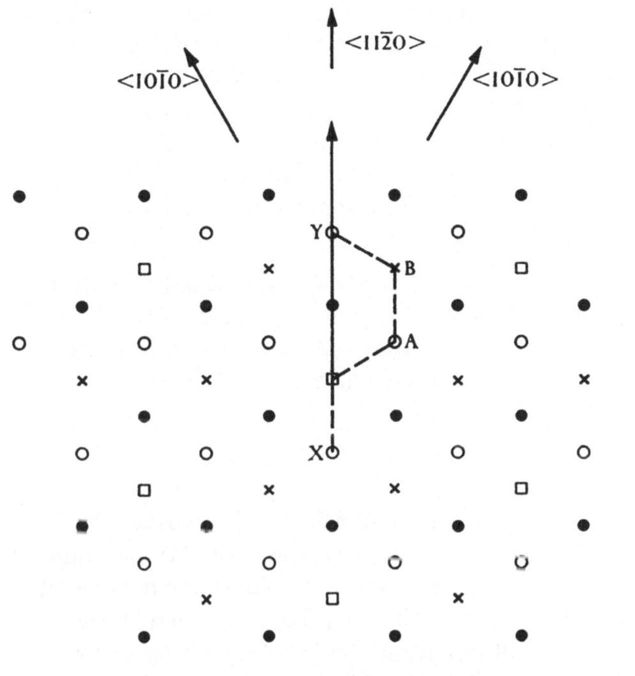

Bild 3.3

Skizze der Lage der Atome im Saphir (Al_2O_3) projiziert auf die Gleitebene (nach *Kronberg* [8]).

● = 0 unterhalb der Papierebene
○ = 0 oberhalb der Papierebene
□ = Leerstelle im Al-Gitter
× = Al

Die Bewegung der Sauerstoffatome, z.B. aus Position A nach Position B, macht es erforderlich, daß das Aluminiumion bei B sich in einer anderen Richtung, nämlich entlang BY, bewegt, damit die oktaedrische Koordination erhalten bleibt. Somit läßt sich die Bewegung beider Arten von Ionen nicht mit einem Vektor beschreiben, es müssen vielmehr Gleitvektoren für beide Ionenarten eingeführt werden. Die auf diese Weise definierten Versetzungen liegen nicht in der gleichen Gitterebene im Kristall. Der Versetzungskern im Saphir ist also in einer Richtung senkrecht zur Gleitebene aufgespalten. Eine derartige Versetzung wird „zonal dislocation" (Zonenversetzung) genannt. Sobald die Sauerstoffatome sich bewegen, müssen sich die Aluminiumionen synchron dazu ebenfalls bewegen – daher auch der Name „synchroshear". Die Aluminiumionen führen im Kern der Versetzung einen diffusionsartigen Sprung aus. Daher ist die Bewegung der Versetzung thermisch aktivierbar, genau wie beim Silizium.

Die Beziehung zwischen der Bewegung der einzelnen Versetzungen über kurze Entfernungen in einem Kristall und der gleichzeitigen Bewegung einer großen Zahl von Versetzungen über größere Entfernungen, die beim plastischen Fließen eines Kristalls auftritt, ist noch nicht geklärt. Die oben gemachten Bemerkungen über die Bewegung der einzelnen Versetzungen in Kristallen aus inhärent festem Material lassen jedoch einige Folgerungen über deren mechanisches Verhalten zu. Bei tiefen Temperaturen sind diese

Stoffe immer spröde. Sie werden sehr fest sein, wobei die Festigkeit von der theoretischen Schubspannung bestimmt ist, vorausgesetzt, die Oberflächen sind sehr sorgfältig bearbeitet, und die Proben enthalten keine inneren Risse oder sonstigen Fehler. Kleine Proben erreichen höhere Festigkeiten, weil sie keine tiefen Risse enthalten können. Sie sind aber an sich nicht fester als große Stücke, und es gibt auch keinen theoretischen Grund dafür, daß große Stücke mit hoher Festigkeit nicht hergestellt werden können. Im Gegenteil, bei Saphir und Silizium ist das bereits gelungen. Die Festigkeit bei tiefer Temperatur ist unabhängig von der Anwesenheit von Versetzungen.

Bei hohen Temperaturen kommt die Geschwindigkeit der Versetzungsbewegung in beobachtbare Größenordnungen. Die Werkstoffe werden plastisch, sobald sich die Versetzungen so schnell bewegen können, daß sich ein Kristall unter einer von außen aufgezwungenen Verformungsgeschwindigkeit $\dot{\epsilon}$ plastisch verformen kann. Wir können schreiben

$$\dot{\epsilon} = \rho\,\mathrm{bv},$$

wobei ρ die Versetzungsdichte ist, b der Burgersvektor und v die Geschwindigkeit. Nachdem v einer Gleichung der Form von Gl. (3.3) gehorchen wird, sehen wir, daß die Temperatur für das Einsetzen der Plastizität von der Versetzungsdichte abhängt und höher wird, wenn weniger Versetzungen vorhanden sind (z.B. in Whiskers). Die beobachtete Fließspannung wird stark von Temperatur und Verformungsgeschwindigkeit abhängen, und daher wird auch die Temperatur des Übergangs duktil-spröde stark von Art und Geschwindigkeit der auftretenden Belastung beeinflußt werden. Nähert man sich dieser Übergangstemperatur, dann wird Kriechen durch Versetzungsbewegung beobachtet. Infolgedessen gibt es eine gewisse Inkubationszeit für das plastische Fließen. Gleitung kann zur Bildung von Rissen in einem Kristall und anschließendem Bruch führen, und daher muß man eine Art verzögerten Versagens durch Gleitung erwarten. Einige Werte von U und m für verschiedene Stoffe sind in Tabelle 3.1 zusammengestellt. Die Werte für Ge und Si werden aus Messungen der Versetzungsgeschwindigkeit hergeleitet. Die Zahlen für U betragen etwa die Hälfte der Aktivierungsenergie der Selbstdiffusion. Bei den beiden genannten Elementen gilt für die Temperatur, bei der im Zugversuch mit normalen Verformungsgeschwindigkeiten (10^{-5}/s bis 10^{-4}/s) Plastizität einsetzt, in etwa die Beziehung $T/T_s = 0{,}5$. Für die anderen Stoffe in Tabelle 3.1 wurden die Werte für U und m aus der Abhängigkeit der Fließspannung von Temperatur und Verformungsgeschwindigkeit gewonnen. In Kristallen chemischer Verbindungen hängt das Verhalten stark davon ab, inwieweit die stöchiometrische Zusammensetzung eingehalten ist. Nicht wesentlich ist dieser Punkt beim Saphir, bei dem keine großen Abweichungen von der Stöchiometrie auftreten. Für Stoffe wie Rutil (TiO_2) dagegen wird er sehr wichtig, die Zusammensetzung dieses Materials kann nämlich zwischen $TiO_{1,983}$ und TiO_2 variieren. Hier wird bei unterstöchiometrischem Sauerstoffgehalt die Fließgrenze erhöht und damit auch die Temperatur für den Übergang duktil-spröde. Weiterhin wird durch unterstöchiometrischen Sauerstoffgehalt auch die Aktivierungsenergie für das Kriechen geändert. Da dieses Material bei niedrigen Sauerstoffdrucken reduziert werden kann, gibt es daher ganz bestimmt auch eine Abhängigkeit von der umgebenden Atmosphäre. Bei Karbiden und natürlich auch bei intermetallischen Verbindungen hängt die Solidustemperatur von der Zusammensetzung ab, und das muß auch

Tabelle 3.1. Parameter, die die Versetzungsbewegung in hochfesten Substanzen beeinflussen

Material	Schmelz-temperatur ($^\circ$C)	m (in Gl. (3.3))	U (eV/Atom)	U_{Kat} (eV/Atom)	U_{An} (eV/Atom)	T/T_s
Ge [7, 9]	958	1,3 bis 1,6	1,5 bis 2,2	2,97		0,53
Si [7, 9]	1450	1,4 bis 1,5	2,2	$\approx$4		0,51
Al_2O_3 [8]	2050		3,7	5 $\pm$ 0,5	6,6	0,65
TiC [3] [1]	3150	2	2,3 [2]			>0,4
TiO_2 [10] [3]	2640 (zersetzt sich)	1,9	2,9	1,2	3,1	0,45 [4]

U ist die Aktivierungsenergie für die Bewegung einer Versetzung. U_{Kat} und U_{An} sind die Aktivierungsenergien für die Diffusion von Kation und Anion. T/T_s ist das Verhältnis zwischen der Temperatur T, bei der im Zugversuch mit normaler Geschwindigkeit, d.h. 10^{-5} s^{-1} $<\dot{\epsilon}<10^{-1}$ s^{-1}, plastisches Fließen eintritt, und der Schmelztemperatur T_s, jeweils in K.

[1] Bei TiC beobachtet man eine starke Abhängigkeit der Werte von der Stöchiometrie. Die angegebenen Werte von U und m gelten für TiC$_{0,9}$ bei T $>$ 1050 $^\circ$C und Dehnungsgeschwindigkeiten von etwa $4 \cdot 10^{-4}$ s^{-1}.

[2] Hergeleitet nach *Haasen* [11].

[3] Die Werte für TiO_2 wurden aus Kriechversuchen an Material mit stöchiometrischer Zusammensetzung gewonnen. Es besteht eine starke Abhängigkeit von der Stöchiometrie.

[4] Aus Biegeversuchen [4].

berücksichtigt werden, wenn man bestimmen will, bei welchem Bruchteil der Schmelztemperatur der Übergang duktil-spröde auftritt. Zusätzlich zu den Abweichungen von der Stöchiometrie erhöhen auch Verunreinigungen bei allen in diesem Abschnitt diskutierten Stoffen die Fließgrenze. Kristalle von inhärent festen Stoffen sind sehr vielversprechend als Verstärkungskomponente für faserverstärkte Werkstoffe (vgl. Kapitel 5). Das rührt daher, daß Versetzungen die Festigkeit bei tiefer Temperatur nicht beeinträchtigen, so daß kein Festigkeitsverlust auftritt, falls Versetzungen eingeführt werden, vorausgesetzt, die fehlerfreie Oberfläche bleibt erhalten. Metallwhiskers und sorgfältig präparierte Stücke von Ionenkristallen, wie z.B. Magnesiumoxid, können so hergestellt werden, daß sie sehr wenige bewegliche Versetzungen enthalten. Unter dieser Bedingung können sie extreme Festigkeiten besitzen, die sie jedoch sofort verlieren, sobald Versetzungen eingeführt werden. Die Versetzungen führen zu einem starken Abfall der Fließspannung und katastrophalem Versagen. Aus diesem Grund sind solche Materialien als Verstärkungselemente ungeeignet, auch wenn einzelne Kristalle sehr fest sind.

Von Vielkristallen der inhärent festen Stoffe muß man immer annehmen, daß sie weniger fest sind als die entsprechenden Einkristalle. Selbst in fehlerfreien Proben mit der theoretischen Dichte und mit sehr glatter Oberfläche werden durch die Anisotropie der elastischen Konstanten an den Korngrenzen Spannungskonzentrationen entstehen. Weiterhin ist es wegen der hohen Schmelzpunkte auch sehr schwierig, porenfreie Vielkristalle zu erzeugen. Das ist für Magnesiumoxid erst vor ganz kurzer Zeit möglich gewesen und auch nur dadurch, daß ein Einkristall rekristallisiert wurde. Ferner gibt es bei

Temperaturen oberhalb 0,5 T_s, wo plastisches Fließen in Einkristallen möglich wird, in Vielkristallen noch zusätzliche Verformungsarten. Es sind dies das Nabarro-Herring-Kriechen, das dadurch entsteht, daß Korngrenzen als Quellen oder Senken für Leerstellen wirken können (*Nabarro* [12], *Herring* [13]), sowie das Kriechen durch Korngrenzengleitung. Der erste dieser beiden Prozesse wird prinzipiell recht gut verstanden, die Kriechgeschwindigkeit ist umgekehrt proportional zum Quadrat der Korngröße. Der genaue Mechanismus für den zweiten Prozeß ist dagegen nicht bekannt. Er könnte vom Vorhandensein einer stark verunreinigten glasartigen Phase an den Korngrenzen herrühren, was bei vielen handelsüblichen keramischen Stoffen sicher der Fall ist, er könnte aber auch eine Eigenschaft des Materials selbst sein. Genau wie bei den Einkristallen sind auch bei den Vielkristallen die plastischen Eigenschaften sehr empfindlich gegenüber Verunreinigungen.

Für die Anwendung inhärent fester Stoffe als Verstärkungselemente kann für Temperaturen unterhalb 0,5 T_s als maximal erreichbare Festigkeit die theoretische Festigkeit angesehen werden, für höhere Temperaturen ist dagegen die Spannung, bei der plastisches Fließen eintritt, die obere Grenze. Der Übergang zwischen den beiden Bereichen wird noch nicht allzu gut verstanden. Bild 3.4 zeigt die gemessene Bruchspannung kleiner Saphirkristalle in Abhängigkeit von der Temperatur. Selbst bei Temperaturen von 1900 °C erhält man im Kurzzeitversuch noch hohe Festigkeiten ($\approx$ 140 kp/mm²).

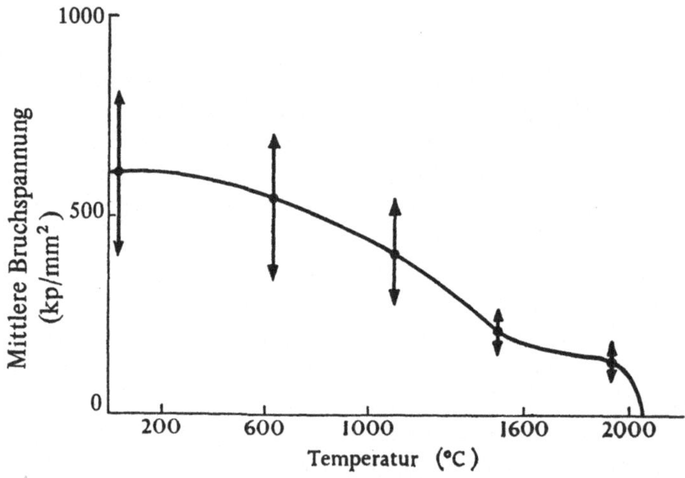

Bild 3.4

Die mittlere dynamische Bruchspannung von Saphirwhiskern in Abhängigkeit von der Temperatur. Die Pfeile kennzeichnen die mittlere Abweichung (nach *Brenner* [14]).

Bild 3.5 gibt die Temperaturabhängigkeit der Fließgrenze für Vielkristalle aus Karbiden verschiedener Übergangsmetalle, bestimmt aus Biegeversuchen. Die Werte für die Fließgrenze bei diesen handelsüblichen Werkstoffen, die durch einfaches Heißpressen hergestellt wurden und deshalb Poren und Verunreinigungen enthalten, sind bei Temperaturen von 2000 °C noch recht hoch. Zum Beispiel zeigt TiC bei 2000 °C eine Fließspannung von über 14 kp/mm². Das ergibt für diese Temperatur ein Verhältnis von Fließspannung zu Dichte, σ_F/ρ, von 3,5 · 10⁵ cm.

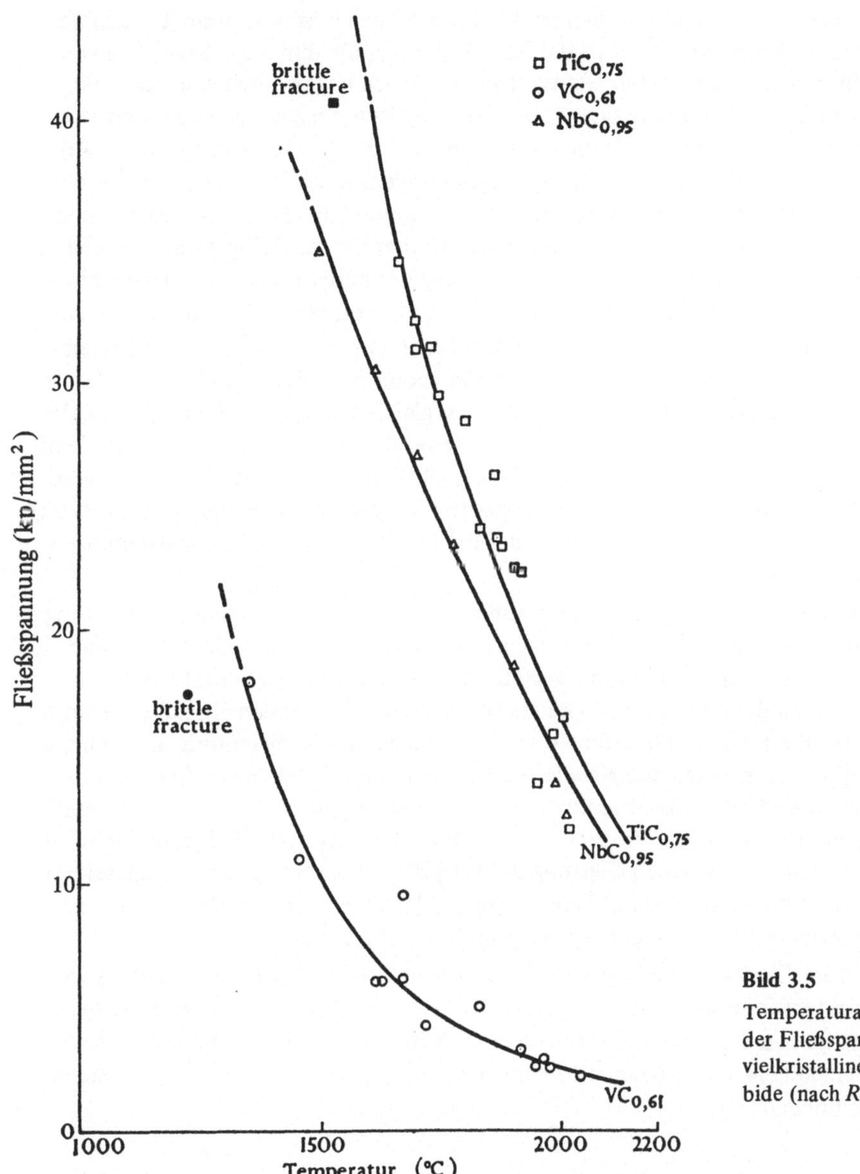

Bild 3.5
Temperaturabhängigkeit der Fließspannung einiger vielkristalliner Metallkarbide (nach *Rowcliffe* [15]).

3.3. Unabhängige Gleitsysteme und Flexibilität der Gleitung

Die Anwesenheit beweglicher Versetzungen in einem Kristall vermindert die Festigkeit auf Werte weit unter den der idealen Festigkeit. Gleichzeitig können Versetzungen dadurch, daß sie plastisches Fließen hervorrufen, Spannungskonzentrationen abbauen und damit die Kerbempfindlichkeit eines Werkstoffes herabsetzen. Damit eine bestimmte

Spannungskonzentration abgebaut werden kann, muß auch eine bestimmte Formänderung auftreten. In vielen Kristallen ist die Formänderung, die durch die Bewegung von Versetzungen in den beobachteten Gleitsystemen möglich ist, ziemlich eingeschränkt, und aus diesem Grund können gewisse von außen angelegte Spannungen kein plastisches Fließen erzeugen. Wir können dann eine Situation vorliegen haben, in der einzelne Kristalle plastisches Fließen und Verfestigung zeigen können, so daß die Fließgrenze erhöht wird und das Material höhere Festigkeit aufweist, während ein Vielkristall des gleichen Materials durch Gleitung in einigen seiner Körner stärker bruchanfällig wird. Ein solches Verhalten zeigen viele Ionenkristalle und auch einige der kubisch raumzentrierten Metalle, Die Tatsache, daß Gleitung in Einkristallen beobachtet wird, reicht dann nicht aus, um Duktilität des Vielkristalls und Kerbunempfindlichkeit zu gewährleisten. Diese beiden Eigenschaften werden dann erst bei Temperaturen beobachtet, die sehr viel höher liegen als die, bei denen man Gleitung in Einkristallen des gleichen Materials findet. Stoffe, die ein derartiges Verhalten zeigen, sind als Werkstoffe für die Technik wenig geeignet, denn sie werden bei jeder Temperatur durch plastisches Fließen geschwächt, gleichzeitig wird aber die Kerbunempfindlichkeit durch diese plastische Verformung keineswegs unbedingt erhöht, wie das bei den typischen Metallen der Fall ist. Wir werden diese Feststellungen nun im Detail diskutieren.

Ein Gleitsystem wird charakterisiert durch eine Gleitebene und eine Gleitrichtung in dieser Ebene. Die beobachteten Gleitsysteme für eine Reihe verschiedener Kristalle sind in Tabelle 1, Anhang B, zusammengestellt. Es gibt jeweils eine Vielfalt von Gleitsystemen, die durch die Punktgruppe (Kristallklasse) des betreffenden Kristalls bestimmt wird. Die Gesamtheit der Kombinationen von Gleitebene und Gleitrichtung, die sich aus der Punktgruppensymmetrie des Kristalls ergibt, wenn eine Gleitebene und eine Gleitrichtung gegeben sind, wird die „Familie" der Gleitsysteme genannt. Hierzu ein Beispiel: Kristalle mit NaCl-Struktur gleiten auf $\{110\}$ in der $\langle 1\bar{1}0\rangle$-Richtung. Auf jeder Gleitebene liegt eine Gleitrichtung (zwischen Gleitung in $[1\bar{1}0]$-Richtung und der entgegengesetzten Richtung, $[\bar{1}10]$, wird nicht unterschieden). Vom $\{110\}$-Typ gibt es sechs Ebenen und somit gibt es sechs verschiedene Gleitsysteme in der $\{110\}\langle 1\bar{1}0\rangle$-Familie.

Die primäre Gleitrichtung liegt bei allen Kristallen in der Richtung des kürzesten Translationsvektors im Bravais-Gitter[1]). Die Erklärung der Gleitebenenauswahl ist weniger einfach, sie hängt von den Details der Struktur im Kern einer Versetzung ab. Bei den Metallen ist die Gleitebene eine Ebene mit dichtester Packung und somit größtem Abstand zwischen den Ebenen.

---

[1]) Diese Regel ist praktisch immer erfüllt, die einzige Ausnahme sind einige Metallkristalle mit Ordnungsumwandlung, bei denen die Regel im geordneten Zustand nicht gilt. Ist eine beliebige Formänderung mit Hilfe der am zahlreichsten vorkommenden „Familie" möglich, dann wird nur eine Gleitrichtung beobachtet. Ist aber eine beliebige Formänderung mit dieser „Familie" nicht möglich (im Rutil (TiO_2) kommt z.B. die $[001]$-Richtung nur einmal vor; sie liegt in der Richtung der tetragonalen Achse, und daher ist eine Verlängerung senkrecht zu dieser Achse mit der genannten Gleitrichtung nicht möglich), dann werden auch andere Gleitrichtungen beobachtet. Diese anderen Richtungen, z.B. $[10\bar{1}]$ beim Rutil oder $\langle 11\bar{2}3\rangle$ bei hexagonalen Metallen, liegen immer in der Richtung größerer Gittertranslationsvektoren. Dabei gilt, daß Versetzungen mit entsprechenden Burgersvektoren ihre Energie sicher nicht durch Aufspaltung in Versetzungen mit kleinerem Gittertranslationsvektor vermindern können (*Frank* und *Nicholas* [16]).

Ein Kristall kann eine beliebige Formänderung (ohne Volumenänderung) allein durch
Gleitung realisieren, wenn er fünf voneinander unabhängige Gleitsysteme besitzt. Ein Gleitsystem ist dann von anderen, physikalisch von ihm unterscheidbaren unabhängig, wenn es
eine Formänderung hervorzurufen vermag, die durch geeignete Kombination verschiedener
Scherungen in anderen Systemen nicht reproduziert werden kann. Eine allgemeine Verformung wird beschrieben durch den Tensor ϵ_{ij} mit den Komponenten

$$\begin{pmatrix} \epsilon_{11} & \epsilon_{12} & \epsilon_{13} \\ \epsilon_{21} & \epsilon_{22} & \epsilon_{23} \\ \epsilon_{31} & \epsilon_{32} & \epsilon_{33} \end{pmatrix}$$

Dieser Tensor ist symmetrisch, so daß gilt $\epsilon_{12} = \epsilon_{21}$ usw., und somit 6 unabhängige Komponenten vorhanden sind. Ist eine Volumenänderung ausgeschlossen, dann ist $\epsilon_{11} + \epsilon_{22} + \epsilon_{33} = 0$,
und die Zahl der unabhängigen Komponenten wird auf fünf reduziert. Gleitung in einem ein-
zigen System ändert gerade eine Komponente des Deformationstensors unabhängig von den
anderen[1]). Es sind also fünf unabhängige Gleitsysteme nötig, um die fünf unabhängigen
Komponenten des Verformungstensors zu ergeben. Das wurde erstmals durch *von Mises* [17]
festgestellt.

Alle in Tabelle 1, Anhang B, angegebenen „Familien" von Gleitsystemen können
daraufhin überprüft werden, wieviele unabhängige Systeme sie ergeben. Die Ergebnisse
sind in Tabelle 2, Anhang B, zusammengestellt. Eine einfache Methode für die Bestimmung der Zahl der unabhängigen Gleitsysteme stammt von *Groves* und *Kelly* [18].

Besitzt ein Kristall weniger als fünf unabhängige Gleitsysteme, dann gibt es bestimmte Richtungen, in denen er nicht plastisch gedehnt oder komprimiert werden kann, und
gewisse Orientierungen für Schubspannungen, die keine Gleitung hervorrufen können.
Diese Richtungen sind normalerweise leicht erkennbar. Bild 3.6 zeigt einen stabförmigen
Kristall, bei dem die Gleitebenennormale mit der Stabachse einen Winkel ϕ einschließt
und die Gleitrichtung um einen Winkel λ gegen diese Achse geneigt ist. Ein Zuwachs an
Schubverformung, $\Delta\gamma$, in einem solchen Gleitsystem erzeugt eine Verlängerung entlang
der Stabachse, die gegeben ist durch

$$\epsilon = \Delta\gamma \cos\phi \cos\lambda. \tag{3.4}$$

Ist entweder $\cos\phi$ oder $\cos\lambda$ gleich Null, dann ergibt eine Scherung in diesem Gleitsystem unter einer äußeren Zugspannung in Richtung der Stabachse keine Verlängerung.
Der Geometriefaktor in Gl. (3.4) ist identisch mit dem Schmid-Faktor, der Zugspannung
und wirksame Schubspannung beim Einkristall verknüpft. Daher bedeutet das Feststellen
von Richtungen, in denen Kristalle nicht verformt werden können, das Gleiche wie das

---

1) Werden z.B. die Koordinatenachsen des Tensors so gewählt, daß X_1 parallel zur Gleitebenennorma-
len und X_2 parallel zur Gleitrichtung liegt, dann wird eine kleine Gleitverformung mit dem Betrag
$\Delta\gamma$ beschrieben durch die Tensorkomponenten

$$\epsilon_{12} = \epsilon_{21} = \frac{\Delta\gamma}{2},$$

alle anderen Komponenten werden Null.

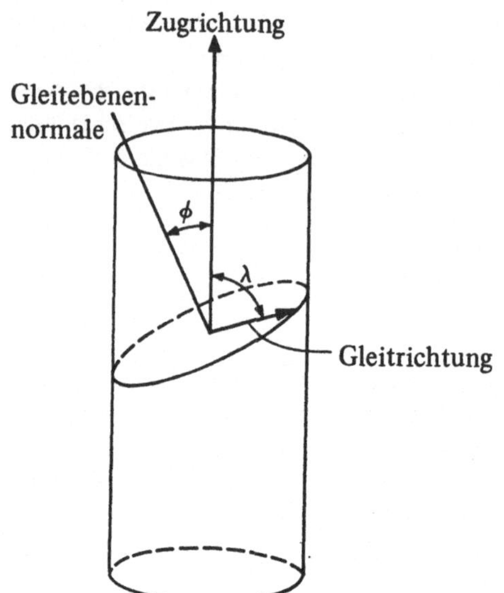

Bild 3.6

Auffinden von bestimmten Orientierungen für die angelegte Spannung, die keine wirksame Schubspannungskomponente in dem betrachteten Gleitsystem zulassen. Die $\{110\}$ $\langle 1\bar{1}0\rangle$-„Familie" in einem kubischen Kristall z.B. ergibt nur zwei unabhängige Gleitsysteme. Ein Kristall, der Gleitung nur in dieser „Familie" zeigt, läßt sich weder entlang $\langle 111\rangle$ plastisch dehnen und komprimieren, noch kann er parallel zu einer $\{100\}$-Ebene geschert werden. Der Zustand mit wirksamer Schubspannung gleich Null wird nur für eine genau orientierte äußere Spannung in einem unendlich schmalen Winkelbereich exakt erreicht. In der Praxis läßt sich dieser Zustand jedoch recht leicht realisieren. Magnesiumoxidkristalle zeigen bei Raumtemperatur nur $\{110\}\langle 1\bar{1}0\rangle$-Gleitung, und wenn sie parallel zu $\langle 111\rangle$ komprimiert werden, dann zerspringen sie ohne plastische Verformung (*Hulse, Copley* und *Pask* [19]). Entsprechend können hexagonale Kristalle wie Zink und Graphit senkrecht zur Basisebene auseinander gerissen werden, ohne daß sie plastisches Fließen in dieser Ebene aufweisen.

Die Verformung eines Vielkristalls kann nur dann ohne Bildung von Hohlräumen vor sich gehen, wenn sich jedes einzelne Korn beliebig verformen und sich an den von außen aufgezwungenen Verformungszustand und die von den benachbarten Körnern herrührende Verspannung anpassen kann. Die in Tabelle 2, Anhang B aufgeführte Kristalle, die nicht fünf unabhängige Gleitsysteme besitzen, entweder innerhalb einer „Familie" oder einer Kombination von „Familien", sind in vielkristalliner Form niemals duktil. Eine geringe plastische Dehnung kann allerdings erreicht werden, wenn eine ausgeprägte Textur vorhanden ist oder Zwillingsbildung auftreten kann.

Das Vorhandensein von fünf unabhängigen Gleitsystemen gewährleistet allein jedoch noch keine Duktilität des Vielkristalls. Es stellt eine notwendige aber nicht hinreichende Bedingung dar. Die fünf Systeme müssen selbstverständlich bei vergleichbaren Schubspannungen betätigt werden können. Weiterhin müssen sie im gesamten Volumen jedes Korns zur Verfügung stehen. Diese zweite Bedingung führt zum Gedanken der „Flexibilität" der Gleitung. Gemeint ist damit die Fähigkeit eines Kristalls, gleichzeitig in jedem Volumenelement Gleitung in beliebigen kleinen Beträgen in fünf unabhängigen Systemen ausführen zu können. Damit ein Kristall dazu in der Lage ist, müssen sich die Versetzungen leicht durchschneiden können. Weiterhin müssen sich die Gleitbänder durchdringen können, damit Versetzungen, die sich im einen System bewegen, nicht von Versetzungen in anderen Systemen blockiert werden. Jede betätigte Gleitrichtung kann höchstens zwei unabhängige Gleitsysteme erzeugen (*Groves* und *Kelly* [18]). Für die Flexibilität der Gleitung ist es erforderlich, daß jede Gleitrichtung dies in jedem beliebigen kleinen Volumen des Kristalls tut. Das angeführte kleine Volumen scheint erfahrungsgemäß eine Größe von einigen μm^3 zu haben.

Beispiele dafür, daß die eine oder die andere der Eigenschaften, die für die Duktilität von Vielkristallen Voraussetzung sind, fehlt, lassen sich finden. So konnten *Johnston, Davies* und *Stoloff* [20] die Bedeutung der Flexibilität der Gleitung recht schlagend beweisen. In FeCo-Legierungen mit 2 % V, die ein kubisch raumzentriertes Gitter haben, unterdrückt die Ordnungseinstellung die wellige Gleitung, und damit die Flexibilität der Gleitung, mit dem Erfolg, daß die Duktilität sofort stark vermindert wird. Ordnungseinstellung verringert die Fließspannung des Materials, aber mit der Ordnungseinstellung werden Vielkristalle unabhängig vom Ordnungsgrad weit weniger duktil, auch wenn die Zahl der unabhängigen Gleitsysteme fünf ist. Ein Beispiel für ein Material mit sehr flexibler Gleitung aber ungenügender Zahl unabhängiger Gleitsysteme ist das Cäsiumbromid (*Johnson* und *Pask* [21]). Einkristalle dieser Substanz gleiten auf der {110}-Ebene in ⟨001⟩-Richtung. Je zwei Gleitebenen sind gemeinsam für jede Gleitrichtung, d.h. diese „Familie" von Gleitsystemen hat nur drei voneinander unabhängige Glieder. Die Gleitung ist bei allen Temperaturen flexibel, und Quergleitung zwischen den beiden {110}-Ebenen mit gemeinsamer ⟨001⟩-Richtung tritt häufig auf. Die Vielkristalle sind aber immer spröde, weil sich selbst bei unbegrenzter Flexibilität mit nur drei ⟨001⟩-Gleitvektoren nur drei unabhängige Gleitsysteme ergeben.

Viele nichtmetallische Stoffe verhalten sich wie das Magnesiumoxid, bei dem sich sowohl die Zahl der unabhängigen Gleitsysteme als auch der Grad der Flexibilität mit der Temperatur ändert. Bei niedrigen Temperaturen, d.h. unterhalb 350 °C tritt Gleitung nur auf {110}-Ebenen auf, die Gleitrichtung ist ⟨110⟩. In diesem Fall sind nur zwei unabhängige Gleitsysteme vorhanden. Oberhalb 350 °C ist auch auf {001}-Ebenen in ⟨1̄10⟩-Richtung Gleitung möglich, die von quergleitenden Versetzungen aus {110}-Ebenen herrührt. Damit gibt es dann fünf unabhängige Gleitsysteme. Die Schubspannung, die zum Erzeugen von Gleitung auf {001}-Ebenen benötigt wird, ist allerdings wesentlich höher als die auf {110}-Ebenen nötige. Vielkristalle aus diesem Material zeigen eine sehr begrenzte Dehnung vor dem Bruch (nur etwa 1 %). Die {110}-Gleitbänder können sich in Einkristallen nicht durchschneiden. Dort, wo {110}-Gleitbänder entweder durch andere Gleitbänder, oder aber durch Korngrenzen, behindert werden, entstehen Risse. Das Verhältnis der Schubspannung, die für Gleitung auf {001} nötig ist, zu der für Gleitung auf {110} fällt mit steigender Temperatur. Bei 350 °C beträgt es etwa 10, bei 1200 °C etwa 3 (*Hulse* et al. [19]), bei 1500 °C sind die beiden Schubspannungen gleich groß. Die Gleitlinien sind sehr wellig, und fünf unabhängige Gleitsysteme stehen zur Verfügung. Die gegenseitige Durchdringung der Gleitung ist aber noch nicht ausreichend. Erst bei 1700 °C können sich die Gleitbänder gegenseitig durchdringen, so daß die fünf unabhängigen Gleitsysteme in jedem beliebigen Volumen im Kristall verfügbar sind. Daher sind bei dieser Temperatur Vielkristalle völlig duktil und verhalten sich wie Proben reiner kubisch flächenzentrierter Metalle (*Day* und *Stokes* [22]). Man nimmt an, daß sich alle inhärent festen Stoffe qualitativ so verhalten, wie es hier für Magnesiumoxid diskutiert wurde.

Wir haben uns bisher mit der Fähigkeit eines Kristalls beschäftigt, sich plastisch zu verformen und dadurch Spannungszustände abzubauen, die von äußeren Spannungen herrühren. Im Vielkristall gibt es nun eine Reihe weiterer Mechanismen, die zu Spannungskonzentrationen führen können. Hierzu seien im folgenden einige Beispiele angegeben. In nichtkubischen Kristallen ist die thermische Ausdehnung anisotrop. Die Körner in einem Vielkristall müssen sich also bei der Erwärmung des Materials der unterschiedlichen Ausdehnung ihrer Nachbarn anpassen. Temperaturänderungen erzeugen Verformungen, die den Unterschieden der thermischen Ausdehnung in einer gegebenen Richtung proportional sind. Diese Unterschiede können bis zu $55 \cdot 10^{-6}/°C$ betragen, so daß eine Temperaturänderung von 100 °C in bestimmten Temperaturbereichen eine Verformung von 0,5 % hervorrufen kann. Wenn die daraus resultierenden Spannungen nicht durch plastisches Fließen abgebaut werden können, dann kann spröder Bruch auftreten. Werden sie durch plastisches Fließen abgebaut, dann muß bei wiederholten Temperaturänderungen mit thermisch bedingter Ermüdung gerechnet werden.

Auf ähnliche Weise können selbst in Vielkristallen aus Material mit kubischem Kristallgitter örtliche Spannungen entstehen, wenn benachbarte Körner für verschiedene Richtungen verschiedene Werte der Elastizitätskonstante C aufweisen. Die Größe dieser Spannungen hängt von der Form der Korngrenze ab. Für eine Korngröße d und einen Krümmungsradius ρ findet man bei Anlegen einer äußeren Spannung σ_a die erhöhte Spannung

$$\sigma \approx \sigma_a \frac{\Delta C}{C} \sqrt{\frac{d}{\rho}},$$

wobei ΔC die Differenz der Elastizitätskonstanten ist. Die Werte für $\Delta C/C$ können durchaus beachtlich werden, ein Wert von zwei für diese Größe ist nicht ungewöhnlich.

Die von den genannten Effekten herrührenden Spannungskonzentrationen können ohne ausreichende Flexibilität der Gleitung nicht abgebaut werden. Es muß betont werden, daß bei nicht-flexibler Gleitung ein geringer Betrag an Gleitung in wenigen Körnern eines Vielkristalls Spannungskonzentrationen verstärken kann, statt sie zu vermindern, weil Scherungsrisse auftreten. Dieser Effekt fällt allerdings bei feinkörnigem Material nicht zu stark ins Gewicht, weil die Rißlänge auf einen Korndurchmesser begrenzt ist. Der Einfluß der durch Anisotropie der thermischen Ausdehnung und der elastischen Konstanten entstehenden Spannungen wird mit geringer werdender Korngröße ebenfalls vermindert. Werden Vielkristalle eines inhärent festen Materials als Verstärkungselemente eingesetzt, dann werden diese zwar in jedem Fall weniger fest sein als Einkristalle, aber bei tiefen Temperaturen werden eine Verringerung der Korngröße und die Erzeugung einer Textur von Vorteil sein.

3.4. Der Verformungsbruch

Normale Metalle enthalten viele Versetzungen und sind über einen sehr breiten Temperaturbereich duktil. Andere Kristalle werden bei hohen Temperaturen verformbar. Oberhalb einer ziemlich gut definierten Spannung, der Fließgrenze, die von Werkstoffart, elastischen Konstanten,Korngröße, Temperatur und Versetzungsanordnung abhängt, können sich Versetzungen in diesen Materialien bewegen und vervielfachen. Unter einachsigem Zug werden diese Prozesse sofort zum Versagen führen, sofern das Material nicht ein gewisses Maß an Verfestigung zeigt, d.h. sofern nicht die Spannung, die weiteres plastisches Fließen hervorruft, mit der Verformung ansteigt.

Betrachten wir nun einen Stab, der die Querschnittsfläche A hat und plastisch gedehnt wird. Die angelegte Last sei F. Voraussetzung für stabile Verhältnisse beim Zugversuch ist, daß $dF/dl > 0$, wenn l die Länge ist. Daraus ergibt sich, wie groß die Verfestigung sein muß, um die Stabilität zu erhalten. Da $F = \sigma \cdot A$, wobei σ die Fließspannung im Zugversuch ist, lautet die Stabilitätsbedingung

$$\sigma\,dA + A\,d\sigma > 0.$$

Führt man die wahre Dehnung ϵ [logarithmische Dehnung $\epsilon = \ln(1 + e)$] ein, so kann man dafür schreiben

$$\frac{d\sigma}{d\epsilon} > \sigma,$$

da $d\epsilon = -\,dA/A$. Mit der Dehnung $e = (l - l_0)/l_0$ erhält man

$$\frac{d\sigma}{de} > \frac{\sigma}{1 + e}, \tag{3.6}$$

wobei l_0 die Ausgangslänge ist. Die Bedingung (3.6) nennt man die Considère-Beziehung.

Zugspannung-Dehnung-Kurven plastischer Werkstoffe lassen sich in verschiedenen Weisen auftragen. Wird die Last, dividiert durch den Ausgangsquerschnitt, gegen die Dehnung aufgetragen, dann erhält man das nominelle Spannung-Dehnung-Diagramm, das in Bild 3.7 (a) dargestellt ist.

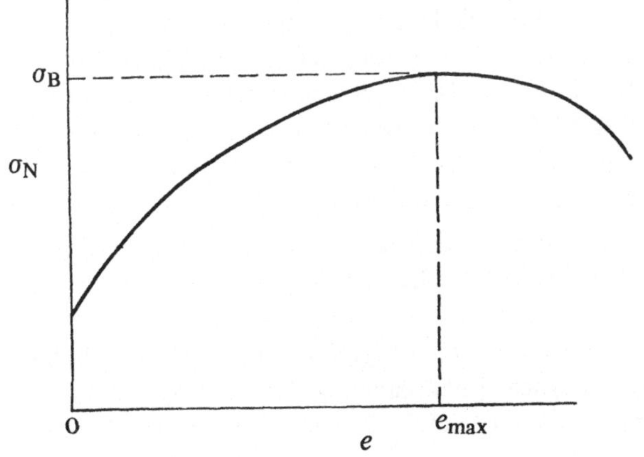

Bild 3.7 (a)
Auftragung der nominellen Zugspannung (Nennspannung) σ_N gegen die Dehnung für ein typisches duktiles Metall, das unter einachsigem Zug plastisch verformt wurde. Nach Überschreiten von e_{max} ist die Dehnung nicht mehr in der ganzen Probe gleichmäßig hoch. Das Maximum der Nennspannung ist die technische Zugfestigkeit.

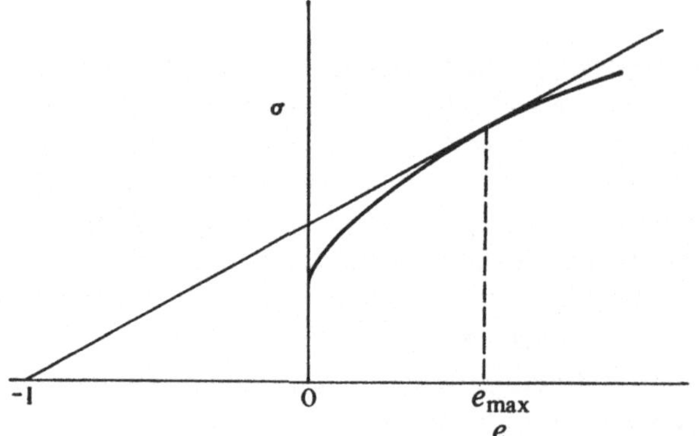

Bild 3.7 (b)
Trägt man die Kurve im Bild 3.7 (a) auf in wahrer Zugspannung σ gegen die Dehnung e, dann findet man die wahre Zugspannung, die der technischen Zugfestigkeit σ_B entspricht, als den Berührpunkt der Tangente durch den Punkt -1 auf der Dehnungsachse. Das ist die graphische Interpretation der Beziehung (3.6).

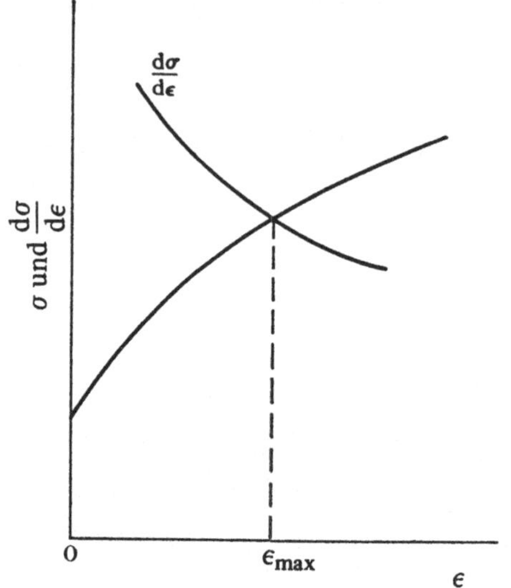

Bild 3.7 (c)
Wird die Kurve in Bild 3.7 (a) aufgetragen in wahrer Zugspannung σ gegen die wahre Dehnung ϵ, dann gilt die Beziehung (3.5) so lange, wie die Steigung $\dfrac{d\sigma}{d\epsilon}$ der Kurve größer ist als die wahre Spannung.

Der Maximalwert der Nennspannung ist die technische Zugfestigkeit σ_B. Bei Verlängerungen größer als e_{max} (vgl. Bild 3.7 (a)) ist die Dehnung nicht mehr über die gesamte Länge des Stabes gleich groß, und es tritt Einschnürung auf. Bei voll plastischem Material wird sich die Einschnürung fortsetzen, bis das Material zu einer Spitze ausgezogen ist. Die meisten Werkstoffe lassen sich jedoch nicht bis zu einer Spitze ausziehen, sofern sie nicht extrem rein sind. Es tritt vielmehr Bruch in der Einschnürungszone auf. Die Gln. (3.5) und (3.6) sind in den Bildern 3.7 (b) und 3.7 (c) graphisch erläutert.

Obgleich die nominelle Spannung während eines Zugversuchs ein Maximum durchläuft, muß dies die wahre Spannung, d.h. die Last dividiert jeweils durch die wahre Querschnittsfläche, keineswegs tun und tut das in der Tat auch nicht.

Die Fähigkeit eines Materials, sich zu verfestigen, hängt von der Temperatur ab. Bei den meisten Metallen beträgt die höchstmögliche Fließspannung, die im Verlauf des Verformungsprozesses durch Verfestigung entsteht, etwa E/100, wobei E der Elastizitätsmodul ist.

Bei duktilen Werkstoffen wie etwa den normalen kubisch flächenzentrierten Metallen und dem Eisen kann die Fließspannung durch hohe plastische Verformung bei tiefen Temperaturen ($T \leqslant 0,35\, T_s$; diese Temperatur hängt für Verunreinigungsgehalte bis zu 100 ppm sehr stark von der Reinheit ab) um zwei Größenordnungen erhöht werden. Die höchsten Werte der Verfestigung entstehen beim Drahtziehen. Die Mechanismen der Verfestigung und die Natur des Zustands der Kaltverformung wurden ausgiebig studiert, sind in Einzelheiten jedoch noch nicht voll geklärt. Der größte Beitrag zur Verfestigung rührt zweifellos her von der elastischen Wechselwirkung zwischen Versetzungen. Ohne irgendwelche ins Einzelne gehende Annahmen machen zu müssen, können wir sagen, daß die Scherfließspannung in einem kubisch flächenzentrierten Kristall gegeben ist durch

$$\tau_f = \alpha\, \mathrm{Gb}\, \sqrt{\rho}, \tag{3.7}$$

wobei $\alpha \approx 0,2$ und ρ der Wert der Versetzungsdichte ist (vgl. *Nabarro, Basinski* und *Holt* [23]). Es ist nun interessant abzuschätzen, welche Versetzungsdichten notwendig wären, um eine Fließspannung in der Größe der theoretischen Schubspannung, so wie sie sich für einen fehlerfreien Kristall berechnen läßt, zu erzeugen. Setzt man in Gl. (3.7) $\tau_f = G/20$, dann erhält man für ein typisches Metall $\rho \approx 10^{14}$ cm^{-2}. Das ist eine außerordentlich hohe Versetzungsdichte, bei der sich jedes fünfte Atom im Kern einer Versetzung befinden müßte. Derart hohe Versetzungsdichten sind noch nie beobachtet worden. Eine Versetzungslinie in einem Metall hat eine Energie von etwa 5 eV pro durchdringene Atomebene. Dieser Wert verringert sich um etwa 50 %, wenn derart viele Versetzungen vorhanden sind. Eine Versetzungsdichte von 10^{14} cm^{-2} würde dann bedeuten, daß in einem Metall mit der Dichte 7,5 g/cm^3 eine Energie von mindestens 370 cal/cm^3 gespeichert wäre. Dieser Wert ist extrem hoch im Vergleich zur elastischen Energie eines Kristalls, der bis zum theoretischen Wert von G/20 belastet wäre (bei $G = 4,5 \cdot 10^{11}$ dyn/cm^2 etwa 1,5 cal/g). Er liegt bei etwa einem Zehntel der Sublimationswärme. Es erscheint somit äußerst unwahrscheinlich, daß derart hohe Werte der Fließspannung durch Verfestigung allein erreicht werden können.

4. Hochfeste Metalle

Metalle und ihre Legierungen sind die wichtigsten unter den heute konstruktiv verwendeten hochfesten Werkstoffen. Sie lassen sich sowohl mit hoher als auch mit weniger hoher Festigkeit leicht herstellen, und die Festigkeitswerte lassen sich durchweg gut reproduzieren. Austenitischer (kubisch flächenzentrierter) rostfreier Stahl ist als Behälterwerkstoff für flüssiges Helium bei Temperaturen nahe am absoluten Nullpunkt anwendbar. Ein ganz ähnlicher Werkstoff kann Spannungen von 14,5 kp/mm^2 bei Temperaturen oberhalb 500 °C länger als 100 Stunden aushalten.

Kubisch flächenzentrierte Metalle und Legierungen zeichnen sich durch niedrige Werte von τ_{max}/G aus. Das bedeutet, daß ihre theoretischen Festigkeiten verglichen mit einigen anderen Stoffen (vgl. Kapitel 1) nicht sehr hoch sind, und deswegen sind Versetzungen in ihnen immer frei beweglich. Der hohe Wert von σ_{max}/τ_{max} macht Spaltbrüche sehr unwahrscheinlich, wenn nicht ganz unmöglich, es sei denn unter Einfluß eines korrodierenden Mediums. Kubisch flächenzentrierte Metalle und Legierungen zeigen bei allen Temperaturen ein typisch metallisches Verhalten der mechanischen Eigenschaften. Für die gängigen kubisch raumzentrierten Metalle gilt bei höheren Temperaturen das Gleiche, bei Temperaturen unterhalb 0,2 T_s (T_s ist die Schmelztemperatur in K) wird es jedoch sehr viel schwieriger, Versetzungen zu bewegen (vgl. z.B. *Conrad* [1]). Dieser Effekt wird zwar durch die Anwesenheit von gelösten interstitiellen Atomen, wie z.B. Kohlenstoff oder Stickstoff, zweifellos verstärkt, seine Ursache liegt jedoch darin, daß bei tiefen Temperaturen die Peierls-Spannung zunehmend wichtig wird.

Wegen der nicht-gerichteten Natur der interatomaren Bindungskräfte in Metallen ist die Energie von Großwinkelkorngrenzen kleiner als die Oberflächenenergie. Ein Drittel der Oberflächenenergie ist ein typischer Wert für die Energie einer Großwinkelkorngrenze (vgl. *Inman* und *Tipler* [2]). Die kubischen Kristallstrukturen (kubisch flächenzentriert und kubisch raumzentriert) erlauben Gleitung auf fünf unabhängigen Gleitsystemen. Diese beiden Eigenschaften der Metalle führen dazu, daß sie fast ausschließlich in vielkristalliner Form verwendet werden. In diesem Zustand können sie fast unbegrenzt kompressiver plastischer Verformung unterzogen werden.

Mit Ausnahme des Aluminium ist für die gängigen Metalle die festeste Form der kaltgezogene Draht. Die Festigkeit kaltgezogener Drähte wird nur von der von Whiskers übertroffen. Die festeste dem Autor bekannte Aluminiumlegierung hat eine Festigkeit von etwa 77 kp/mm^2 (*Nock* und *Hunsicker* [3]). Die Festigkeitswerte hochfester Drähte sind in Tabelle 4, Anhang A, zusammengestellt, es handelt sich dabei um die im einachsigen Zugversuch ermittelten Festigkeiten. Diese Werte sollten mit den in Tabelle 1.4 aufgeführten Werten für $2\,\tau_{max}$ verglichen werden. $2\,\tau_{max}$ stellt die untere Grenze der heutigen theoretischen Abschätzungen für die größte im einachsigen Zugversuch zu erwartende Festigkeit dar. Die Festigkeit eines Stahldrahts mit 0,9 % Kohlenstoffgehalt erreicht etwa ein Drittel des theoretischen Werts, die eines Drahts aus einer β-Titanlegierung ein Viertel (mit $G' = 4{,}2 \cdot 10^3$ kp/mm^2 und $\tau_{max}/G = 0{,}11$ für β-Titan). Bei der oben genannten Al-Legierung liegt die Festigkeit von 77 kp/mm^2 zwischen 13 und 40 % des theoretischen Werts. Die Unsicherheit rührt in diesem Fall davon her, daß verschiedene Abschätzungen der theoretischen Festigkeit möglich sind. Wolframdrähte erreichen etwa 10 % der theoretischen Festigkeit. Alle diese Werte werden bei Raumtemperatur gemessen. Diese Temperatur stellt beim Aluminium einen hohen Bruchteil der Schmelztemperatur dar. Deshalb muß bei diesem Metall angenommen werden, daß der untere Schätzwert für τ_{max} durch den Einfluß der Temperatur zusätzlich verringert wird (vgl. Abschnitt 1.4).

Die theoretische maximale Zugfestigkeit des Eisens ($2\,\tau_{max}$) beträgt 1400 kp/mm^2. Das entspricht E/15, wenn E der Elastizitätsmodul ist. Hochfeste Drähte zeigen Festigkeiten von E/50. Große Schmiedestücke aus Stahl können heute mit Werten der Zugfestigkeit in der Nähe von E/80 hergestellt werden. Kupfer-Beryllium-Legierungen gibt es mit Festigkeiten von E/100, und Nimonic-Legierungen haben bei Raumtemperatur Festigkeiten von E/150. Für Kupfer liegt die theoretische Maximalfestigkeit etwa bei E/50 (dieser relativ niedrige Wert beruht auf dem, verglichen mit E, kleinen Wert von G' bei den Edelmetallen (vgl. Tabelle 1.4)). Derart feste Metallproben lassen sich in großen Stücken herstellen und sind in bezug auf ihre Festigkeit näherungsweise isotrop. Gegenwärtig werden hochfeste Metalle bei höheren Bruchteilen ihrer theoretischen Festigkeit benutzt als irgendein anderer Konstruktionswerkstoff. Glasfaserverstärkte Kunststoffe werden bei Raumtemperatur bei Spannungen von bis zu 1/100 des Elastizitätsmoduls des Glases verwendet, Nylonfasern werden bei etwa 1/24 ihrer theoretischen Bruchfestigkeit benutzt.

Metallische Werkstoffe lassen sich mit erstaunlich vielseitigen Eigenschaften herstellen. Dies hängt weitgehend mit der Fähigkeit der Metalle zur Legierungsbildung zusammen. Das Gefüge der Metalle und ihrer Legierungen ist gut verstanden und kann z.B. durch Ausscheidungsvorgänge verändert werden, wodurch bestimmte Eigenschaften erzielt werden können. Legierungen auf Nickelbasis können z.B. so ausgelegt werden, daß sie nach 1000 Stunden unter einer Spannung von 6,2 kp/mm^2 bei einer Temperatur von 980 °C, d.h. bei heller Rotglut, nicht mehr als 2 % Kriechdehnung zeigen. Das entspricht einer Viskosität von mehr als $3{,}7 \cdot 10^{16}$ Poise bei einer Temperatur, die 73 % der Schmelztemperatur beträgt. Das ist vergleichbar mit der Viskosität von Natronkalkglas bei etwa 350 °C (37 % der Schmelztemperatur in K).

Da Versetzungen in den reinen Metallen frei beweglich sind, können an Rißspitzen keine Spannungskonzentrationen auftreten, die dazu führen, daß örtlich die Reißspannung erreicht wird. Es tritt vielmehr plastisches Fließen auf und schließlich Versagen durch Abscheren. Um hohe Festigkeiten zu erreichen, muß daher die Bewegung von Versetzungen behindert werden. Das Einschränken der Versetzungsbewegung kann allerdings zum Versagen durch Sprödbruch führen. Das kommt daher, daß dann die Prozesse des plastischen Fließens selbst Risse in Metallen erzeugen (vgl. z.B. *Hahn, Averbach, Owen und Cohen* [4]) und daß diese sich ausbreiten und zum Bruch führen können. Voraussetzung für eine schnelle Rißausbreitung ist die Erfüllung der Griffithschen Bedingung (Abschnitt 2.3). Wird diese Beziehung jedoch für ein Material verwendet, das in der Lage ist, plastisch zu fließen, dann kann die Größe γ nicht mehr die reine Oberflächenenergie sein. Nach *Irwin* [5] und *Orowan* [6] ersetzen wir $2\gamma_0$ durch γ_P, die Arbeit, die die äußeren Kräfte beim Vergrößern der Bruchfläche um die Flächeneinheit leisten. Aus Gl. (2.4) erhalten wir dann für den ebenen Spannungszustand

$$\sigma = \sqrt{\frac{E\,\gamma_P}{\pi c}}\ . \tag{4.1}$$

Umgeschrieben als

$$\gamma_P = \frac{\pi c\,\sigma^2}{E} = G_c \tag{4.2}$$

gibt diese Gleichung eine Grenze für γ_P, die überschritten werden muß, um die instabile Ausbreitung eines Risses der Länge 2c in einem Blech unter einer Spannung σ zu verhindern. Die Größe G_c wird als Kriterium für die Anwendbarkeit extrem fester Stoffe benutzt und gibt an, welche Rißtiefe in einem Material bei gegebener Spannung toleriert werden kann[1]). Annehmbare Werte von γ_P für Stähle mit Festigkeiten größer als etwa 140 kp/mm^2 liegen zwischen $0{,}17 \cdot 10^8$ und $1{,}7 \cdot 10^8$ erg/cm^2. Der höhere Wert ist etwa 10^5 mal größer als die Oberflächenenergie.

Der Wert von γ_P ist bestimmt durch den Wert, der maximalen Spannung, die an der Rißspitze erreicht wird, und durch den Wert der Verschiebung, die notwendig ist, um dort zum Bruch zu führen (vgl. *Cottrell* [8]). In einem hochfesten Metall kann der Wert von γ_P sehr viel größer sein als der der Oberflächenenergie, weil an der Rißspitze plastisches Fließen auftritt. Die Forderung nach einem hohen Wert für γ_P und die nach einem hohen Wert für die Fließgrenze schließen sich gegenseitig aus. Daher muß bei der Entwicklung konventioneller hochfester Metalle und Legierungen ein Kompromiß gefunden werden zwischen hoher Festigkeit und hohen Werten der Brucharbeit. In diesem Kapitel werden wir darlegen, welche Erfolge erzielt wurden bei der Herstellung hochfester metallischer Werkstoffe mit Werten für die Brucharbeit, die für den Ingenieur annehmbar sind.

Zunächst ist es erforderlich einige Bemerkungen zur Korngröße zu machen, da Metalle ja im allgemeinen in polykristalliner Form verwendet werden. Das geschieht in Abschnitt 4.1. Abschnitt 4.2 befaßt sich mit der Behinderung der Versetzungsbewegung in Metallen durch Mischkristallbildung und durch Aushärtung. Abschnitt 4.3 beschäftigt sich mit hochfesten Stählen, da diese die am häufigsten verwendeten Werkstoffe hoher Festigkeit sind, und Abschnitt 4.4 behandelt die hochfesten Drähte. In Abschnitt 4.5 werden einige Bemerkungen über metallische Hochtemperaturwerkstoffe gemacht. Abschnitt 4.6 schließlich befaßt sich mit der Verfestigung bei dispersionsgehärteten Metallen und die Beziehung zwischen Dispersionshärtung und Verstärkung durch Fasern, die in Kapitel 5 diskutiert wird.

---

[1]) Für Belastungsbedingungen, die nicht dem ebenen Spannungszustand entsprechen, kann ein Wert für G_c definiert werden, der sich von dem in Gl. (4.2) gegebenen unterscheidet. Aus dieser vereinfachten Diskussion darf jedoch nicht geschlossen werden, daß der Widerstand gegenüber der Ausbreitung von Rissen eine reine Materialeigenschaft ist. Rißgröße, Spannungszustand und konstruktive Dimensionen müssen ebenfalls in Betracht gezogen werden. In diesem Zusammenhang sei auf die sehr klare und lesbare Darstellung von *Irwin* und *Wells* [7] über die Vorgänge bei der Rißausbreitung verwiesen.

4.1. Korngröße

Metalle werden in vielkristalliner Form verwendet, ihre Festigkeit läßt sich durch Herabsetzen der Korngröße steigern. Bei vielen Metallen und Legierungen gilt für die Abhängigkeit der Fließspannung im Zugversuch, σ_f, bei konstanter plastischer Dehnung eine Beziehung der Form

$$\sigma_f = \sigma_0 + kd^{-1/2} \tag{4.3}$$

(*Armstrong, Codd, Douthwaite* und *Petch* [9]). σ_0 steigt mit der Verformung, k zeigt die höchsten Werte bei sehr kleiner Verformung, wenn das Material eine ausgeprägte Streckgrenze aufweist. Nach Dehnungen größer als einige Prozent wird k für ein gegebenes Metall bei einer bestimmten Temperatur eine konstante Größe. Die Form der Gl. (4.3) rührt von der Bedingung her, die für die Fortpflanzung der Gleitung von Korn zu Korn in einem vielkristallinen Material zu erfüllen ist. Eine entsprechende Gleichung gilt auch für die untere Streckgrenze. Wird diese Beziehung für die untere Streckgrenze angewandt, dann nimmt k Werte bis zu 6 kp $\cdot$ mm$^{-3/2}$ an, wird sie für die Fließgrenze benutzt, dann findet man für k Werte bis zu 2 kp $\cdot$ mm$^{-3/2}$. Die Werte liegen am höchsten in Werkstoffen, in denen die Versetzungen durch Verunreinigungen festgehalten werden, am niedrigsten in reinen kubisch flächenzentrierten Metallen.

Wir können Gl. (4.3) als eine empirische Beschreibung des Einflusses der Korngröße auf die Festigkeit einer vielkristallinen Probe ansehen. Nimmt man k = 2 kp $\cdot$ mm$^{-3/2}$ an, dann benötigt man einen Korndurchmesser kleiner als etwa 4000 Å um eine Erhöhung von σ_F um 100 kp/mm^2 zu erzielen. Derartig geringe Korngrößen findet man allerdings normalerweise nicht. Die Erhöhung der freien Energie einer Metallprobe durch eine derart geringe Korngröße beträgt weniger als 2 cal/cm^3 gegenüber dem entsprechenden Einkristall. Damit wird eine deutliche Erhöhung der Festigkeit durch sehr starke Kornverfeinerung möglich.

In Werkstoffen, die einen Übergang duktil-spröde zeigen, wie es z.B. die ferritischen Stähle tun, ist es vom Vorteil, die Fließgrenze durch Herabsetzen der Korngröße zu erhöhen, weil dadurch gleichzeitig die Sprödbruchneigung verringert wird (vgl. *Petch* [10], *Cottrell* [11]).

4.2. Aushärtung und Mischkristallhärtung

Um die Einflüsse fein verteilter Hindernisse auf die Versetzungsbewegung innerhalb der Körner und damit auf die Höhe der Fließgrenze einer Legierung in ihren Einzelheiten zu erfassen, ist für jedes Legierungssystem eine gesonderte Betrachtung erforderlich. Wir wollen uns hier auf allgemeinere Aussagen beschränken. Die höchsten derzeit in den verschiedenen Legierungssystemen erzielbaren Festigkeiten werden später erwähnt. Alle ins Einzelne gehenden Betrachtungen über Mischkristallhärtung und Aushärtung (z.B. *Fleischer* und *Hibbard* [12], *Kelly* und *Nicholson* [13]) gehen zurück auf *Mott* und *Nabarro* [14].

Eine Versetzung ist biegsam und hat eine Linienspannung T, die ungefähr gleich Gb^2/2 ist, wobei **b** den Burgersvektor der Versetzung bezeichnet. Unter der Wirkung einer

Schubspannung τ läßt sich eine Versetzung in einem Kristall so biegen, daß ein Krümmungsradius auftritt, der durch die Beziehung

$$\tau \underline{b} = \frac{Gb^2}{2\rho} \quad \text{bzw.} \quad \frac{1}{\rho} = \frac{2\tau}{bG} \tag{4.4}$$

gegeben ist. Sie kann daher durch eine Schubspannung τ_0, die ausreicht, um die Versetzung
mit einem Radius $\leqslant l_0/2$ zu krümmen, auf ihrer Gleitebene zwischen Hindernissen mit Abstand l_0 hindurchgedrückt werden. Die dazu erforderliche Spannung beträgt dann

$$\tau_0 = \frac{Gb}{l_0} \tag{4.5}$$

(*Orowan* [15]). Bei vielkristallinen reinen Metallen tritt Fließen normalerweise unter
Spannungen von weniger als $10^{-3} \cdot G$ auf. Somit müssen die Hindernisse für die Versetzungsbewegung Entfernungen von $l_0 \leqslant 100\,\underline{b}$ voneinander haben um die Fließgrenze um
eine Größenordnung zu erhöhen. Dies ist eine einschneidende Forderung, die am leichtesten erfüllt werden kann, wenn man einen Mischkristall benutzt, der bei Übersättigung
zerfällt und Ausscheidungen bildet.

Zur quantitativen Berechnung von Schubspannungen, die notwendig sind, um eine
Versetzung auf ihrer Gleitebene über Hindernisse zu bewegen, benutzt man zweckmäßiger-
weise den Begriff der Wechselwirkungsenergie zwischen Versetzung und Hindernissen.
Diese Hindernisse sind die gelösten Atome oder die Ausscheidungen. Wird die Versetzung
nicht bewegt, dann ist die Wechselwirkungsenergie U gerade die Energieänderung im System von Kristall und Versetzung, die auftritt, wenn das Hindernis entfernt und durch
eine unverzerrte Anordnung von Matrixatom ersetzt wird. Ist U bekannt, dann beträgt
die für die Bewegung der Versetzung um eine Entfernung dx senkrecht zur Versetzungslinie erforderliche Kraft dU/dx (Bild 4.1). Man kann nun zwischen zwei Arten von Hindernissen unterscheiden, nämlich zwischen solchen, die weitreichende Wechselwirkung
hervorrufen, und solchen mit kurzreichender Wechselwirkung. Weitreichende Wechselwirkungen sind solche, für die sich U ändert, auch wenn die Versetzung gänzlich außerhalb des Hindernisses liegt. Hat z.B. eine Ausscheidung ein anderes Atomvolumen als
die Matrix, dann fällt die Änderung der Energie, die durch das Einführen der Ausscheidung wegen der damit verbundenen Dehnungen auftritt, wie 1/r, wenn r der Abstand
zwischen Versetzung und Ausscheidung ist (*Cottrell* und *Bilby* [16]). U zeigt natürlich
auch noch eine Winkelabhängigkeit. Ein Fall einer kurzreichenden Wechselwirkung wäre
die Wechselwirkung zwischen Ausscheidung und Versetzungskern. So ist z.B. in kubisch
flächenzentrierten Metallen die Versetzung in ihrem Kern in Teilversetzungen aufgespalten, und die Energie der Versetzung hängt von der Stapelfehlerenergie des Materials ab.

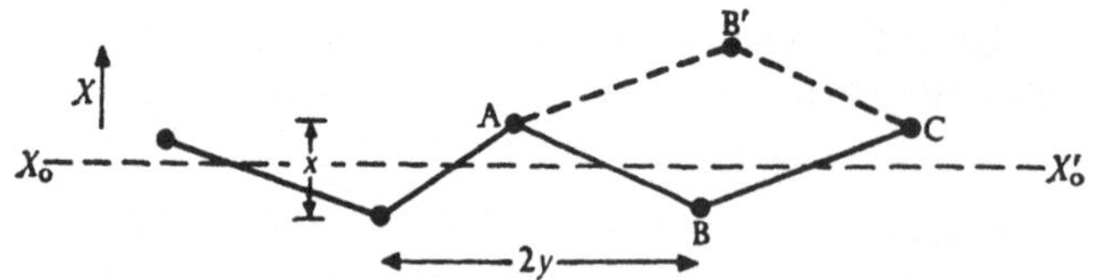

Bild 4.1

Ein gerades Versetzungsstück
zwischen X_0 und X_0' in
Wechselwirkung mit diskreten
Hindernissen bei seiner Bewegung über die Gleitebene.

Durchschneidet die Versetzung eine Ausscheidung, dann ändert sich ihre Energie, und U hat einen endlichen Wert. Durchschneidet die Versetzung die Ausscheidung aber nicht, dann wird U gleich Null. Für eine Versetzung in einem Kristall ändert sich der Wert von dU/dx entlang der Versetzungslinie, und da die Versetzung biegsam ist, wird sie ihre Lage so verändern, daß sie den Orten hoher Energie in der Gleitebene ausweicht und damit versucht, ihre Energie zu minimalisieren.

Alle theoretischen Behandlungen von Mischkristallhärtung und Aushärtung gelten im wesentlichen für verdünnte Legierungen.

Durch in Lösung befindliche Fremdatome wird eine Erhöhung der Fließspannung hervorgerufen. Dieser Effekt ist am deutlichsten ausgeprägt, wenn das einzelne Fremdatom im Wirtsgitter stark anisotrope elastische Verzerrungen erzeugt, z.B. kann das Verzerrungsfeld in einem kubischen Gitter tetragonale Symmetrie zeigen (*Fleischer* und *Hibbard* [12]). Substitutionsatome in kubischen Kristallen verursachen Verzerrungen mit sphärischer Symmetrie und daher nur eine geringfügige Mischkristallhärtung. Interstitielle Atome in kubisch raumzentrierten Metallen dagegen erzeugen eine tetragonale Verzerrung und damit starke Effekte (z.B. der Kohlenstoff im Martensit). Es reicht allerdings in diesem Zusammenhang nicht aus, einfach nur zwischen interstitiellen Atomen und Substitutionsatomen zu unterscheiden.

Sind die gelösten Fremdatome im Mischkristall gleichmäßig verteilt, dann ist der Abstand zwischen den Hindernissen klein, die Wechselwirkungsenergie zwischen einer Versetzung und einem Hindernis ist dann ebenfalls klein. Die größten Wechselwirkungsenergien ergeben sich zwischen der Versetzung und den Fremdatomen, die auf der gleichen oder einer benachbarten Gitterebene liegen. Ist N die Zahl der Fremdatome pro Volumeneinheit und f ihr Volumenanteil, dann beträgt die Zahl der Hindernisse pro Flächeneinheit der Gleitebene $N_s = f/b^2$ (b ist der Atomabstand im Metall). Somit wird bei einem Wert für f von nur 1 % der mittlere Abstand der Hindernisse in einer Gleitebene, $(xy)^{1/2}$, in Bild 4.1 nur 10 b. In diesem Fall kann dann die folgende Behandlung, die von *Mott* [17] stammt (vgl. auch *Friedel* [18]) angewendet werden. Wir nehmen an, daß die gelösten Fremdatome die Versetzung immer anziehen. Das gerade Versetzungsstück $X_0 X_0'$ kann seine Energie verringern, wenn es sich näher an bestimmte Atome heranbewegt. Die Energieabnahme pro Längeneinheit beträgt

$$E_B = \frac{U_0}{y}$$

wobei U_0 die maximale Wechselwirkungsenergie ist (hier die Bindungsenergie zwischen Versetzung und gelöstem Atom). Andererseits wird die Versetzung länger und damit erhöht sich die Energie um

$$E_l = \frac{T}{y} \left(\sqrt{x^2 + y^2} - y \right) \approx \frac{T x^2}{2 y^2} \; .$$

Wir suchen nun den Minimalwert von $E_l - E_B$ auf und erhalten

$$\frac{1}{y} = N_s^{2/3} \left(\frac{U_0}{2T} \right)^{1/3} = N_s x.$$

Der effektive Abstand der Hindernisse in der Richtung der Versetzungslinie hängt
also von der Wechselwirkungsenergie ab; er wird geringer für größere U_0. Die Wechselwirkung verursacht also ein merkliches Ausbiegen der Versetzung in der Nähe gelöster Atome,
so daß sich ein Versetzungsstück wie etwa ABC in Bild 4.1 unabhängig vom Rest der Versetzung in die Konfiguration AB'C bewegen kann. Vorausgesetzt x ist klein, etwa nur
wenige Vielfache von b, so können wir sagen, daß die Spannung, die nötig ist um den
Abschnitt ABC in die Zwischenposition AC mit höchster Energie zu bewegen, gefunden
werden kann, indem man die Arbeit der angelegten Spannung gleichsetzt mit dem Energiezuwachs $(E_B - 2E_l) \cdot y$ im System, der durch die Bewegung der Versetzung von ABC
nach AC hervorgerufen wird. Es gilt dann

$$\tau b x y = (E_B - 2E_l) y,$$

woraus man erhält

$$\tau = \frac{U_0}{2bxy} = \frac{U_0 N_s}{2b} . \tag{4.6}$$

τ ist somit proportional zu U_0 und N_s und damit linear abhängig von der Konzentration.
Die Abhängigkeit von f statt von $f^{1/2}$ tritt auf weil man sich vorstellt, daß die angelegte
Spannung beim Loslösen der Versetzung vom einzelnen Fremdatom auf der gesamten
Fläche xy Arbeit leistet.

Im Fall größerer Ausscheidungen ist das nicht möglich, und daher müssen wir die
Kräfte betrachten, die bei der Bewegung der Versetzung von ABC nach AC mitwirken.
Bei Abstoßung zwischen gelösten Fremdatomen und Versetzung muß die angelegte Spannung die Versetzung gegen eine Reihe von Hindernissen schieben, die den Abstand y voneinander haben. In diesem Fall kann für τ eine Abhängigkeit von $f^{1/2}$ auftreten.

Aus Gl. (4.6) sehen wir, daß die Mischkristallhärtung bedeutend sein kann, wenn
U_0 groß ist. Das ist für interstitielle Atome in kubisch raumzentrierten Metallen der Fall.
Der Maximalwert der Wechselwirkungsenergie für ein interstitielles Atom in Eisen beträgt
etwa 0,75 eV (*Cochardt, Schoek* und *Wiedersich* [19]). Die Werte für Subsitutionsatome
in kubisch flächenzentrierten Metallen liegen wesentlich niedriger, etwa bei 0,1 eV
(*Saxl* [20]). Bei diesen Metallen kann eine ausgeprägte Mischkristallhärtung nur bei
niedrigen Temperaturen beobachtet werden. Das kommt daher, daß für die Verformungsgeschwindigkeit $\dot{\epsilon}$ bei einer Spannung τ gilt

$$\dot{\epsilon} \sim \exp\left\{-\frac{(V - \tau b x y)}{kT}\right\},$$

wenn $V = (E_B - 2E_l)y$. Ist nun $V \gg kT$, dann muß $\tau b x y$ praktisch gleich groß sein wie V,
damit plastisches Fließen zustande kommt, und damit ergibt sich Gl. (4.6) für die Fließspannung. Wird jedoch $V \approx kT$, dann unterstützen die thermischen Fluktuationen das
Überwinden der Hindernisse durch die Versetzungen, und der Effekt der Mischkristallhärtung wird oberhalb einer gewissen kritischen Temperatur stark verringert. Ein Beispiel
dafür wird in Bild 4.2 gezeigt.

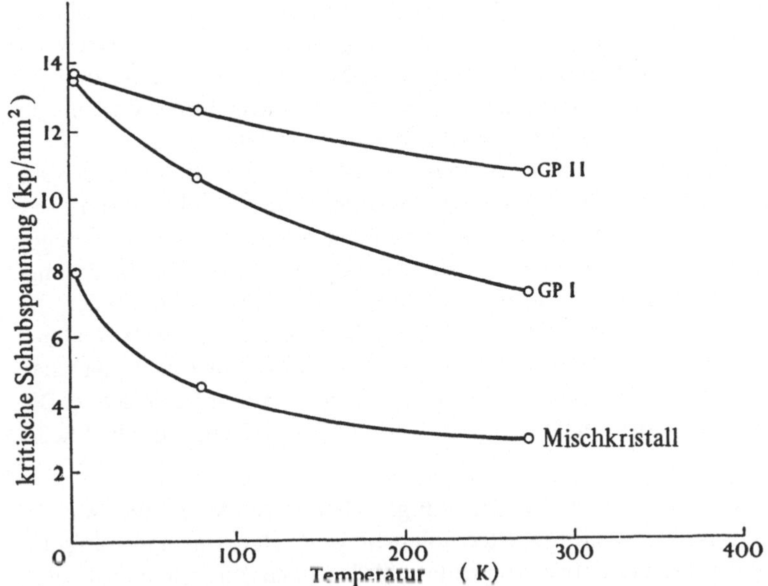

Bild 4.2 Der Verlauf der kritischen Schubspannung in Abhängigkeit von der Temperatur für einen Einkristall aus einer Aluminiumlegierung, die 1,7 At.–% Kupfer enthält. Die drei Kurven zeigen die Ergebnisse für die folgenden Fälle: 1. Das Kupfer ist in Lösung. 2. Es bildet sehr dünne Scheibchen von 3 Å Dicke und 100 Å Durchmesser (GP I-Zonen). 3. Es bildet größere Ausscheidungen, die ebenfalls die Form von Scheiben haben, und zwar mit etwa 50 Å Dicke und 500 Å Durchmesser (GP II-Zonen). (Nach *Byrne*, *Fine* und *Kelly* [22]).

Interstitielle Atome in kubisch raumzentrierten Gittern verursachen eine sehr ausgeprägte Mischkristallhärtung, z.B. ergeben 2 At.-% C in Eisen eine Fließgrenze von etwa 155 kp/mm² (*Winchell* und *Cohen* [21]). Die Versetzungen werden in diesem Fall so stark festgehalten, daß das Material zu sprödem Bruch neigt.

Bei der Aushärtung wird der übersättigte Mischkristall, der durch Abschrecken von der Homogenisierungstemperatur erzeugt wird, wärmebehandelt, um Ausscheidungen bestehend aus 100 bis 1000 Atomen zu erhalten. U_0 wird dann sehr viel größer als kT, und daher ist die Fließgrenze nicht sehr stark von der Temperatur abhängig. In Bild 4.2 ist ein Beispiel dafür gezeigt. Die zum Bewegen von Versetzungen nötigen Spannungen betragen etwa G/200, so daß eine Versetzung mit Werten von $\rho \approx 100$ b gekrümmt wird. Für Werte von f $\approx$ 0,1 und Ausscheidungen mit 1000 Atomen wird der Abstand $N_s^{-1/2}$ zwischen den ausgeschiedenen Partikeln etwa 25 b. Die Versetzungen sind also gezwungen, die Ausscheidungen zu durchschneiden. Der Widerstand gegen diese Bewegung hat verschiedene Ursachen. Die Versetzungen können in ihrer Bewegung durch Spannungsfelder behindert werden, die auftreten, wenn das Atomvolumen der Ausscheidung sich von dem der Matrix unterscheidet (vgl. *Mott* und *Nabarro* [14]). Die Versetzungen können auch beim Durchschneiden eines ausgeschiedenen Teilchens auf ihrer Gleitebene entweder an der Grenzfläche zwischen Matrix und Ausscheidung oder aber innerhalb der

Ausscheidung die Ordnung stören (*Kelly* und *Fine* [23]). Einen Überblick über diese und ähnliche Effekte gibt die Arbeit von *Kelly* und *Nicholson* [13]. Neuerdings hat man auch erkannt, daß es starke Wechselwirkungen zwischen einer Ausscheidung und dem Versetzungskern geben kann. Das ist in vielen kubisch flächenzentrierten Matrixmetallen von Bedeutung, sobald die Stapelfehlerenergien von Matrix und Ausscheidung unterschiedlich groß sind (*Hirsch* und *Kelly* [24]). Die theoretische Behandlung dieser Vorstellungen zeigt, daß die Fließgrenze einer solchen Legierung proportional zu f^n wird, wobei n zwischen 1/2 und 1 liegt. Um nun hohe Festigkeit zu erreichen, muß f so groß wie möglich sein. Der größtmögliche Wert für alle Modellvorstellungen ist f = 0,5. Zur Erreichung maximaler Festigkeit wird es eine Optimalgröße der Ausscheidung geben, die von der Linienenergie T der Versetzungslinie und von U abhängt. Da es sich um diskrete Hindernisse für die Versetzungsbewegung handelt, besteht immer auch die Möglichkeit, daß die Versetzungen zwischen den Hindernissen hindurchgedrückt werden und sie umgehen. Die dafür erforderliche Spannung ist τ_0 in Gl. (4.5), die somit die obere Grenze für die Fließspannung darstellt.

U hängt vom Unterschied der physikalischen Eigenschaften von Matrix und Ausscheidung ab, wie z.B. vom Unterschied im Atomvolumen, wenn elastische Spannungen die Versetzungsbewegung behindern, oder von Unterschieden in der Stapelfehlerenergie. Um eine hohe Fließspannung zu erreichen, muß auch U groß werden. Die beiden Forderungen nach möglichst großem U und f schließen sich gegenseitig aus. Ein großer Unterschied in den physikalischen Eigenschaften von Matrix und Fremdatom weist nämlich auf große Abweichungen vom idealen Mischkristall hin, woraus über die Regeln von Hume-Rothery für metallische Systeme auf eine geringe Löslichkeit im festen Zustand geschlossen werden kann.

Der große Vorteil der Aushärtung für die Praxis besteht darin, daß der Werkstoff mit dem Legierungszusatz in Lösung umgeformt werden kann und dann durch eine einfache Wärmebehandlung seine Festigkeit erhält. In einer duktilen Matrix ist die Versetzungsbewegung nicht unterbunden, an Punkten mit hoher Spannungskonzentration können sich die Versetzungen immer noch bewegen und deren Einfluß durch plastisches Fließen abbauen. Die Bedingungen für eine wirksame Behinderung der Versetzungsbewegung sind, wie wir gesehen haben, ziemlich einschneidend. Der Abstand der Ausscheidungen untereinander darf nicht größer als etwa 1000 Å sein. Da die Ausscheidungen durch Diffusion gebildet werden, läßt sich die durch Aushärtung erzielte Festigkeit nur bei relativ niedrigen Temperaturen nutzen. Bei Temperaturen, bei denen die Diffusion leicht vonstatten geht, wachsen nämlich die Ausscheidungen, und damit vergrößert sich der gegenseitige Abstand (vgl. Abschnitt 4.5). Unter schwingender Beanspruchung (d.h. unter Bedingungen, die zur Materialermüdung führen) kann die Festigkeit ebenfalls verloren gehen. Das rührt daher, daß Punktfehler, die während einer solchen Belastung gebildet werden, zu einer Verstärkung der Diffusion führen (vgl. z.B. *Kennedy* [25]).

Ein weiterer Nachteil der Erzeugung von Hindernissen für die Versetzungsbewegung durch Ausscheidung ist die Tatsache, daß sich das Gefüge an Stellen, die wirksame Quellen oder Senken für Leerstellen sind, verändern kann. Das ist besonders ausgeprägt bei Legierungen auf Aluminiumbasis, bei denen die Diffusion bei tiefer Temperatur, die zum Erzeugen einer feinen Verteilung der Ausscheidungen erforderlich ist, durch beim Abschrecken eingefrorene Leerstellen verstärkt wird. In diesem Fall unterscheiden sich die Eigenschaften in Bereichen an den Korngrenzen stark von denen im Inneren der Körner. Die Ausscheidungen sind in der Nähe der Korngrenzen normalerweise gröber, und entlang der Korngrenzen erstreckt sich ein Saum ausscheidungsfreien Materials (vgl. Tafel 1). Unter Umständen kann sich aber an den Korngrenzen auch eine kontinuierliche spröde Phase ausbilden, die die Legierung bruchanfällig macht. Das Verschwinden der Ausscheidungen entlang der Korngrenzen schränkt die Verwendbarkeit einiger hochfester Aluminiumlegierungen (z.B. Al mit Mg und Zn) ein, indem es sie spröde und anfällig für Spannungsrißkorrosion macht.

Die höchsten Werte der Fließgrenze, die bei Raumtemperatur allein durch Aushärtung, d.h. ohne nachfolgende Kaltverformung, erreicht werden, sind etwa 70 kp/mm^2 bei Aluminiumlegierungen (Al mit Zusätzen von Mg, Zn und Cu), etwa 115 kp/mm^2 bei Kupferlegierungen (Cu mit Be) und etwa 140 kp/mm^2 bei Nickelbasislegierungen (Nimonic-Legierungen). Nimmt man die Hälfte dieser Werte als die maximale Schubspannung, dann entspricht das für die betrachteten Fälle G/78, G/88 und G/108. Bei diesen hohen Prozentsätzen der theoretischen Festigkeit beginnt die unzureichende Bruchzähigkeit die nutzbare Festigkeit bei den Aluminiumlegierungen zu begrenzen (*Nock* und *Hunsicker* [3]). Diese Werkstoffe, und vor allem die Aluminiumlegierungen, haben Festigkeiten, die nennenswert zu überschreiten nicht mehr sinnvoll ist, weil man eine gewisse Duktilität des Materials benötigt, um eine hinreichende Kerbunempfindlichkeit zu gewährleisten.

Der größte Teil der Versagensfälle metallischer Teile in der Praxis wird jedoch nicht durch statische Überlastung verursacht sondern durch Materialermüdung, d.h. durch Versagen unterhalb der technischen Zugfestigkeit, hervorgerufen durch schwingende Belastung. Bei den Metallen rührt die Ermüdung her vom Auftreten geringen plastischen Fließens selbst bei Spannungen unterhalb der makroskopisch beobachtbaren Fließgrenze (vgl. die zusammenfassende Arbeit von *Kennedy* [25]). Das Versagen durch Ermüdung wird durch die umgebende Atmosphäre beeinflußt (*Wadsworth* [26]). Theoretisch ist das Problem der Materialermüdung noch nicht völlig geklärt. Ein Anheben der Wechselfestigkeit bei gegebener statischer Festigkeit eines Werkstoffs würde großen Nutzen bringen.

4.3. Hochfeste Stähle

Die üblichen hochfesten Stähle werden, soweit sie nicht in Drahtform Verwendung finden, durch Umwandlung des Austenits, der Kohlenstoff in gelöster Form enthält, in die metastabile tetragonale Martensitphase hergestellt (c/a nimmt dabei mit zunehmendem Kohlenstoffgehalt zu). Die Streckgrenze beim Martensit steigt mit wachsendem Kohlenstoffgehalt bis 0,4 % Kohlenstoff steil an. Bei höheren Gehalten nimmt sie weiterhin zu, der Anstieg ist aber weniger stark ausgeprägt. Bei den Stählen mit 0,4 % und mehr Kohlenstoffgehalt lassen sich durch Abschrecken sehr hohe Werte der Fließgrenze erreichen. Der so behandelte Stahl ist aber so spröde, daß er ohne eine Anlaßbehandlung, die zu einem duktilen aber weniger festen Material führt, nicht verwendet werden kann. Die hauptsächliche Ursache für die Festigkeitssteigerung ist der atomar verteilte Kohlenstoff

(*Winchell* und *Cohen* [21]). Andere Einflüsse, wie das Gefüge des Martensits, Ausscheidungshärtung bei tiefer Temperatur oder Mischkristallhärtung, die von anderen Legierungsbestandteilen herrührt, sind von geringerer Bedeutung. Die wichtigste Funktion der Legierungszusätze in den handelsüblichen martensitischen Stählen besteht darin, mit geringeren Abschreckgeschwindigkeiten ein rein martensitisches Gefüge bei größeren Werkstücken zu ermöglichen als bei einem reinen Kohlenstoffstahl. Nachdem eine Erhöhung des Kohlenstoffgehaltes über 0,4 % hinaus keinen nennenswerten Zuwachs an Festigkeit mehr bringt, während Bruchzähigkeit und Schweißbarkeit verringert werden, enthalten die meisten Stähle hoher Festigkeit nicht mehr als 0,4 % C. Die anderen Legierungszusätze sind Mangan, Silizium, Nickel, Chrom und Molybdän, wobei der Anteil der letzten drei Elemente bei zusammen etwa 2 bis 4 % liegt. Technische Zugfestigkeiten bis zu 175 kp/mm² werden erreicht.

Alle diese legierten Stähle zeigen eine Abnahme der Bruchzähigkeit, wenn sie bei Temperaturen zwischen 250 und 450 °C getempert werden. Das scheint zwar hauptsächlich von Verunreinigungen herzurühren (*Capus* und *Mayer* [27]), verhindert aber eine Wärmebehandlung in diesem Temperaturgebiet. Wärmebehandlung oberhalb 450 °C führt zu einem starken Abfallen der Streckgrenze, Anlassen unterhalb 250 °C zu keinem ausreichenden Abbau der durch das Abschrecken erzeugten Spannungen. Änderungen in der Zusammensetzung ermöglichen Wärmebehandlungen bei Temperaturen bis zu 300 °C, was zu einem besseren Abbau der inneren Spannungen führt, gleichzeitig auch die Senkung des Wasserstoffgehalts unterstützt und somit der Wasserstoffversprödung vorbeugt. Das wird hauptsächlich durch Erhöhung des Gehalts an Silizium und Molybdän, sowie durch Zulegieren von Vanadium und gelegentlich Bor erreicht. Auch Kobalt wird als Legierungszusatz verwendet, um höhere Anlaßtemperaturen zu ermöglichen.

Ist es notwendig, die Abschreckspannungen durch eine Anlaßbehandlung zwischen 500 und 600 °C gänzlich zu entfernen, dann werden Stähle eingesetzt, die Sekundärhärtung zeigen. Die Temperaturen, bei denen diese Stähle angewendet werden können, liegen ebenfalls höher. Diese Stähle enthalten höhere Mengen an Cr, Mo und V, wobei der Chromgehalt mindestens 5 % beträgt. Bei der Wärmebehandlung scheiden sich Karbide dieser Elemente aus, die durch den Mechanismus der Ausscheidungshärtung zu einer Steigerung der Fließspannung führen. Auf diese Weise können Festigkeiten bis zu 225 kp/mm² erreicht werden. Soweit sei hier die Entwicklung von hochfesten Stählen nach den konventionellen Methoden angedeutet (entsprechend der Übersicht von *Ineson* [28]).

Bei den modernen hochfesten Stählen wird neben der Festigkeitssteigerung durch Aushärtung die durch hohe Versetzungsdichten ausgenutzt. Die erste auf diesem Prinzip beruhende Methode wurde von *Zackay* und seinen Mitarbeitern (vgl. z.B. [29]) entwickelt und wird nach *Owen* [30] „austforming" oder „ausforming" (Austenitformhärten) genannt. Die Streckgrenze eines Stahls wird bei diesem Verfahren dadurch erhöht, daß man die Abschreckbehandlung unterbricht, den Stahl im austenitischen Zustand stark plastisch verformt und dann erst in Martensit umwandelt. Die Festigkeit nimmt nach Anlassen unterhalb 400 °C kaum ab. Nach dieser Behandlung zeigt der Stahl jedoch eine beachtliche Duktilität.

Die plastische Verformung des Austenits muß durchgeführt werden, ohne daß Zerfall in Perlit oder Bainit auftritt. Daher sind für eine solche Behandlung Stähle erforderlich, die einen gewissen Temperaturbereich haben, in dem der Austenit zwischen dem perlitischen und dem bainitischen Gebiet stabil ist. Der wirksamste Legierungszusatz, mit dem das erreicht werden kann, ist das Chrom und daher enthalten bisher die meisten austenitformhärtbaren Stähle mindestens 3 % Cr. Nach einer etwa 80 %igen Verformung bei einer Temperatur zwischen 400 und 600 °C (diese Temperatur hängt von der Zusammensetzung des Stahls ab) und einer Anlaßbehandlung nach dem Abschrecken bei der gleichen Temperatur, besitzen austenitformgehärtete Stähle Zugfestigkeiten bis zu 315 kp/mm². Dieser Wert wurde bei einem 3-prozentigen Cr-Ni-Si-Stahl erreicht. Derart hohe Festigkeiten werden erreicht durch den im Martensit gelösten Kohlenstoff, der sehr wesentlich erscheint, zusammen mit einer hohen Versetzungsdichte und Karbidausscheidungen. Stärkere Verformung erhöht die erreichbare Festigkeit. Die Festigkeit ist am höchsten, wenn die Verformung bei möglichst niedriger Temperatur erfolgt. Die Versetzungsdichte ist sehr hoch und sehr gleichmäßig. Während der Verformung werden Karbide gebildet, die ihrerseits zur hohen Versetzungsdichte beitragen, die durch die Verformung erzeugt wird. Die plastische Verformung selbst verstärkt die Diffusion und fördert die Karbidbildung. Die Erhöhung der Festigkeit bei den austenitformgehärteten Stählen gegenüber der der konventionellen Stähle rührt in der Hauptsache von der hohen Versetzungsdichte her (*Thomas, Schmatz* und *Gerberich* [31]). Die dafür nötige starke plastische Verformung ist einer der Nachteile des Austenitformhärtens. Dieser Nachteil fällt jedoch nicht ins Gewicht bei Gegenständen, die ihre Gestalt durch plastische Verformung erhalten. *Ineson* [28] führt Hinweise dafür an, daß das Austenitformhärten einige Versprödungseffekte beseitigt, die bei getemperten, niedrig legierten Stählen gefunden werden. Der Gedanke, plastische Verformung in anderen Stadien der γ-α-Umwandlung bei Stählen mit einer Wärmebehandlung zu koppeln, wird zur Zeit intensiv untersucht.

Alle der bisher beschriebenen Stähle haben für die praktische Anwendung den Nachteil, daß sie sich im harten Zustand nur schwer bearbeiten lassen, ferner sind sie schlecht schweißbar. Um einen sehr festen Stahl, der auch bei Anwesenheit von Kerben eine annehmbare Festigkeit aufweist, ohne einen Verformungsprozeß zu produzieren, erscheint es notwendig, die wichtigsten interstitiell gelösten Atome, Kohlenstoff und Stickstoff, zu entfernen und Härtung durch Ausscheidung von intermetallischen Verbindungen hervorzurufen. Rein austenitische rostfreie Stähle, bei denen Ausscheidungshärtung durch Zulegieren von Titan, Aluminium und Molybdän erzeugt wird, werden schon seit einiger Zeit verwendet. In den letzten Jahren ist jedoch mit dem Erzeugen von Ausscheidungen im kohlenstofffreien (und daher kubischen) Martensit ein neues Prinzip eingeführt worden (vgl. z.B. *Decker* [32]). Dieser Prozeß ist als „marageing" (Martensitaushärten) bekannt. Die Grundlegierung hierfür besteht aus Eisen mit 18 bis 25 % Nickel. Sie enthält weniger als 0,03 % Kohlenstoff, ferner werden ihr Kobalt, Molybdän, Titan, Aluminium und Niob zugefügt. Bild 4.3 zeigt die thermische Hysterese, die man für die γ-α-Umwandlung bei diesen Legierungen findet. Weiterhin ist die berechnete Temperatur eingezeichnet, bei der die freie Energie von Austenit und Ferrit gleich ist. Bei 18 % Nickelgehalt

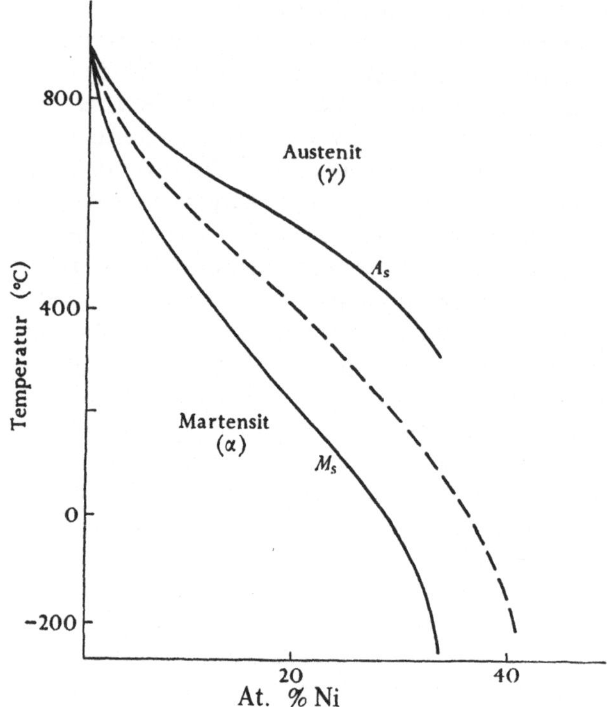

Bild 4.3
Die Umwandlung von Austenit in Martensit und umgekehrt beginnt bei Abkühlung bei M_s und bei Erhitzung bei A_s für eine Temperaturänderung von 5 °C pro Minute. Die gestrichelte Kurve gibt die berechnete Temperatur, bei der die freien Energien von Austenit und Martensit gleich sind (nach *Owen* [30]).

beträgt diese Temperatur weniger als 400 °C, so daß bei Luftabkühlung aus dem γ-Gebiet vor der diffusionslosen Umwandlung zwischen 150 und 220 °C (je nach Zusammensetzung) keine nennenswerte Phasenentmischung stattfindet. Daher ist kein Abschrecken notwendig, und diese Legierungen lassen sich auch bei großen Querschnitten im voll martensitischen Zustand herstellen. Beim Anlassen kann sich zwischen etwa 400 und 550 °C der Martensit durch Diffusion in die γ-Phase umwandeln. Da die Ausscheidungsprozesse jedoch wesentlich schneller verlaufen, ist es möglich, auf maximale Festigkeit anzulassen bevor nennenswerte Mengen von Austenit gebildet werden.

Die Art des so gebildeten Martensits hängt von der Abkühlgeschwindigkeit und der Legierungszusammensetzung ab. In jedem Fall ist aber eine hohe Versetzungsdichte vorhanden. Der wesentliche Mechanismus bei der Festigkeitsteigerung scheint die Ausscheidungshärtung zu sein. Ist der Titangehalt hoch (etwa 6 %), dann scheidet sich Ni_3Ti aus, in Legierungen mit etwa 5 % Molybdän bestehen die Ausscheidungen aus Ni_3Mo (*Speich* [33]). Der mögliche Volumenanteil der Ausscheidungen ist offensichtlich hoch. Dementsprechend beobachtet man auch eine hohe Dichte ausgeschiedener Teilchen. Ordnungsumwandlung in der Legierung kann die Streckgrenze ebenfalls erhöhen.

Die höchste bisher in unverformtem martensitausgehärtetem Stahl mit 18% Ni erreichte Festigkeit[1]) beträgt etwa 190 kp/mm². Proben mit dieser Festigkeit zeigen im

---

[1]) Anmerkung des Herausgebers: Heute werden bei ähnlichen Legierungen Festigkeiten bis zu etwa 250 kp/mm² erreicht.

Zugversuch eine Einschnürung bis auf 50 % des ursprünglichen Querschnitts, so daß man hohe Werte für G_c erhält. Obgleich martensitausgehärtete Stähle nach Abkühlung in Luft nicht besonders weich sind, beobachtet man bei ihnen nur eine geringe Verfestigung. Aus diesem Grund können sie stark kaltverformt werden, ohne daß Anlaßbehandlungen nötig sind. Das erleichtert die Herstellung von Blechen, Bändern und Drähten und macht auch andere Umformungsmethoden gut anwendbar. Die Kaltverformung bringt auch eine deutliche Erhöhung der Streckgrenze bei nachfolgender Martensitaushärtung mit sich, so daß Werte bis zu 230 kp/mm^2 erreicht werden können. Aufgrund des niedrigen Kohlenstoffgehalts ist dieser Werkstoff außerordentlich gut schweißbar. Martensitausgehärte Stähle können weit oberhalb Raumtemperatur eingesetzt werden, da die Aushärtungstemperatur über 480 °C liegt. Obgleich die Bruchzähigkeit sehr hoch ist, verfestigen sich diese Legierungen relativ wenig. Streckgrenze und Zugfestigkeit liegen also bei diesen Legierungen relativ nahe beieinander. Das normalerweise vom Ingenieur benutzte Kriterium für die konstruktive Anwendbarkeit, nämlich ein hoher Wert für das Verhältnis von Zugfestigkeit zu Streckgrenze ist somit hier nicht anwendbar (*Ineson* [28]). Der wirklich entscheidende Punkt ist der hohe Wert von G_c.

Der Nachteil bei den hochfesten martensitaushärtenden Stählen liegt in ihrer geringen Korrosionsbeständigkeit und ihrer immer noch vorhandenen Neigung zur Wasserstoffversprödung, die man auch bei niedrig legierten Stählen beobachtet. Ihr Elastizitätsmodul ist etwas geringer als der konventioneller Stähle, ferner ist ihre Dichte etwas höher, so daß ihr spezifischer Elastizitätsmodul geringer ist. Weiterhin gelten martensitaushärtende Stähle bei Stahlherstellern und -verbrauchern als teuer. Aus diesem Grund hat man nach weniger teuren Werkstoffen gesucht, und kürzlich wurde ein neuer Stahl hergestellt, der 10 % Al, 25 % Mn und 1 % C enthält (Brit. Patent No. 841 366), eine Festigkeit von 183 kp/mm^2 aufweist und eine für praktische Zwecke hinreichend hohe Duktilität besitzt. Seine Dichte beträgt nur 85 % von der eines konventionellen Stahls.

4.4. Hochfeste Drähte

In Tabelle 4, Anhang A, ist eine Reihe von heute verfügbaren hochfesten Drähten aufgeführt. Alle werden durch Kaltziehen hergestellt. Nur im Fall des Stahldrahts wurde das Gefüge gründlich untersucht (*Embury* und *Fisher* [34]). Der festeste Stahldraht wird aus einem Kohlenstoffstahl mit 0,9 % C (das entspricht etwa der eutektoiden Zusammensetzung) hergestellt, der zusätzlich etwa 0,4 % Mangan und 0,2 % Silizium enthält. Das Material wird einige Minuten lang bei 1000 °C geglüht und so in den austenitischen Zustand gebracht und dann bei 500 °C in feinen Perlit (eine lamellare Mischung aus Ferrit und Zementit, Fe_3C) überführt. In diesem Zustand beträgt der Abstand zwischen den einzelnen Lamellen im Perlit etwa 700 Å, die Perlitkolonien sind nicht ausgerichtet[1]).

---

[1]) Dieser Prozeß ist unter dem Namen „Patentieren" bekannt. Der nachfolgende Ziehvorgang findet bei Raumtemperatur statt.

Nach dem Ziehen auf eine wahre Dehnung von etwa 0,7 sind die Zementitplatten in der Ziehrichtung ausgerichtet. Dieses Ausrichten wird erreicht durch Gleitung in den Fe_3C-Lamellen, die von Anfang an parallel zur Ziehrichtung lagen, und durch Bruch und Gleitung in den anderen. Nach dem Ziehen auf eine wahre Dehnung von 3 besteht der Draht aus „Zellen", die in ihrem Inneren weitgehend frei von Versetzungen sind, während man in den „Zellwänden" eine hohe Versetzungsdichte findet. Diese Zellen sind in Richtung der Drahtachse stark gestreckt. Ihr Durchmesser quer zur Drahtachse beträgt 100 bis 200 Å und verringert sich mit steigender Zugverformung. Während des Ziehens ist die 0,2 %-Dehngrenze umgekehrt proportional zur Wurzel des Drahtdurchmessers. Ein wesentlicher Punkt bei den Beobachtungen von *Embury* und *Fisher* [34] ist die Tatsache, daß sich bei dem durch das Ziehen entstehenden Gefüge der Zelldurchmesser quer zur Drahtachse beim weiteren Ziehen proportional zur Verminderung des Drahtdurchmessers verringert. *Embury* und *Fisher* [34] sind der Meinung, daß beim Ziehen keine neuen Hindernisse für die Versetzungsbewegung entstehen und somit der Abstand der Zellwände quer zur Drahtachse d kontinuierlich kleiner wird. Man kann also schreiben

$$\frac{d_0}{d_\epsilon} = \frac{D_0}{D_\epsilon} \, .$$

Dabei ist D der Drahtdurchmesser, und die Indizes bezeichnen die Maße vor dem Ziehen und bei einer wahren Dehnung ϵ. Da $\epsilon = 2 \ln (D_0/D_\epsilon)$ ist, gilt

$$\frac{d_0}{d_\epsilon} = \exp\left(\frac{\epsilon}{2}\right). \tag{4.7}$$

Als Beziehung zwischen dem Abstand der Zellwände d und der 0,2 %-Dehngrenze beim gezogenen Draht findet man

$$\sigma_{0,2} = \sigma_i + kd^{-1/2},$$

also eine Gleichung der Art von Gl. (4.3). Zusammen mit Gl. (4.7) ergibt sich die 0,2 %-Dehngrenze als Funktion der Verformung zu

$$\sigma_{0,2} = \sigma_i + \frac{k}{d_0^{1/2}} \exp\left(\frac{\epsilon}{4}\right). \tag{4.8}$$

σ_i ist eine Konstante. Der Wert von k ist $3,1 \text{ kp/mm}^{-3/2}$, wenn man für d_0 den ursprünglichen Lamellenabstand im Perlit von etwa 700 Å nimmt.

Bild 4.4 zeigt die Auftragung der 0,2 %-Dehngrenze gegen $\exp(\epsilon/4)$ für eine Reihe von gezogenen und rundgehämmerten ferritischen Werkstoffen. Gl. (4.8) scheint gut erfüllt zu sein. Für Werkstoffe wie reines Eisen gilt diese Beziehung nur bei Verformungen, die größer sind als diejenigen, bei denen sich eine stabile Zellstruktur gebildet hat, was durch elektronenmikroskopische Beobachtungen bestätigt wird. Als Wert von d_0 muß dann der Zelldurchmesser beim Erreichen einer stabilen Zellstruktur genommen werden.

Aus Gl. (4.8) und Bild 4.4 geht hervor, daß mit feinem Perlit als Ausgangsmaterial wesentlich höhere Festigkeiten erreicht werden als mit anderem ferritischem Material, weil beim feinen Perlit die Größe d_0, die vom Abstand der Zementitlamellen bestimmt

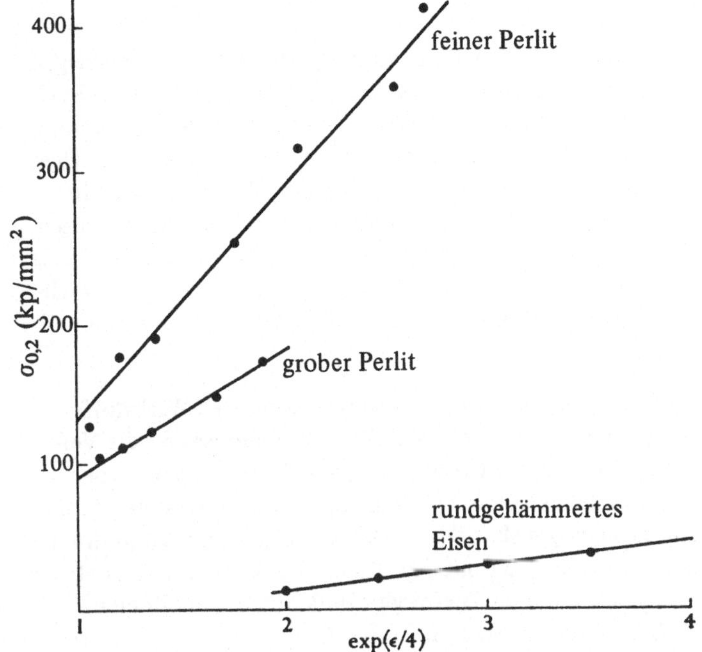

Bild 4.4
Der Verlauf der 0,2%-
Grenze in Abhängigkeit
von der Größe exp(ϵ/4)
für gezogenen Perlit und
rundgehämmertes Eisen.
ϵ ist die wahre Dehnung.
(Nach *Embury* und *Fisher*
[34]).

ist, sehr viel kleiner ist. Um also bei gegebener Verformung die größte Festigkeit zu erreichen, sollte d_0 so klein wie möglich sein. Ist d_0 bestimmt durch das Vorhandensein einer zweiten Phase, dann muß diese Phase, wie *Embury* und *Fisher* [34] zeigen, zu plastischer Verformung fähig sein, damit der Werkstoff als ganzes stark verformt werden kann, ohne zu Bruch zu gehen. Wie wesentlich dieser Punkt ist, wurde allerdings experimentell noch nicht bestimmt. Im Falle des Berylliums wurde durch Zusetzen von 2 % BeO die erreichbare Festigkeit um 10 bis 15 % erhöht. ThO_2-Dispersionen in Wolfram erhöhen die Festigkeit ebenfalls ein wenig. Die in Tabelle 4, Anhang A angegebene Festigkeit von β-Titandraht entspricht einer Zugspannung von E/53, was dem von patentiertem Stahldraht erreichten Zahlenwert E/48 sehr nahe kommt. Bei anderen hochfesten Drähten sind derartige Festigkeiten noch nicht erreicht worden. Fortschritte in dieser Richtung können erzielt werden durch das Einbringen von Dispersionen die zur Ausbildung eines kleinen Werts von d_0 führen. Das erscheint besonders wesentlich, wenn man bedenkt, daß patentierte Stahldrähte zur Erzielung einer Festigkeit von 420 kp/mm^2 einer Querschnittsverminderung von 98 % unterzogen werden, was einer wahren Dehnung von 4,2 entspricht.

Die hochfesten Drähte, die in Tabelle 4, Anhang A aufgeführt sind, zeigen plastische Verformung vor dem Versagen. Im Fall des Stahldrahts ergibt sich im Zugversuch eine Querschnittsverminderung um 20 %, ferner verfestigt sich auch das Material. Aus diesem Grund sind die Festigkeitswerte gut reproduzierbar. Hochfester Stahldraht hat eine deutliche Neigung, in Gegenwart von Wasserstoff zu verspröden. Weiterhin ist er auch in seinen Abmessungen nicht ganz gleichmäßig. Andere hochfeste Drähte können ähnliche Fehler haben. Die Herstellung hochfester Drähte ist jedoch ein leicht realisierbarer, wenn auch nicht billiger Weg, um zu festen Fasern mit gut reproduzierbarer Festigkeit zu gelangen.

4.5. Metalle bei hohen Temperaturen

Obgleich die Metalle im Einsatz bei hohen Temperaturen gewisse Schwächen zeigen (hoher Dampfdruck, mangelnde Beständigkeit gegenüber Sauerstoff, gegenüber dem Stickstoff der Luft und unter Umständen gegenüber Kohlenstoff und Schwefel bei Anwendungen in der chemischen Technologie) sind sie dennoch die wichtigsten Werkstoffe zur Übertragung von Zugspannungen bei hohen Temperaturen. Da dies eines der Gebiete ist, in denen Verbesserungen die Möglichkeit zu schnellem technologischem Fortschritt bringen könnten, erscheint es sinnvoll, die vorliegenden Grenzen zu untersuchen. Wenn auch viele Metalle Oxidschichten ausbilden, die einen gewissen Korrosionsschutz bieten, ist es wichtig, festzustellen, daß andere Oxide, wie z.B. Bleioxid, als Flußmittel wirken können und den Schutz bei hohen Temperaturen mindern.

Für Hochtemperaturanwendungen muß das Gefüge des verwendeten Werkstoffs außerordentlich stabil sein. Kleine dispergierte Teilchen, die als Hindernisse für die Versetzungsbewegung wirken, müssen ihre geringe Größe und ihren kleinen Abstand voneinander auch bei hohen Temperaturen beibehalten. Probleme dieser Art werden meist mit Hilfe der Thomson-Freundlich-Beziehung diskutiert, die den Gleichgewichtsdampfdruck π um einen kugelförmigen Tropfen vom Radius r mit dem Dampfdruck π_0 über einer ebenen Fläche miteinander verknüpft. Mit elementarer Thermodynamik erhält man für eine Flüssigkeit mit Molvolumen V bei der absoluten Temperatur T

$$\ln \left(\frac{\pi}{\pi_0} \right) = \frac{2\,V\,\gamma_g}{r\,RT} \; .$$

R ist die Gaskonstante und γ_g die Grenzflächenenergie zwischen flüssiger und gasförmiger Phase. Für einen gelösten Stoff, der dem Henryschen Gesetz gehorcht, ist π proportional der Gleichgewichtskonzentration C_0 des gelösten Stoffs, und deshalb kann man für die letzte Gleichung auch schreiben

$$\ln \left(\frac{c_r}{c_0} \right) = \frac{2\,V\,\gamma_g}{r\,RT} \; . \tag{4.9}$$

Daraus sieht man, daß die Löslichkeit in der Nähe eines Teilchens mit Radius r höher ist als in der Nähe eines „Teilchens" mit unendlich großem Radius. Die höhere Konzentration in der Umgebung kleiner Teilchen läßt Diffusionsströme entstehen, die zum Verschwinden der kleinen und zum Wachsen der größeren Teilchen führen. Aus Gl. (4.9) folgt, daß für einen gelösten Stoff mit der relativen Molekularmasse 50 und Dichte 7 g/cm^3 eine freie Grenzflächenenergie von 500 erg/cm^2 bei 1000 K eine Erhöhung der Löslichkeit von 42 % in der Nähe eines Teilchens mit 25 Å Radius hervorruft. Die Diffusionsgeschwindigkeit des gelösten Stoffs zwischen kleineren und größeren Teilchen wird bestimmt vom Diffusionskoeffizienten und dem Teilchenabstand. Die Geschwindigkeit, mit der der Vergröberungsprozeß der Teilchen anfänglich abläuft, hängt offensichtlich vom Größenunterschied benachbarter Teilchen ab. Spezielle Beziehungen für die zeitliche Änderung der mittleren Teilchengröße wurden aufgestellt, und ihre Anwendbarkeit wurde experimentell überprüft (*Speich* und *Oriani* [35]).

Um Festigkeit bei hoher Temperatur zu erhalten, muß man also danach trachten, die Größe γ_g möglichst klein zu machen. Das kann man erreichen, indem man dafür sorgt, daß die Ausscheidungen voll kohärent sind[1]. Weiterhin muß der Diffusionskoeffizient gering und c_0 so niedrig wie möglich sein. Darüberhinaus ist es zum Erreichen hoher Festigkeit notwendig, den Volumanteil der dispergierten Teilchen so zu wählen, daß der gegenseitige Abstand der Teilchen nach Möglichkeit 1000 Å oder weniger beträgt. Daraus folgt normalerweise eine geringe Größe für den Teilchenradius r ($\sim$ 100 Å). Ferner ist zweifellos eine möglichst gleichmäßige Teilchengröße vorteilhaft. Da die Löslichkeit auch bei hoher Temperatur meist nicht sehr groß ist, wenn sie bei niedriger Temperatur gering ist, bedeutet die gleichzeitige Forderung von kleinem c_0 und hohem Volumenanteil für die Ausscheidung, daß andere Methoden als die Bildung von Ausscheidungen zum Erzeugen einer stabilen Verteilung herangezogen werden müssen.

Die Festigkeit aller in Abschnitt 4.3 erwähnten Stähle fällt bei Temperaturen zwischen 500 und 600 °C rasch ab. Zusätzlich verringert sich auch der Elastizitätsmodul des Eisens bei höheren Temperaturen sehr stark, bei 830 °C beträgt er nur noch 12,6 · 10^3 kp/mm^2. Aus diesem Grund werden hoch legierte Stähle und in besonderem Maß auch Legierung auf der Basis von Nickel, Kobalt und Chrom eingesetzt oder im Hinblick auf einen zukünftigen Einsatz intensiv untersucht. Als empirisches Kriterium für die Anwendbarkeit wird oft die maximale Temperatur benutzt, bei der ein Werkstoff eine Zugspannung von etwa 14 kp/mm^2 100 Stunden lang aushält, ohne zu Bruch zu gehen (vgl. z.B. *Decker* und *DeWitt* [36]).

Hochtemperaturfeste Legierungen auf Eisenbasis enthalten üblicherweise etwa 15 % Cr, um eine gewisse Korrosionsbeständigkeit zu erreichen, und bis zu 25 % Ni, um eine austenitische Struktur zu gewährleisten. Die meisten dieser Stähle enthalten außerdem Al und Ti, um die Festigkeit durch die Ausscheidung von Ni$_3$(Al, Ti) zu erhöhen. Mit solchen Legierungen lassen sich bei einer Temperatur von etwa 800 °C Festigkeiten von mehr als 35 kp/mm^2 erreichen. Legierungen mit Kobalt als Grundmetall enthalten Mo, W, Ta und Nb, die für Mischkristallhärtung und auch ein gewisses Maß an Karbidausscheidung sorgen. Die höchsten mit diesem Legierungstyp erreichbaren Temperaturen unter eine Belastung von 14 kp/mm^2 liegen in der Nähe von etwa 930 °C. Legierungen auf Chrombasis leiden unter der Neigung, Nitride zu bilden. Darüber hinaus verdampfen sie leicht bei Temperaturen oberhalb 1000 °C. Die Legierungen mit Chrom als Grundmetall besitzen außerdem sehr hohe Übergangstemperaturen duktil-spröde, nämlich 150 bis 200 °C. Höhere Betriebstemperaturen als mit allen anderen Legierungen lassen sich mit solchen auf Nickelbasis erreichen. Die wichtigsten technischen Legierungen enthalten 15 bis 20 % Cr. um eine gute Oxidationsbeständigkeit zu gewährleisten, bei manchen sind bis zu 30 % des Nickels durch Co ersetzt. Die höchste Steigerung der Festigkeit wird durch Zusatz von Al und Ti erreicht, die mit dem Grundmetall Ni zusammen Ausscheidungen von Ni$_3$(Al, Ti) bilden. Weitere Festigkeitssteigerungen lassen sich mit Mo, Nb und W erzielen, die Karbide bilden (diese Legierungen enthalten bis zu 0,2 % C). Die so erreichten Festigkeiten gehen bis zu 140 kp/mm^2 bei Raumtemperatur. Derartige Legierungen haben bei 1000 °C eine 100 h-Zeitstandfestigkeit von mehr als 14 kp/mm^2.

---

[1]) Eine voll kohärente Ausscheidung liegt dann vor, wenn sich bei Vernachlässigung des Unterschieds der Atomarten alle Burgersumläufe, die durch Matrix und Ausscheidung gehen, schließen.

Diese Nickelbasislegierungen enthalten einen hohen Volumenanteil an Ausscheidungen, etwa 40 %. Die Ausscheidungen haben ein Atomvolumen, das bis auf etwa 1 bis 3 % dem der Matrix entspricht, so daß sie normalerweise mit der Matrix kohärent sind. Die Größe γ_g in Gl. (4.9) ist also gering. Die Ausscheidungen sind geordnet, und damit hängt wahrscheinlich auch die erreichte Festigkeit zusammen.

Bei all den hier beschriebenen Legierungen ist die festigkeitssteigernde Komponente eine Ausscheidung, die sich bei hoher Temperatur auflöst. Ideal stabile Hindernisse für die Versetzungsbewegung wären die inhärent festen Substanzen (Abschnitt 3). Eine Dispersion eines solchen Stoffes mit einem wesentlich höheren Schmelzpunkt, als ihn die Metalle besitzen, wäre, falls gleichzeitig eine geringe Löslichkeit vorliegt (niedriges c_0 in Gl. (4.9)), das ideale Hindernis für die Versetzungsbewegung bei hohen Temperaturen. Viele Oxide erfüllen diese Bedingungen und können, wenn sie fein verteilt sind, die Versetzungsbewegung bis zu Temperaturen nahe am Schmelzpunkt des Metalls wirksam behindern. Beispiele hierfür sind Al_2O_3 in Aluminium (*Bloch* [37]) und Dispersionen von Al_2O_3 und SiO_2 in Kupfer (*Preston* und *Grant* [38]). Neuerdings ist es auch gelungen, eine sehr wirksame Dispersion von ThO_2 in Nickel herzustellen, indem man eine gleichmäßige Mischung kolloidaler Oxide des Nickels und des Thoriums bereitete und anschließend das Nickeloxid zum Metall reduzierte (*Alexander* und *Pasfield* [39]; *Worn* und *Marton* [40]). Der Volumanteil an ThO_2 beträgt etwa 2 %, der Teilchendurchmesser liegt zwischen 100 und 1000 Å. Die Mehrzahl der Teilchen hat einen Durchmesser, der näher bei der kleineren Zahl liegt. Die größeren Teilchen machen jedoch den größeren Volumanteil aus. Der mittlere Teilchenabstand in einer Ebene beträgt etwa 2800 Å. Nach Gl. (4.5) wird dann die Scherfließspannung bei Raumtemperatur 10 kp/mm², was um weniger als einen Faktor 2 vom experimentell beobachteten Wert abweicht (vgl. *von Heimendahl* und *Thomas* [41]). Diese Fließspannung ist für Raumtemperatur nicht sehr hoch. Bei hohen Temperaturen (etwa 1100 °C) ist dieses Material jedoch den Legierungen auf Nickelbasis überlegen (Bild 4.5). Es zeigt eine Festigkeit von E/1000 bei einer Temperatur, die 80 % der Schmelztemperatur entspricht.

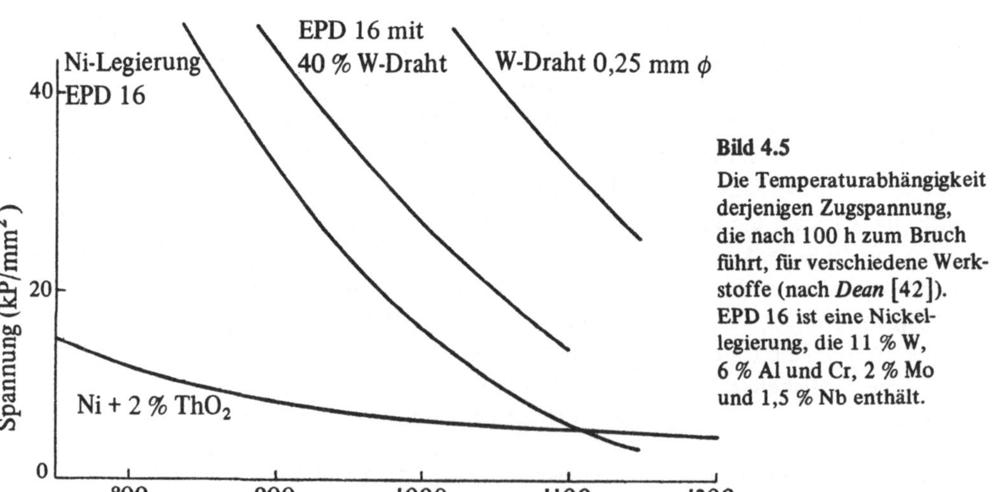

Bild 4.5
Die Temperaturabhängigkeit derjenigen Zugspannung, die nach 100 h zum Bruch führt, für verschiedene Werkstoffe (nach *Dean* [42]). EPD 16 ist eine Nickellegierung, die 11 % W, 6 % Al und Cr, 2 % Mo und 1,5 % Nb enthält.

4.6. Verfestigung

Die Spannung-Dehnung-Kurve einer Legierung mit voll kohärenten Ausscheidungen, die von den Versetzungen durchschnitten werden, unterscheidet sich deutlich von der einer Legierung mit Teilchen aus einem inhärent festen Material, die sich in den ersten Stadien der Verformung nicht mit der Matrix verformen. In ersten Fall ähnelt der Verlauf der Verfestigung (die Steigung $\frac{d\sigma}{d\epsilon}$ der Spannung-Dehnung-Kurve) bei plastischer Verformung der des reinen Metalls. Im Fall einer Legierung gibt es normalerweise ein geringes Ansteigen, was auf gelöste Atome zurückzuführen ist, die die Stapelfehlerenergie ändern. Zusätzlich können auch kleine Effekte auftreten, die von den Änderungen der Form der Ausscheidung und der Art der Grenzfläche zwischen Matrix und Ausscheidung infolge des Durchwanderns der Versetzungen durch die Ausscheidung herrühren (vgl. *Kelly* und *Nicholson* [13]).

Sind nicht-verformbare Teilchen vorhanden, und nehmen diese einen genügend großen Volumanteil ein, dann wird die Spannung, bei der das Material zu fließen beginnt, durch den Abstand zwischen den Teilchen bestimmt (*Ashby* [43]; *Lewis* und *Martin* [44]). Ihr Betrag entspricht bis auf einen Faktor kleiner als zwei dem, den man aus Gl. (4.5) berechnet. Die Verfestigung ist jedoch sehr viel größer als die an der Matrix allein gefundene. Die Versetzungsdichte nimmt mit der Verformung sehr schnell zu. Beispiele für das Verhalten einer Legierung, die verformbare oder nicht-verformbare Teilchen enthält, sind in Bild 4.6 gezeigt. Sind nicht-verformbare Teilchen vorhanden, deren gegenseitiger Abstand weit unterhalb von 1 μm liegt, dann beobachtet man keine Gleitlinien an der Oberfläche, und Gleitung in mehreren Gleitsystemen tritt auf vom Beginn der Verformung an.

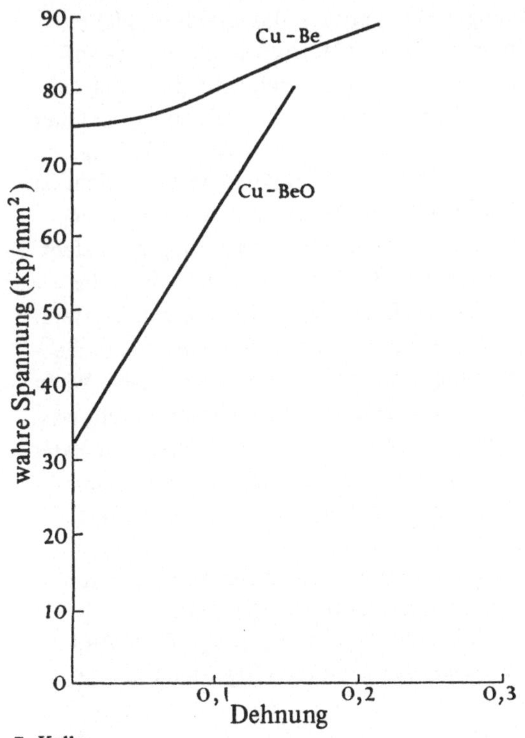

Bild 4.6

Die Spannung-Dehnung-Kurve ist 77 K für einen ausgehärteten Cu-Be-Einkristall mit 20 Vol.-% an Ausscheidungen, die durch Versetzungen abgeschert werden, und die entsprechende Kurve bei gleicher Temperatur für einen Kristall mit 2,8 % BeO, das sich nicht verformt (nach *Kelly* [45]).

Bei dieser Art von Verfestigung findet man Hinweise auf die folgenden Effekte:

1. Die Teilchen stehen unter hohen elastischen Spannungen (*Wilson* [46]).

2. An den Teilchen baut sich ein dichtes Versetzungsnetzwerk auf. Es bildet sich eine Zellenstruktur, bei der die Teilchen vorwiegend in den Zellwänden aufzufinden sind (Tafel 4). Die Größenverhältnisse bei der Zellenstruktur hängen zusammen mit dem Teilchenabstand.

3. Die Verfestigung scheint für plättchenförmige Teilchen größer zu sein als für kugelförmige.

4. Die Verfestigung steigt mit zunehmendem Volumanteil der Teilchen und bei gegebenem Volumanteil mit fallendem Teilchenabstand (vgl. *Kelly* und *Nicholson* [13]).

Werden die in einer derartigen Legierung anwesenden Teilchen herauspräpariert, dann zeigt sich, daß sie eine hohe Festigkeit besitzen (*Webb* und *Forgeng* [47]). Das erwartet man auch, weil sie Abmessungen haben, die denen von Whiskers entsprechen, und oft versetzungsfrei sind. Die erste der oben genannten Beobachtungen zeigt, daß die Teilchen als elastisch verspannte Einschlüsse nicht nur als Hindernisse für die Versetzungsbewegung wirken, sondern auch einen Beitrag zum Tragen der Last leisten. Alle diese Beobachtungen deuten darauf hin, daß durch die direkte Nutzung der Tragfähigkeit der hochfesten Teilchen große Festigkeiten erzielt werden könnten, falls ein großer Volumanteil solcher Teilchen, mit theoretischer Schubspannung weit über der des Metalls, vorhanden wäre. Mit Teilchen von einer Form, bei der die Abmessungen in allen drei Raumrichtungen in der gleichen Größenordnung liegen, läßt sich das allerdings nicht erreichen, da beim Verformen dieses Verbundmaterials in der Matrix eine Spannung auftritt, die der im Teilchen etwa entspricht. Man muß dann damit rechnen (vgl. [13]), daß die Matrix wegen Erreichens ihrer theoretischen Schubspannung oder mit Hilfe von Quergleitprozessen in der Matrix um die Teilchen herumfließt, oder aber daß die Bindung zwischen Teilchen und Matrix aufreißt, bevor im Teilchen die Bruchfestigkeit erreicht ist. Der einzige Weg, bis zum Bruch der hochfesten Teilchen zu kommen und damit zu erreichen, daß sie ihre volle Tragfähigkeit zur Festigkeit des Werkstoffes beitragen, besteht darin, für eine faser- oder plattenartige Form zu sorgen. In diesem Fall muß dann das Fließen der Matrix parallel zur Faserrichtung zum Bruch der Fasern führen, vorausgesetzt, diese sind hinreichend lang. Das rührt daher, daß das Fließen der Matrix, auch wenn die Scherfestigkeit der Matrix begrenzt ist, eine Reibungskraft auf das Teilchen ausübt. Wenn das Teilchen lang genug ist, muß diese Kraft schließlich zum Bruch der Faser führen, was auch tatsächlich beobachtet wird (*Herzberg* und *Kraft* [48]). Das ist das Prinzip der Faserverstärkung, auf das, soweit dem Autor bekannt ist, für metallische Matrixmaterialien *Cottrell* [49] als erster hingewiesen hat. Das Ziel beim Herstellen eines derartigen Werkstoffs ist nicht, das Fließen der Matrix gänzlich zu verhindern, sondern vielmehr dafür zu sorgen, daß das Fließen nur parallel zu der Faser leicht vor sich gehen kann, damit die faserförmigen Teilchen belastet werden und ihren vollen Beitrag zur Festigkeit leisten können. Das Prinzip der Faserverstärkung wird in Kapitel 5 näher dargelegt. Dort wird der Abstand zwischen den Fasern außer acht gelassen. Als plastische Eigenschaften der

Matrix werden die des Matrixmaterials ohne dispergierte Teilchen angesehen. Der vorliegende Abschnitt zeigte jedoch die Verbindung zwischen Faserverstärkung und Ausscheidungs- bzw. Dispersionshärtung. Damit ändern sich die Eigenschaften der Matrix, wenn die Fasern wesentlich geringere Abstände voneinander haben als der üblicherweise in Metallen beobachteten Gleitbandlänge (in den meisten Fällen 1 bis 50 μm) entspricht. Sind die Faser-Faser-Abstände gering, dann darf man nur für den Fall, daß die Matrix über fünf unabhängige Gleitsysteme und eine hinreichende Flexibilität der Gleitung (Abschnitt 3.3) in Bereichen verfügt, die klein gegenüber dem Faser-Faser-Abstand sind, annehmen, daß sie sich so verhält, wie das in Kapitel 5 vorausgesetzt wird. Sind diese Bedingungen erfüllt, dann kann man Fließen im wesentlichen parallel zu den Fasern annehmen, wie immer auch die kristallographischen Einzelheiten der Gleitbewegungen aussehen mögen.

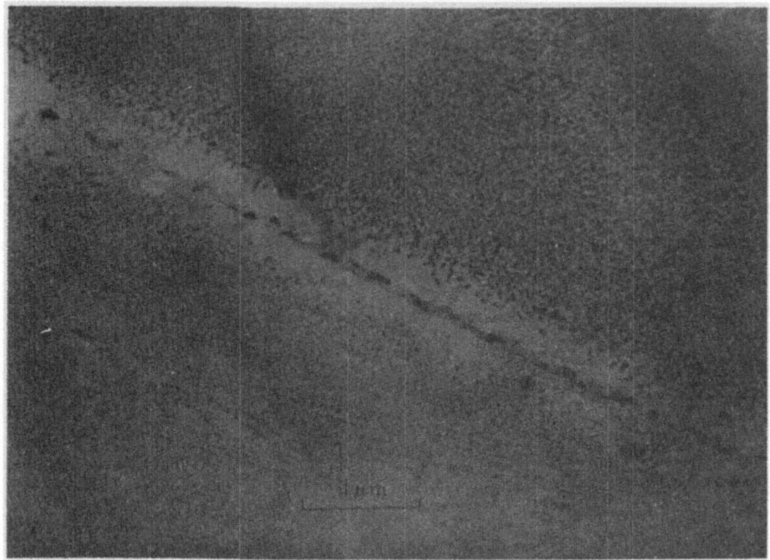

Tafel 1 Elektronenmikroskopische Aufnahme einer Korngrenze und ihrer Umgebung in einer Aluminiumlegierung, die 6 % Zink und 3 % Magnesium enthält. Eine Wärmebehandlung von 3 h bei 180 °C erzeugt an den Korngrenzen eine Zone, die frei von Ausscheidungen ist.

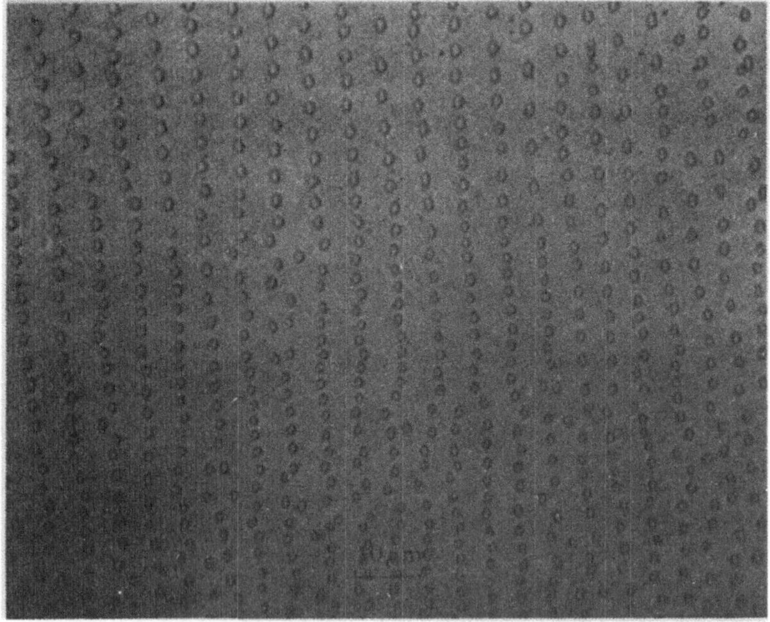

Tafel 2 Ein Schnitt quer zur Erstarrungsrichtung an einer Kupfer-Chrom-Legierung mit eutektischer Zusammensetzung. Bei der Erstarrung entstanden ausgerichtete Stäbchen aus Chrom in einer Kupfermatrix.

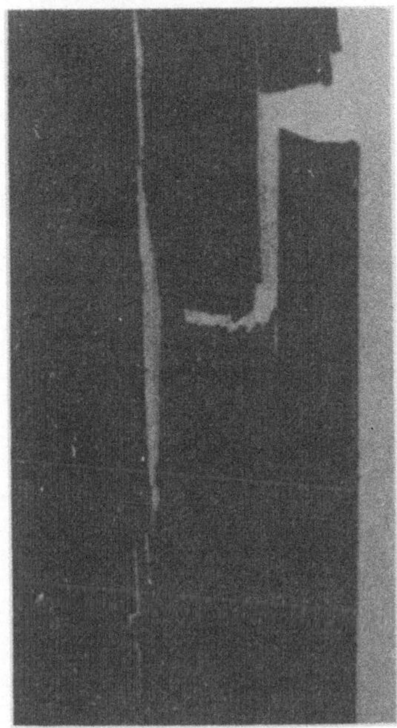

Tafel 3 Bruchverhalten an der Spitze einer Kerbe in Kupfer, das ausgerichtete SiO_2-Fasern enthält. Die Kerbe hat sich nicht seitlich weiter ausgebreitet; statt dessen spaltet das Material längs der Faserrichtung.

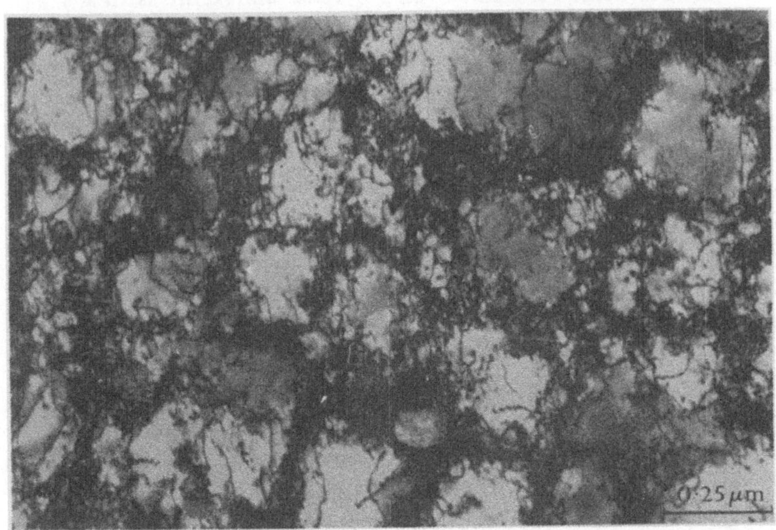

Tafel 4 Zellenstruktur, die sich aus einem Netzwerk von Versetzungen gebildet hat. Die Zellwände enthalten SiO_2-Partikel. Die Probe besteht aus vielkristallinem Kupfer mit einem Zusatz von 2,6 Vol.-% SiO_2. Sie wurde bei 77 K im Zugversuch um 34 % verformt.

5. Verstärkung durch Fasern

Die Bruchfestigkeit der Gläser und der inhärent festen Stoffe wird bei niedrigen Temperaturen stark beeinflußt von der Anwesenheit von Rissen. Ein parallel ausgerichtetes Bündel von Fasern aus diesen Stoffen ist weit weniger rißanfällig als ein monolithisches Stück mit der gleichen Form. Das hat seinen Grund ganz eindeutig in der Geometrie, die sicherstellt, daß Risse entweder sehr kurz sind, nämlich die quer zur Faserrichtung, oder aber parallel zur Faser laufen und somit harmlos sind. Im Prinzip kann man also einen Körper von hoher und gut reproduzierbarer Festigkeit herstellen, indem man Lagen von Fäden des festen Materials in der Form eines parallelen Bündels zusammenfügt. Seile aus Hanf- und Flachsfasern werden auf diese Weise hergestellt. Die Festigkeit in einer Richtung senkrecht zur Faserachse ist jedoch nicht groß, weshalb Seile nur für Zugbelastung parallel zur Faserrichtung benutzt werden können.

Die einzelnen Fasern müssen auf irgendeine Weise zusammengehalten werden. Bei natürlichen Fasern wie Flachs, oder bei synthetischen Polyesterfasern läßt sich das leicht bewerkstelligen, indem man die einzelnen Fasern zu einem Seil zusammendreht. Wenn nun das Seil gestreckt wird, dann können Spannungen durch gleitende Reibung von einer Faser auf die andere übertragen werden, da die einzelnen Fasern wegen ihrer schraubenartigen Form im Seil fest aufeinander gepreßt werden. Der senkrechte Druck der Fasern aufeinander steigt dabei mit wachsender Dehnung parallel zur Schraubenachse. Diese schraubenartige Form läßt sich beim Verspinnen von Polyester- und Naturfasern aus verschiedenen Gründen leicht erzielen. Einmal ist die Bruchfestigkeit der einzelnen Fasern hoch, ihr Elastizitätsmodul jedoch niedrig ($< 3,5 \cdot 10^3$ kp/mm), und daher können sie beim schraubenförmigen Zusammenwinden scharfe Verbiegungen aushalten. Weiterhin sind sie weniger kerbempfindlich als kristallines Material; örtliche Spannungskonzentrationen können in ihnen nicht auftreten[1]. Ein dritter Punkt, der eindeutig mit den anderen beiden zusammenhängt, ist die Tatsache, daß das gegenseitige Reiben der Fasern aneinander zu keiner erheblichen Festigkeitseinbuße bei der einzelnen Fasern führt. Für die inhärent festen Substanzen trifft keine dieser Feststellungen zu.

Hochfeste Glasfasern, deren Festigkeit sehr empfindlich von Beschädigungen an der Oberfläche abhängt, können ohne ein Medium, das die Oberfläche schützt und die einzelnen Fasern zusammenhält, nicht zu einem Seil von brauchbarer Festigkeit zusammengebündelt werden. Als Medium dieser Art ist eine Anzahl von Kunststoffen geeignet. Wendet man etwas derartiges an, dann läßt sich die Festigkeit von Glas ausnutzen, und das ist das Prinzip, das den glasfaserverstärkten Kunststoffen zugrunde liegt. In der letzten Zeit ist nun vielfach versucht worden, die hochfesten Materialien mit hohem Elastizitätsmodul zu verwenden, die in Abschnitt 1.6 diskutiert wurden, um Verbundwerkstoffe ähnlich den glasfaserverstärkten Kunststoffen herzustellen. Einige dieser hochfesten

---

[1] Zumindest nicht bis die Fasern so stark gedehnt sind, daß in ihrem Inneren eine einheitlich orientierte Anordnung entsteht.

Materialien sind als kontinuierliche Fäden verfügbar genau wie Glas, andere erhält man nur als Whiskers in sehr fester Form. In allen Fällen muß natürlich auch ein passendes Matrixmaterial gefunden werden.

Die Matrix hat die folgenden Funktionen:

1. Sie schützt die Oberfläche der einzelnen Faser, so daß deren Festigkeit nicht durch oberflächliche Beschädigung, sei es durch andere Fasern oder sei es durch Fremdkörper, beeinträchtigt wird.
2. Sie trennt die einzelnen Fasern räumlich voneinander und verhindert auf diese Weise, daß sich ein Riß über den ganzen Querschnitt des Verbundkörpers in der hochfesten und meist spröden Phase fortpflanzen kann.
3. Sie gibt eine Möglichkeit, die am Verbundkörper angelegte Last auf die hochfeste Phase zu übertragen. Bei einem normalen Seil wird diese Aufgabe von der Reibung zwischen den Fasern übernommen.

In diesem Kapitel werden wir zunächst diskutieren, wie Spannungen zwischen Matrix und Faser übertragen werden. Das wird in einer halb intuitiven Weise getan, da sich dieses Problem exakt nur äußerst schwierig lösen läßt. Dann diskutieren wir das Spannung-Dehnung-Verhalten und die Festigkeit eines faserverstärkten Verbundwerkstoffs. Danach schließlich wird betrachtet, wie ein solcher Verbundkörper brechen kann, und das gibt uns die Möglichkeit zu erkennen, wie sich die Brucharbeit eines faserverstärkten Werkstoffs beeinflussen läßt.

5.1. Übertragung von Spannungen auf eine Faser

Wird ein Verbundkörper, der einachsig ausgerichtete Fasern enthält, in einer Richtung parallel zu den Fasern belastet, dann werden die elastischen Verschiebungen in Längsrichtung wegen des Unterschieds im Elastizitätsmodul der beiden Komponenten verschieden groß sein. Das bedeutet, daß in allen Ebenen parallel zur Faserachse Scherungen in Achsenrichtung auftreten. Durch diese Scherungen und die daraus resultierenden Schubspannungen wird die Last, die durch Faser und Matrix getragen wird, auf die beiden Komponenten verteilt. Sollen die Fasern den größeren Teil der Last aufnehmen, dann muß die Zugspannung-Dehnung-Kurve der Matrix eine geringere Steigung haben als das Fasermaterial, so daß die Verschiebungen in der Matrix größer sind als die in der Faser.

Betrachten wir eine lange, dünne gerade Faser der Länge l, die völlig in das Kontinuum der Matrix eingebettet ist (Bild 5.1). Dieses Modell gibt die Verhältnisse in der Umgebung einer einzelnen Faser für unseren Zweck hinreichend gut wieder. Wir nehmen an, daß die Matrix als Ganzes homogen verformt wird, der Zustand gleichförmiger Spannung und Dehnung jedoch örtlich durch die Übertragung der Belastung auf die Faser gestört ist. Für geringe Faservolumenanteile wird das eine gute Näherung sein.

Die im folgenden diskutierte Behandlung des Problems geht auf *Cox* [1] zurück. Wir nehmen an, daß der Verbundkörper als Ganzes eine Dehnung e in der Richtung der

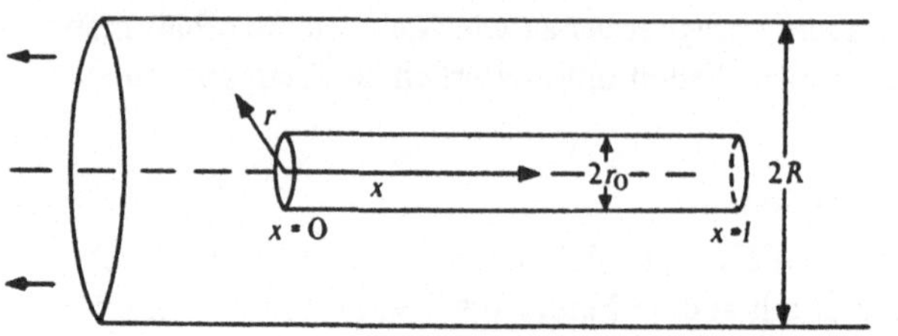

Bild 5.1

Faserachse erleidet. Ist P die Belastung in der Faser an einer Stelle, die um den Betrag x
vom Faserende entfernt ist, dann nehmen wir an, es gelte

$$\frac{dP}{dx} = H(u - v);$$ (5.1)

u ist die Verschiebung in Längsrichtung in der Faser und v die entsprechende Verschie-
bung in der Matrix am gleichen Punkt, für den Fall, daß die Faser nicht vorhanden wäre.
H ist eine Konstante, deren Größe von der geometrischen Anordnung von Fasern und
Matrix sowie von den Elastizitätsmoduln der beiden Komponenten abhängt. Es gilt

$$P = E_F A_F \left(\frac{du}{dx} \right)$$ (5.2)

und $dv/dx = e = const.$ E_F und A_F sind Elastizitätsmodul und Querschnittsfläche der
Faser. Differenziert man Gl. (5.1) und substituiert Gl. (5.2), dann ergibt sich

$$\frac{d^2P}{dx^2} = H \left(\frac{P}{E_F A_F} - e \right).$$

Um diese Differentialgleichung zu lösen, setzt man an

$$P = E_F A_F e + R \sinh \beta x + S \cosh \beta x,$$

wobei R und S Konstanten sind. Die Randbedingungen sind P = 0 bei x = 0 und bei
x = l. Man erhält dann für die Verteilung der Zugspannung $\sigma = P/A_F$ in der Faser

$$\sigma = E_F e \left\{ 1 - \frac{\cosh \beta (l/2 - x)}{\cosh \beta l/2} \right\},$$ (5.3)

wobei

$$\beta = \sqrt{\frac{H}{E_F A_F}}.$$

Da über die Stirnflächen einer Faser keine Last übertragen werden soll, baut sich
die Zugspannung in einer Faser von den Enden her auf. Die Gleichung (5.3) zeigt, daß
nur unendlich lange Fasern auf die volle Dehnung des Verbundkörpers gebracht werden
können. Die mittlere Zugspannung in einer Faser beträgt

$$\bar{\sigma} = E_F e \left(1 - \frac{\tanh \beta l/2}{\beta l/2} \right).$$ (5.3.1)

In diesem einfachen Modell ist der Elastizitätsmodul des Verbundkörpers

$$E_C = E_F A_F \left(1 - \frac{\tanh \beta l/2}{\beta l/2}\right) + E_M (1 - A_F), \tag{5.4}$$

wenn A_F der Bruchteil des Querschnitts ist, der auf die Fasern entfällt, und E_M der Elastizitätsmodul der Matrix ist.

Für eine bestimmte Geometrie können wir einen Näherungswert für H finden. Sofern nicht ausdrücklich anders festgestellt, nehmen wir in diesem Kapitel an, daß ein Verbundkörper aus einer größeren Anzahl von parallel liegenden Fasern der konstanten Länge l besteht, die einen kreisförmigen Querschnitt mit Radius r_0 besitzen. Wir nehmen an, die mittlere Entfernung von Faserachse zu Faserachse sei 2R. Ist $\tau(r)$ die Schubspannung, die in Richtung der Faserachse auf Ebenen parallel zu dieser Achse wirkt (Bild 5.1), dann wird für $r = r_0$ an der Faseroberfläche

$$\frac{dP}{dx} = -2\pi r_0 \tau(r_0) \tag{5.5}$$

$$= H(u - v).$$

Somit gilt

$$H = -\frac{2\pi r_0 \tau(r_0)}{(u - v)}. \tag{5.6}$$

Setzen wir für die wirkliche Verschiebung in der Matrix nahe bei der Faser den Wert w an, dann wird an der Grenzfläche zwischen Faser und Matrix $w = u$, wenn eine Relativverschiebung der beiden Komponenten gegeneinander nicht möglich ist. In einer Entfernung R von der Mittelachse der Faser wird $w = v$. Wegen des Gleichgewichts in der Matrix zwischen r_0 und R, finden wir

$$2\pi r \tau(r) = \text{const.} = 2\pi r_0 \tau(r_0),$$

und die Scherung in der Matrix ist gegeben durch

$$\frac{dw}{dr} = \frac{\tau(r)}{G_M} = \frac{\tau(r_0) r_0}{G_M r},$$

wobei G_M der Schubmodul der Matrix ist. Durch Integration von r_0 bis R erhält man

$$\Delta w = \frac{\tau(r_0) r_0}{G_M} \ln\left(\frac{R}{r_0}\right).$$

Andererseits gilt $\Delta w = (v - u)$, und mit Gl. (5.6) findet man dann

$$H = 2\pi G_M / \ln\left(\frac{R}{r_0}\right).$$

Da

$$\beta = \sqrt{\frac{H}{E_F A_F}},$$

ergibt sich

$$\beta = \sqrt{\frac{G_M}{E_F} \cdot \frac{2\pi}{A_F \ln(R/r_0)}} \, .$$

Je größer also der Wert von G_M/E_F, desto steiler steigt die Spannung in der Faser mit dem Abstand von den Faserenden.

Diese Herleitung ist nicht exakt. Insbesondere ist die Methode der Bestimmung von β nur eine recht grobe Näherung. Detailliertere Rechnungen (*Dow* [2], *Rosen* [3]) liefern sehr ähnliche Ergebnisse, wobei sich lediglich der Wert von β ändert. In allen Fällen ist aber β proportional zu $\sqrt{G_M/E_F}$. Unterschiede finden sich nur in dem Term, der den Faservolumanteil enthält. In der oben angegebenen Gleichung ist das die Größe $\ln(R/r_0)$. Alle Beziehungen vernachlässigen die Spannungskonzentration am Faserende sowie auch den Einfluß eines Faserendes auf die Spannung in einer in der Nähe liegenden Faser.

Aus den Gln. (5.3) und (5.5) können wir die Schubspannung τ in der Matrix an der Grenzfläche Faser-Matrix bestimmen. Wenn die Fasern kreisförmigen Querschnitt haben, dann gilt

$$P = \pi \, r_0^2 \, \sigma,$$

und damit wird

$$\tau = E_F \, e \, \sqrt{\frac{G_M}{2E_F \ln(R/r_0)}} \cdot \frac{\sinh \beta (l/2 - x)}{\cosh \beta l/2} \, . \tag{5.7}$$

Den größten Wert von τ findet man an den Faserenden, also bei $x = 0$ und $x = 1$. Bei $x = l/2$ wird τ gleich Null. Der Verlauf von σ und τ nach den Gln. (5.3) und (5.7) ist in Bild 5.2 schematisch aufgezeichnet. Die höchste Zugspannung in der Faser tritt bei der halben Länge auf und ist für eine sehr lange Faser nach Gl. (5.3) gleich $E_F \, e$. Das Verhältnis des Maximalwerts von τ zur maximalen Zugspannung in der Faser beträgt

$$\frac{\tau_m}{\sigma_m} = \sqrt{\frac{G_M}{2E_F \ln(R/r_0)}} \cdot \frac{\sinh \beta l/2}{\cosh \beta l/2 - 1} \, . \tag{5.8}$$

Dieses Verhältnis ist von großer Bedeutung. Für eine sehr lange Faser bekommt man

$$\frac{\tau_m}{\sigma_m} = \sqrt{\frac{G_M}{2E_F \ln(R/r_0)}} \, . \tag{5.9}$$

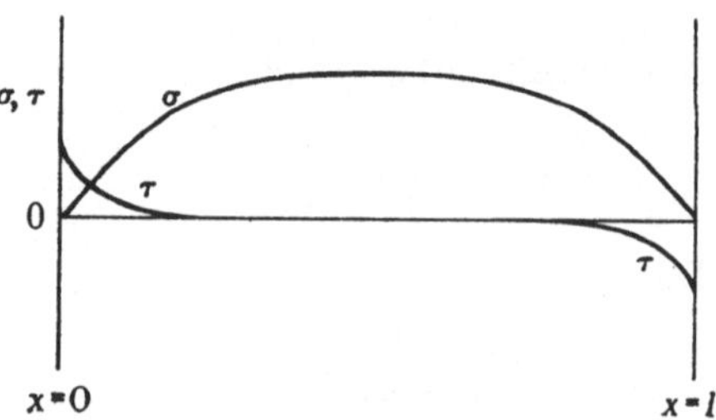

Bild 5.2

Der Verlauf der Zugspannung σ in der Faser und der Schubspannung τ in der Grenzschicht entsprechend Gl. (5.3) bzw. (5.7).

Die nach Gl. (5.9) berechneten Werte von τ_m/σ_m für einen Faservolumanteil von 50 % bei verschiedenen Verhältnissen von G_M zu E_F sind in Tabelle 5.1 angegeben. Die Werte von G_M/E_F entsprechen dabei folgenden Faser-Matrix-Kombinationen: Saphirfasern in Kunstharz, Glasfasern in Kunstharz und Saphirfasern in Metall.

Tabelle 5.1

$\dfrac{G_M}{E_F}$	$4 \cdot 10^{-3}$	$2{,}5 \cdot 10^{-2}$	10^{-1}
$\dfrac{\tau_m}{\sigma_m}$	0,08	0,19	0,37

Wie man sieht, kommt τ_m/σ_m selbst für den niedrigsten Wert des Verhältnisses G_M/E_F in die Nähe von 1/10. Um die Festigkeit der Faser voll auszunutzen, muß die Faser in der Mitte bis zur Bruchfestigkeit σ_F belastet sein. Es muß also gelten $\sigma_m = \sigma_F$. Wie Tabelle 5.1 zeigt, werden dann in der Matrix Scherspannungen von wenigstens $0{,}1 \cdot \sigma_F$ erreicht. Unter diesen Bedingungen wird die Matrix normalerweise versagen. Ein Metall wird plastisch fließen, eine Kunstharzmatrix abscheren.

In Wirklichkeit sind die gemessenen Schubspannungen in der Matrix an den Faserenden wegen der Spannungskonzentration am Ende der Fasern wesentlich höher, als man nach Gl. (5.8) berechnet. Die Spannungskonzentration wird proportional zur Differenz der Elastizitätsmoduln von Faser und Matrix sein und umgekehrt proportional zur Wurzel des geringsten Krümmungsradius am Faserende.

Bild 5.3 zeigt ein Beispiel für Aluminiumfasern in einer Kunstharzmatrix. Die beobachteten Schubspannungen in der Nähe des Faserendes sind mindestens dreimal so hoch wie die nach Gl. (5.8) berechneten.

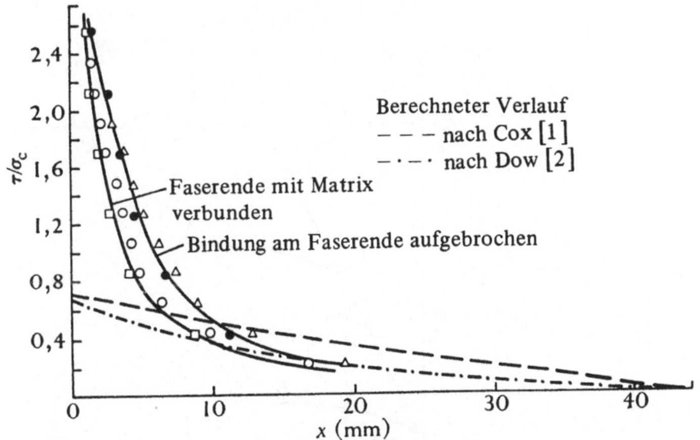

Bild 5.3 Experimentell bestimmter Verlauf der Schubspannung τ in der Grenzschicht zwischen einer Aluminiumfaser und einer Aralditmatrix, wenn das Verbundmaterial belastet wird. Die Ordinaten geben die Werte von τ/σ_c, d. h. die Schubspannung dividiert durch die am Verbundkörper anliegende Zugspannung. Die gestrichelten Linien geben die theoretisch vorhergesagten Schubspannungen in der Nähe der Faserenden nach der vorliegenden Analyse und nach der von *Dow* [2]. Die hier diskutierte Theorie ergibt die höheren Werte der Schubspannung. Die experimentellen Daten stammen von *Tyson* [4].

Wenn in Fasern hohe Spannungen aufgebaut werden sollen, dann muß man also damit rechnen, daß die Matrix versagt. Je nach Art der Matrix wird das unterschiedliche Folgen haben. Der Fall der metallischen Matrix wird in Abschnitt 5.2, der der Kunstharzmatrix in Abschnitt 5.3.2 behandelt.

5.2. Die metallische Matrix

Die metallische Matrix kann plastisch fließen. Nehmen wir an, die Dehnung $e_f = \sigma_f/E_M$ (σ_f ist die Fließgrenze der Matrix, E_M ihr Elastizitätsmodul), bei der die Matrix plastisch zu fließen beginnt, sei sehr viel kleiner als die Dehnung, bei der die Fasern versagen. Wird nun ein solcher Verbundkörper belastet, dann rufen die unterschiedlichen Verschiebungen in Matrix und Faser Schubspannungen in der Matrix an den Faserenden hervor, die über die von der angelegten Spannung erzeugten hinausgehen. Für die Änderung von $\tau(r_0)$ mit der am Verbundkörper anliegenden Last P erwartet man das in Bild 5.4 (a) dargestellte Verhalten. Bei einer kleinen Last P_1 wird $\tau(r_0)$ bestimmt durch das elastische Verhalten der Matrix. In diesem Fall gelten die in Abschnitt 5.1 diskutierten Gesetzmäßigkeiten. Oberhalb einer bestimmten Belastung des Verbundkörpers beginnt die Matrix plastisch zu fließen. Dieser Vorgang tritt zunächst an den Faserenden auf. Er begrenzt den Maximalwert von $\tau(r_0)$ auf τ_f ($\approx \sigma_f/2$), die Scherfließgrenze der Matrix, und den Maximalwert der elastischen Dehnung in der Matrix auf σ_f/E_M (Fall P_2 in Bild 5.4 (a)). Da die Dehnung beim Bruch der Faser größer ist als σ_f/E_M, wird die Matrix überall plastisch nachgegeben haben, bevor die Zugspannung in der Faser ihren Maximalwert σ_F erreicht hat. Im Lastbereich zwischen dem Einsetzen des plastischen Fließens in der Matrix und dem Versagen der Fasern wird der Spannungsverlauf in der Faser der mit P_2 bezeichneten Kurve in Bild 5.4 (b) entsprechen. Im Gebiet $0 < x < a$ ist die Matrix

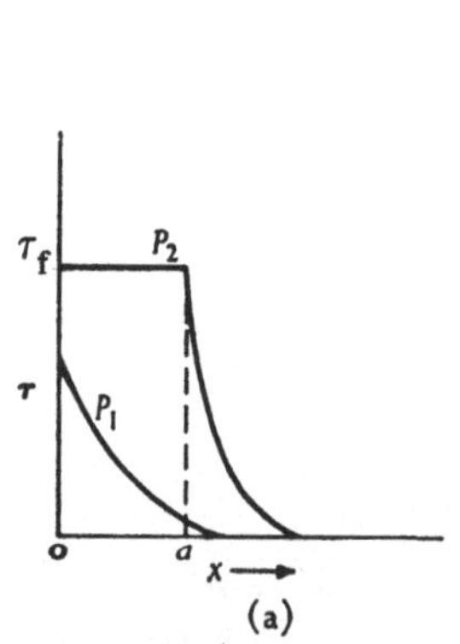

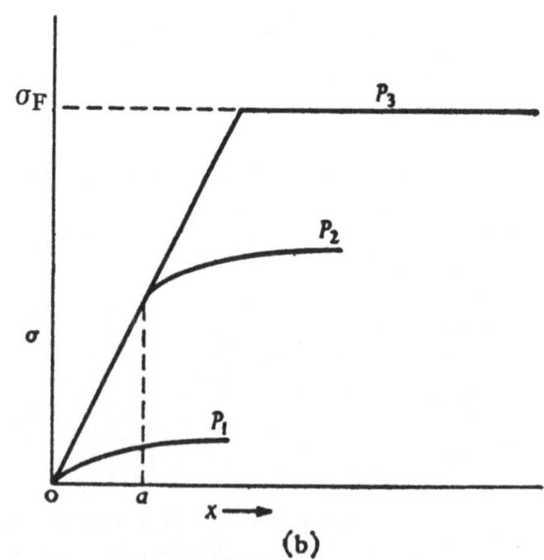

Bild 5.4 (a) Verlauf der Schubspannung an der Grenzschicht zwischen Faser und Matrix in Abhängigkeit vom Abstand x vom Faserende.
(b) Verlauf der Zugspannung in einer Faser in Abhängigkeit vom Abstand x vom Faserende.

plastisch an der Faser entlang geflossen, so daß sich die longitudinalen Verzerrungen innerhalb der Faser und unmittelbar außerhalb der Faser stark unterscheiden. Über die Größe
der Verformung in der Matrix läßt sich, genau genommen, sehr wenig sagen. Die Schubspannung an der Grenzfläche hat den konstanten Wert τ_f. Aus Gl. (5.5) ergibt sich dann
ein linearer Anstieg der Spannung. Im Gebiet $x > a$ hat die Matrix in der Umgebung der
Faser ebenfalls plastisch nachgegeben. Die Unterschiede der longitudinalen Verschiebung
in Matrix und Faser sind jedoch gering und verursachen eine Schubspannung in der Grenzfläche, die kleiner ist als τ_f. Die Dehnungen in Faser und Matrix unterscheiden sich um
höchstens σ_f/E_M. Die Dehnung in der Faser ist elastisch, die in der Matrix hauptsächlich
plastisch. Innerhalb einer Entfernung $x < a$ vom Faserende (Bild 5.4) ist die Zugspannung
in der Faser

$$\sigma = \frac{2\,\tau_f\,x}{r}\,,\quad 0 < x < a. \tag{5.10}$$

Mit zunehmender Belastung am Verbundkörper breitet sich das mit a bezeichnete
Gebiet entlang der Faser aus, und die maximale Spannung in der Faser nimmt zu. Ist
σ_F/E_F sehr viel größer als σ_f/E_M, wobei σ_F die Bruchfestigkeit der Faser ist, dann können wir den Spannungszuwachs in der Faser im Gebiet $x > a$ vernachlässigen. Die Faser
reißt dann irgendwo innerhalb einer Entfernung $(l/2 - a)$ von der Fasermitte, wenn der
durch Gl. (5.10) gegebene Wert von σ die Höhe σ_F erreicht, bevor a gleich $l/2$ wird
(Bild 5.4 (b), die mit P_3 bezeichnete Kurve). Erreicht a den Wert $l/2$ bevor in der Faser
die Spannung σ_F erreicht wird, dann wird der Verbundkörper durch plastisches Fließen
der Matrix versagen, ohne daß die Fasern zerrissen werden[1]). Es gibt somit eine kritische
Länge l_c für die Fasern, die gegeben ist durch

$$l_c = \frac{r\,\sigma_F}{\tau_f}\,.$$

Damit die Faser in einem gegebenen Metall bis zu ihrer Bruchfestigkeit beansprucht
werden kann, muß ihre Länge größer sein als l_c. Wir nennen l_c die kritische Länge oder
Übertragungslänge und die Größe

$$\frac{l_c}{d} = \frac{\sigma_F}{2\,\tau_f} \tag{5.11}$$

den kritischen Schlankheitsgrad. Wird dieser Schlankheitsgrad nicht überschritten, dann
fließt die Matrix nur an der Faser entlang und erzeugt in der Faser eine Spannung, die in
Fasermitte ihren maximalen Wert von

$$\sigma = 2\,\tau_f\,\frac{l}{d} \tag{5.12}$$

erreicht.

---

[1]) In diesem Abschnitt, wie auch in den folgenden, wird angenommen, daß bei einer metallischen
Matrix die Scherfließspannung und die Schubfestigkeit kleiner sind als die Schubfestigkeit der
Grenzfläche zwischen Faser und Matrix.

5.3. Spannung-Dehnung-Kurven

5.3.1. Plastisch verformbare Matrix

Die Spannung-Dehnung-Kurven im einachsigen Zugversuch parallel zur Faserachse sind für Verbundwerkstoffe mit diskontinuierlichen Fasern qualitativ von gleicher Art wie die für Verbundwerkstoffe mit kontinuierlichen Fasern, sofern die Faserlänge größer als l_c ist. Im allgemeinen Fall lassen sich in der Spannung-Dehnung-Kurve eines faserverstärkten Werkstoffes vier verschiedene Bereiche unterscheiden:

1. Matrix und Faser werden elastisch gedehnt.
2. Die Matrix fließt plastisch, die Fasern werden elastisch beansprucht.
3. Matrix und Faser werden plastisch verformt.
4. Die Fasern werden zerrissen.

Das Versagen der Fasern führt unmittelbar zum Bruch des Verbundkörpers, vorausgesetzt der Volumanteil an Fasern ist genügend hoch, um einen Verstärkungseffekt hervorzurufen (Abschnitt 5.4). Ist das nicht der Fall, dann führt einfach das Fließen der Matrix, die die zerrissenen Fasern umgibt, zum Versagen des Verbundkörpers.

Experimentell ermittelte Spannung-Dehnung-Kurven eines Verbundwerkstoffs aus Wolframfasern in einer Kupfermatrix, die die Verformungsbereiche 1 und 2 erkennen lassen, sind in Bild 5.5 dargestellt.

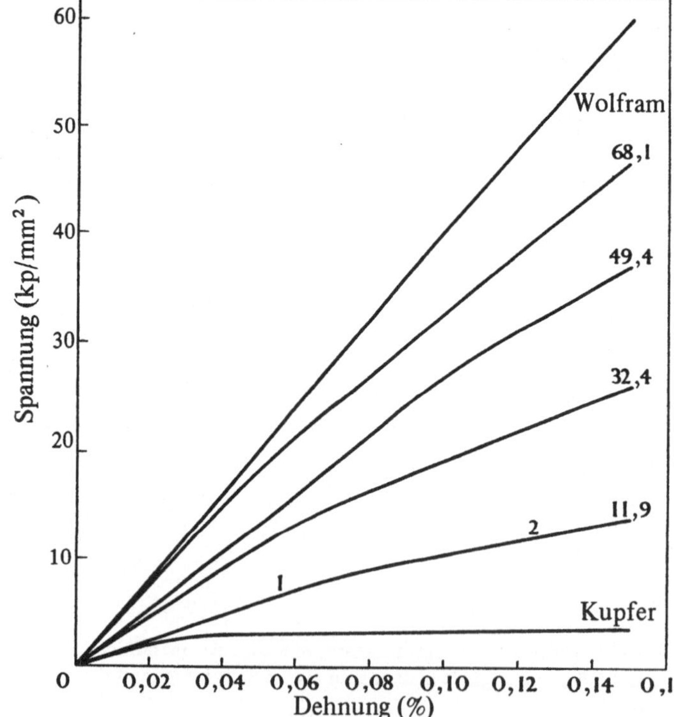

Bild 5.5
Experimentell ermittelte Spannung-Dehnung-Kurven von Verbundwerkstoffen aus Wolframfasern in einer Kupfermatrix. Die Zahlen am rechten Rand des Bildes geben den jeweiligen Volumbruchteil an Wolfram in Prozent. Mit Ausnahme der Probe mit 32,4 % Wolframfasern waren die Proben mit kontinuierlichen Fasern verstärkt. Bei der Kurve mit 11,9 % Fasern sind die Bereiche 1 und 2 der Spannung-Dehnung-Kurve eingezeichnet. Die Daten stammen von *McDanels, Jech* und *Weeton* [5] [6].

Im Bereich 1 ist der Elastizitätsmodul E_C des Verbundwerkstoffs in erster Näherung gegeben durch die Beziehung

$$E_C = E_F V_F + E_M V_M, \qquad (5.13)$$

wobei die Indices F und M jeweils Faser und Matrix bezeichnen und V den Volumanteil angibt. Diese einfache Gesetzmäßigkeit nach der Mischungsregel ist eigentlich die theoretische untere Grenze für den Fall kontinuierlicher Fasern[1]. Genaue Berechnungen des Elastizitätsmoduls für den allgemeinen Fall sind schwierig. *Hill* [7] sowie *Hashin* und *Rosen* [8] haben sich mit diesem Problem befaßt.

Der Übergang zwischen den Bereichen 1 und 2 tritt bei einer Dehnung im Verbundkörper auf, die etwa dem Einsetzen der plastischen Dehnung des freien Matrixmaterials entspricht, meist jedoch ein wenig größer ist. Im Bereich 2 verhält sich das Verbundmaterial quasi-elastisch. Nach Entlastung kehrt der Verbundkörper praktisch zu seiner ursprünglichen Länge zurück, wobei sich zunächst beide Komponenten elastisch verkürzen und schließlich die Matrix plastisch komprimiert wird. In diesem Bereich erhält man im Zugversuch einen Elastizitätsmodul, der sich durch eine Beziehung ähnlich Gl. (5.13) beschreiben läßt, bei der jedoch E_M durch die jeweilige Steigung der Spannung-Dehnung-Kurve der Matrix bei der Dehnung c ersetzt wird. Im allgemeinen Fall wird der Elastizitätsmodul von den Querkontraktionszahlen der beiden Komponenten abhängen. Dieser Fall ist ebenfalls von *Hill* [7] betrachtet worden. Die Steigung der Spannung-Dehnung-Kurve des Matrixmaterials ist normalerweise klein verglichen mit E_M, so daß der Elastizitätsmodul des Verbundwerkstoffs im Bereich 2 für kontinuierliche Fasern nahezu gleich $E_F V_F$ wird.

Enthält der Verbundkörper diskontinuierliche Fasern, dann erwartet man einen Beitrag der Fasern zum Elastizitätsmodul, der geringer ist als $E_F V_F$, weil sich die Spannung in einer Faser von den Enden her aufbaut. In Kupfer-Wolfram-Verbundkörpern ist der Beitrag nur wenig geringer sobald die Faserlänge einige Vielfache der kritischen Länge beträgt ($l \approx 5\, l_c$). In diesem Fall ist $l_c/d \approx 10$. Prinzipiell muß man aber damit rechnen, daß der Elastizitätsmodul mit steigender Dehnung kontinuierlich zurückgeht. Das folgt aus der Diskussion in Abschnitt 5.2.

Sind die Fasern spröde, dann ist der Verformungsbereich 2 beendet, sobald die Fasern zu reißen beginnen. Nachdem aber solche Fasern immer eine gewisse Streuung der Bruchfestigkeit aufweisen, läßt sich die Diskussion des Endes von Bereich 2 der Spannung-Dehnung-Kurve nicht vom Versagen des Verbundkörpers trennen. Dieser Punkt wird in Abschnitt 5.7 behandelt. Für Verbundkörper mit spröden Fasern entfällt natürlich der Bereich 3.

Die einzigen üblichen hochfesten Fasern, die bei Raumtemperatur plastische Verformung zeigen, sind die Metalldrähte. Verbundkörper aus hochfesten Metalldrähten, die in ein weicheres Metall eingebettet sind, wurden in neuerer Zeit gründlich untersucht.

---

[1] Das läßt sich leicht einsehen, nachdem bei einer Dehnung ϵ die wirkliche Verformungsenergie $1/2\, E_C\, \epsilon^2$ einer Volumeinheit des Verbundkörpers (die viele Fasern enthält) größer ist, als die von Matrix und Fasern ohne gegenseitige Beeinflussung, nämlich $1/2\,(E_F V_F + E_M V_M)\,\epsilon^2$ (vgl. *Hill* [7]).

Studien dieser Art sind wichtig, um die Prinzipien der Faserverstärkung zu ergründen (*McDanels, Jech* und *Weeton* [6, 9], *Kelly* und *Tyson* [10, 11], vgl. auch *Kelly* und *Davies* [12]). Derartige Verbundwerkstoffe zeigen einen Verformungsbereich 3. Da in diesem Fall die Fasern eine gewisse plastische Verformung zeigen, sind die erreichten Festigkeiten auch sehr gut reproduzierbar. Ist ein nennenswerter Volumanteil dieser Fasern vorhanden, dann wird die größte Spannung, die der Verbundkörper aushalten kann, bei einer Dehnung erreicht, die recht gut der maximal erreichbaren Dehnung des Fasermaterials entspricht. Das gilt in guter Näherung sowohl für kontinuierliche, als auch für diskontinuierliche Fasern, vorausgesetzt natürlich, daß die diskontinuierlichen Fasern sehr viel länger sind, als l_c. Bei der nominellen Bruchspannung des Verbundkörpers müssen also die Dehnungen in den beiden Komponenten gut übereinstimmen.

5.3.2. Kunststoffmatrix

Die Spannung-Dehnung-Kurve im einachsigen Zugversuch parallel zur Faserrichtung wird sich für einen Verbundkörper mit Kunststoffmatrix unterscheiden von der, die man für einen Verbundkörper mit metallischer Matrix erwartet. Die Spannung-Dehnung-Kurve des Kunststoffes allein ist nicht linear. Elastisches und plastisches Verhalten lassen sich beim Kunststoff, im Gegensatz zum Metall, nicht deutlich trennen.

Im Fall kontinuierlicher Fasern verformen sich beide Materialien zunächst elastisch, die Dehnung von Faser und Kunststoff ist gleich. Der Elastizitätsmodul der Fasern ist normalerweise höher als $7 \cdot 10^3$ kp/mm^2, der eines Kunststoffs mit relativ hoher Festigkeit beträgt weniger als 350 kp/mm^2. Man kann also erwarten, daß der Elastizitätsmodul des Verbundwerkstoffs sehr nahe bei dem Wert $E_F V_F$ liegt. Die gemessenen Werte des Elastizitätsmoduls sind jedoch selbst im Fall kontinuierlicher Fasern häufig geringer. Ein Beispiel ist in Bild 5.6 gezeigt. Die Ursache für diese niedrigen Werte kann zum Teil darin liegen, daß die Festigkeit bei spröden Fasern sehr stark streut und daher immer schwächere Fasern vorhanden sind, die schon bei sehr geringen Dehnungen reißen. Ein anderer Effekt, der in der gleichen Richtung wirken mag, besteht darin, daß das Schrumpfen des Kunstharzes beim Aushärten zum Verbiegen der Fasern führen kann. Verbundkörper mit kontinuierlichen Fasern versagen durch Bruch der Fasern. Die Festigkeit solcher Verbundkörper wird in Abschnitt 5.4 diskutiert.

Für diskontinuierliche Fasern sehen wir aus den Gln. (5.3.1) und (5.4), daß der Beitrag der Fasern zum Elastizitätsmodul des Verbundkörpers maximal den Wert $E_F V_F$ erreichen kann und diesem nur dann nahe kommt, wenn l sehr groß und β so hoch wie möglich ist. Der Wert von β steigt mit steigendem Schubmodul der Matrix und steigendem Faservolumanteil (Abnahme von R/r_0, vgl. Abschnitt 5.1).

Die Spannung-Dehnung-Kurve eines Verbundwerkstoffs aus diskontinuierlichen Saphirfasern in einem Epoxidharz ist ebenfalls in Bild 5.6 gezeigt. Der Volumanteil der Fasern ist gering (ca. 14 %), so daß die in Abschnitt 5.1 entwickelte Theorie als erste Näherung anwendbar ist. Es ist $E_F = 4{,}2 \cdot 10^4$ kp/mm^2, $V_F = 0{,}14$ und $E_M = 2{,}45 \cdot 10^2$ kp/mm^2. Die Größe l/d schwankt bei den Saphirwhiskers zwischen etwa 120 und 1000. Der kleinste Wert von l/d gilt dabei für die größten Whiskers, die den Hauptteil der Last tragen. Mit $l/d = 120$, $\ln(R/r_0) = 1$ und $G_M/E_M = 1/3$ erhalten wir $\beta \cdot l/2 = 15$. Der Elastizitätsmodul bei kleiner Dehnung errechnet sich dann aus Gl. (5.4) zu $5{,}7 \cdot 10^3$ kp/mm^2.

Dieser Wert liegt um etwa 30 % über dem gemessenen Wert von $4{,}2 \cdot 10^3$ kp/mm², der allerdings wegen der Unsicherheiten in der Dehnungsmessung eine untere Grenze darstellt.

Bei sehr geringen Dehnungen des Verbundmaterials ist die Schubspannung in der Matrix geringer als die Spannung, bei der das Kunstharz nachzugeben beginnt. Für den in Bild 5.6 gezeigten Fall erreicht die Spannung in der Faser nahezu 525 kp/mm² bei einer Dehnung von 3 %. Mit dem Wert $G_M/E_F = 4 \cdot 10^{-3}$ aus Tabelle 5.1 erwartet man dann für die Schubspannung in der Matrix mindestens 42 kp/mm², wenn die Spannungskonzentrationen aufgrund der Form der Faserenden vernachlässigt werden. Das geht aber weit über die Scherfließspannung der Matrix hinaus, die kleiner als 3,5 kp/mm² ist. Das Kunstharz muß daher an den Faserenden schon bei recht kleiner Dehnung versagt haben. Weiteres Dehnen des Verbundkörpers vergrößert das Gebiet, in dem das Kunstharz versagt und führt zu einem ständigen Abnehmen des Elastizitätsmoduls, wie es in Bild 5.6 beobachtet wird.

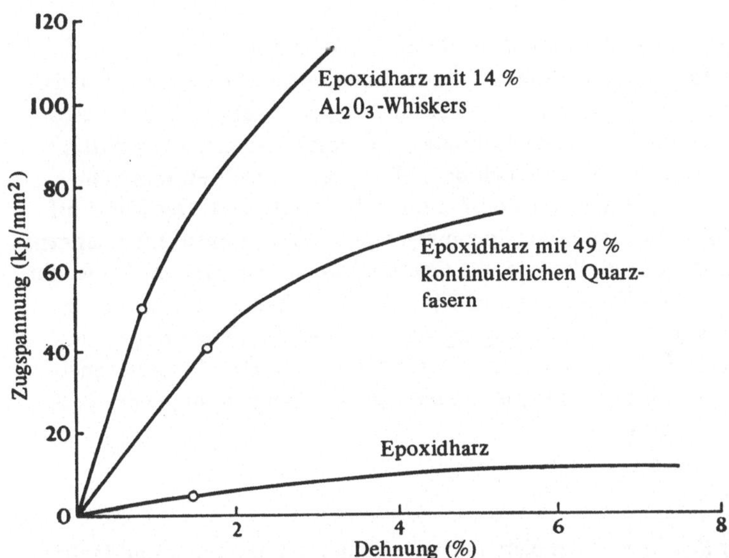

Bild 5.6 Spannung-Dehnung-Kurven für Verbundkörper aus verstärktem Epoxidharz sowie für das unverstärkte Harz. Die Punkte auf den Kurven bezeichnen jeweils die Proportionalitätsgrenze (nach *Sutton, Rosen* und *Flom* [13]). Der gemessene Elastizitätsmodul des Verbundmaterials, das Quarzfasern enthält, beträgt $1{,}76 \cdot 10^3$ kp/mm², der Elastizitätsmodul von Quarz ist $7{,}4 \cdot 10^3$ kp/mm².

Der Fall eines großen Volumanteils diskontinuierlicher spröder Fasern in einer Kunststoffmatrix wurde von *Outwater* [14] diskutiert. *Outwater* [14] betont, daß das Kunstharz beim Aushärten schrumpft, wenn auch die Größenänderungen insgesamt gesehen bei kleinen Volumanteilen des Kunstharzes gering sind. Dieses Schrumpfen setzt die Fasern einem radialen Druck n aus, der dem von einem dünnwandigen Rohr mit Wandstärke t/2, innerem Durchmesser d und Umfangspannung F ausgeübten entspricht, nämlich

$$n = \frac{Ft}{d} \, ,$$ \hfill (5.14)

wobei t der Abstand von Faseroberfläche zu Faseroberfläche ist, und F die Fließspannung des Kunstharzes unter Zugbelastung. *Outwater* [14] nimmt für die Anwesenheit von diskontinuierlichen Fasern an, daß unter Zug die Bindung zwischen Matrix und Faser auf der Faserstirnfläche bricht, sobald die Spannung in der Faser gleich σ_A, der Adhäsion, ist. Die Dehnung im Verbundkörper ist an diesem Punkt

$$\frac{\sigma_A}{E_F} = e = \frac{\sigma_C}{E_C} \approx \frac{\sigma_C}{E_F V_F} \, .$$

Die Spannung am Verbundkörper ist dann $\sigma_A V_F$. Dafür, daß so etwas wirklich auftritt, gibt es einige Hinweise. So wird der Elastizitätsmodul eines Verbundwerkstoffs aus diskontinuierlichen Glasfasern in einer Kunstharzmatrix nach geringer Dehnung permanent verringert.

Outwater [14] nimmt nun an, daß t klein ist und sich daher die Kunstharzmatrix nicht durch Scherung verformen kann. Sobald sich die Faserstirnflächen von der Matrix abgelöst haben, führt eine weitere Dehnung des Verbundkörpers zu einem Scherungsriß, der sich vom Faserende her zur Fasermitte ausbreitet und Faser und Kunstharzmatrix voneinander ablöst. Dieser Mechanismus ähnelt dem, den man beobachtet, wenn ein Gummistreifen gedehnt wird, auf dem ein Tropfen fester Klebstoff sitzt. Der Klebstoff wird vom Gummi abgelöst, ohne daß er die Spannungen auf dem Gummistreifen nennenswert verändert. Das Kunstharz muß also über die Oberfläche der Faser gleiten. Bei weiter steigender Dehnung des Verbundkörpers ermöglicht jetzt die Reibungskraft zwischen Faser und Kunstharz die weitere Kraftübertragung auf die Faser. In diesem Fall haben wir nun eine Situation ähnlich der in Abschnitt 5.2 für die Metallmatrix beschriebenen. Gl. (5.10) wird wieder gelten, wenn man τ_f durch μn ersetzt. Die Spannung in der Faser wird sich dann bis zu einem Wert

$$\sigma = \frac{2\mu n x}{r}$$

aufbauen. μ ist dabei der Koeffizient der gleitenden Reibung zwischen Faser und Matrix. Vernachlässigt man jegliche Scherung der Matrix, dann wird die Spannungsverteilung in der Faser aussehen, wie in Bild 5.7 gezeigt, wenn e die Dehnung des Verbundmaterials ist.

In einer Entfernung a vom Faserende wird die Dehnung in der Faser so groß sein wie die des Verbundkörpers. Für den Abstand a gilt dann

$$a = \frac{E_F \, e r}{2\mu n} \, .$$ \hfill (5.15)

Da die Teile der Faser in der Nähe des Endes nicht voll tragen, wird der Elastizitätsmodul des Verbundmaterials verringert. Das Verhältnis zwischen dem Elastizitätsmodul

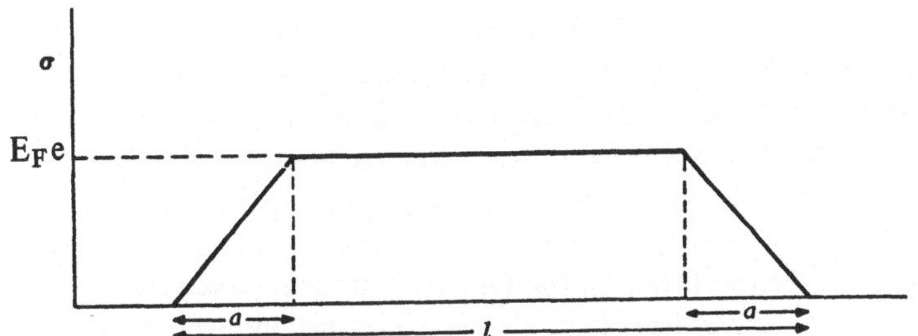

Bild 5.7 Erwarteter Verlauf der Spannung entlang einer Faser der Länge l.

eines Verbundkörpers mit diskontinuierlichen Fasern und dem eines Verbundkörpers mit kontinuierlichen Fasern beträgt

$$\frac{E_{Cd}}{E_{Ck}} = \frac{1}{E_F e l} \int\limits_0^l \sigma \, dx.$$

Der Beitrag der Matrix ist hier vernachlässigt. Das Integral wird berechnet für einen Verbundkörper mit diskontinuierlichen Fasern, der der gleichen Dehnung e ausgesetzt ist wie der Verbundkörper mit kontinuierlichen Fasern. Aus Bild 5.7 findet man mit Gl. (5.15)

$$E_{Cd} = E_{Ck} \left(1 - \frac{r}{2\mu n l} E_F e \right),$$

und daher wird der Elastizitätsmodul des Verbundkörpers mit diskontinuierlichen Fasern im Vergleich zu dem des Verbundkörpers mit kontinuierlichen Fasern mit steigender Dehnung immer geringer.

Diese Theorie besagt, daß die Eigenschaften eines Verbundmaterials durch Änderungen der Adhäsionskräfte zwischen Faser und Matrix nur wenig beeinflußt wird, stark dagegen durch Änderungen des Gleitreibungskoeffizienten zwischen Faser und Matrix. Daraus folgt ein Einfluß der Umgebung, insbesondere der Feuchtigkeit, auf das Verhalten des Verbundwerkstoffs, der auch beobachtet wird (vgl. Kapitel 6).

Nach der Theorie von *Outwater* [14] übeträgt die Kunstharzmatrix die Last durch Reibungskräfte in der Grenzfläche auf die Faser, genau wie das die Metallmatrix tut. In beiden Fällen ist also die Art der Kraftübertragung formal gleich. Der Unterschied besteht darin, daß man im Fall der Kunstharzmatrix damit rechnen muß, daß sich an den Faserenden Hohlräume bilden. Es gibt wiederum eine kritische Faserlänge, die überschritten werden muß, wenn die Faser in einer gegebenen Matrix zerrissen werden soll. Ersetzt man in Gl. (5.11) τ_f durch μn und benutzt Gl. (5.14), dann erhält man für den kritischen Schlankheitsgrad

$$\frac{l_c}{d} = \frac{\sigma_F}{2\mu n} . \tag{5.16}$$

Würde man n aus Gl. (5.14) errechnen, dann besagt Gl. (5.16), daß die Übertragungslänge vom Faservolumanteil abhängt und sich mit steigendem Faservolumanteil (d.h. fallendem Wert t/d) vergrößert. Die experimentelle Bestimmung des Druckes an der Grenzfläche ergibt für Glaseinschlüsse in einer Polyestermatrix Werte in der Nähe von etwa $0{,}5\ kp/mm^2$ (vgl. z.B. *Daniel* und *Durelli* [15]). Mit $\mu = 0{,}4$ wird dann $\mu n \approx 0{,}2\ kp/mm^2$ [1]). Das ist sehr viel weniger als die Schubfestigkeit eines kaltverformten Metalls bei Raumtemperatur ($\approx 14\ kp/mm^2$). Daraus entnimmt man, daß für eine Kunststoffmatrix der kritische Schlankheitsgrad ein bis zwei Größenordnungen höher liegt, als für eine Metallmatrix.

5.4. Die Festigkeit von Verbundwerkstoffen

Um Aussagen über die Bruchfestigkeit eines faserverstärkten Werkstoffs unter Zugbeanspruchung parallel zur Faser machen zu können, benötigt man im Grunde die Kenntnis der Bruchspannung und der Dehnung beim Bruch für jede einzelne Faser. Das ist ein Problem der Statistik, dessen Behandlung wir auf Abschnitt 5.7 verschieben wollen, weil sich für den Fall von Fasern mit einheitlicher Bruchspannung und -dehnung einige allgemeine und wichtige Feststellungen treffen lassen, die durch das Experiment gut bestätigt werden. Weiterhin lassen sich der Einfluß der Matrix und die Bedingungen, unter denen sich tatsächlich eine Verstärkungswirkung ergibt, am leichtesten für den Fall von Fasern mit gleichen Eigenschaften verstehen. Wir nehmen also im folgenden zunächst an, daß alle Fasern bei der gleichen Spannung und der gleichen Dehnung brechen, ferner definieren wir die Zugfestigkeit des Verbundmaterials, σ_C, als die maximale Last dividiert durch den Ausgangsquerschnitt der Probe.

5.4.1. Kontinuierliche Fasern

Bei einem Verbundmaterial, das mehr als einen bestimmten Volumanteil V_{min} (die Definition von V_{min} folgt später) an kontinuierlichen Fasern enthält, wird die Zugfestigkeit erreicht bei einer Dehnung, die gleich der zur nominellen Zugfestigkeit der Fasern gehörigen Dehnung e_{max} ist. Die Dehnungen in Faser und Matrix sind an diesem Punkt gleich groß. Die gemessene Zugfestigkeit des Verbundkörpers ist gegeben durch eine einfache Mischungsregel, die zuerst von *McDanels* und Mitarbeitern [9] angegeben wurde:

$$\sigma_C = \sigma_F V_F + \sigma'_M (1 - V_F), \quad V_F > V_{min}. \tag{5.17}$$

σ_F ist dabei die Zugfestigkeit der Fasern und σ'_M die Zugspannung, die in der Matrix herrscht, wenn der Verbundkörper bis zu seiner Zugfestigkeit belastet ist. Der Wert von σ'_M liegt nahe bei dem, der in der Matrix allein erreicht wird, wenn diese auf die Dehnung gebracht wird, bei der die Fasern reißen. Die Gültigkeit dieser Beziehung konnte experimentell in vielen Fällen nachgewiesen werden (vgl. *Kelly* und *Davies* [12]). Ein Beispiel für spröde Fasern zeigt Bild 5.8 (a) für den Zugversuch. Für den Druckversuch (Bild 5.8 (b)) gilt eine analoge Beziehung.

---

[1]) Der Wert von n hängt ab von der Zeit nach dem Aushärten der Polyestermatrix, der Wert von μ von der Oberflächenbearbeitung des Glases. Die Zahl $0{,}2\ kp/mm^2$ ist also nur eine größenordnungsmäßige Abschätzung.

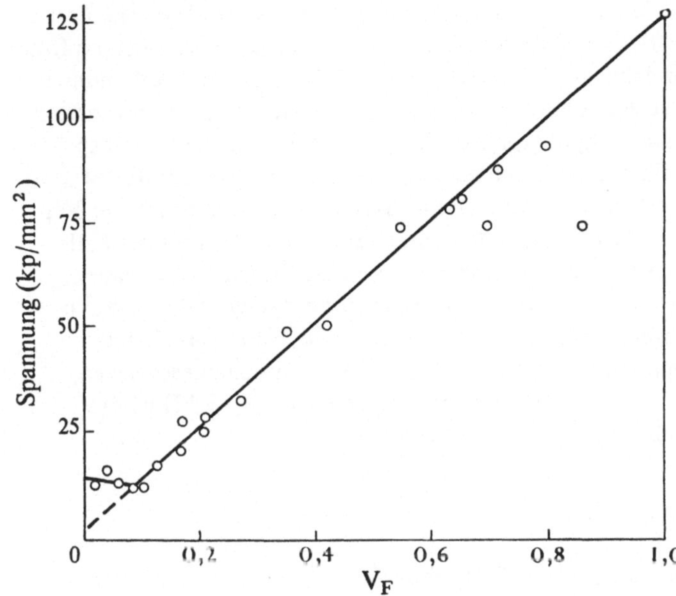

Bild 5.8 (a)

Gemessene Zugfestigkeit von Kupfer, das mit kontinuierlichen spröden Wolframdrähten von 0,5 mm Durchmesser verstärkt war, in Abhängigkeit vom Volumbruchteil an Wolfram.

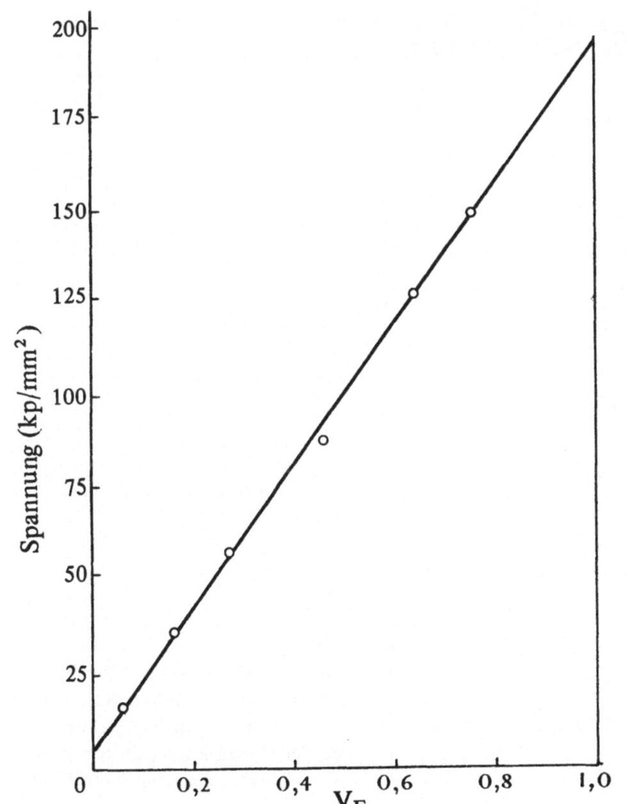

Bild 5.8 (b)

Die Festigkeit bei Druckbelastung für das gleiche Material wie in Bild 5.8 (a) (nach *Kelly* und *Tyson* [11]).

Gl. (5.17) ist die entscheidende Beziehung, wenn man feststellen will, welche Festigkeiten man von einem faserverstärkten Material erwarten kann. Nachdem sich extrem feste Fasern bis zum Bruch elastisch dehnen, sind die maximalen Dehnungen der Verbundmaterialien immer gering, und σ_M' ist sehr klein verglichen mit σ_F. Ist die Matrix so beschaffen, daß sie eine geringe kritische Länge ergibt (vgl. Abschnitt 5.2), und sind die Fasern spröde, dann führt das Versagen einer Faser zum Bruch aller anderen in dem Querschnitt des Verbundkörpers, in dem die erste Faser versagt. Das verursacht sofortigen Bruch des Verbundwerkstoffs, sofern nicht der Faservolumanteil sehr gering ist. Ist das aber der Fall, dann kann sich die Tragfähigkeit in dem Querschnitt, in dem die Fasern versagt haben, durch die beim plastischen Fließen der Matrix auftretende Verfestigung erhöhen. Kann sich das Matrixmaterial verfestigen, dann gilt Gl. (5.17) für kleine Werte von V_F nicht. Die Zugfestigkeit eines Verbundmaterials wird durch Gl. (5.17) nur dann beschrieben, wenn $\sigma_c \geqslant \sigma_M (1 - V_F)$, wobei σ_M die Zugfestigkeit der Matrix ist. Gl. (5.17) ist nur anwendbar falls $V_F > V_{min}$, wobei V_{min} gegeben ist durch

$$V_{min} = \frac{\sigma_M - \sigma_M'}{\sigma_F + (\sigma_M - \sigma_M')} = \frac{\sigma_W}{\sigma_F + \sigma_W} \;.$$

$\sigma_W = \sigma_M - \sigma_M'$ ist also hier die gesamte Steigerung der Nennspannung, die man über σ_M' hinaus in der Matrix erreichen kann, wenn man einen Zugversuch am Matrixmaterial allein ausführt. Für $V_F < V_{min}$ ist die Festigkeit des Verbundwerkstoffs gegeben durch die Beziehung $\sigma_c = \sigma_M (1 - V_F)$ (vgl. Bild 5.9). Hat die Matrix bei ihrem Bruch

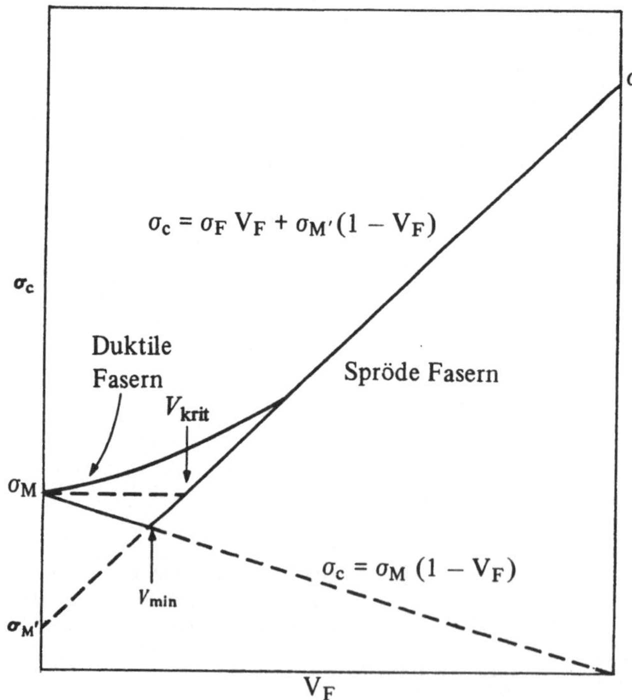

Bild 5.9

Zu erwartender Verlauf der Festigkeit σ_c von Verbundwerkstoffen in Abhängigkeit vom Faservolumanteil V_F für Verstärkung mit kontinuierlichen duktilen und spröden Fasern.

eine größere Dehnung als die Fasern und zeigt sie außerdem noch eine Verfestigung,
dann erhält man einen Verbundkörper mit einer höheren Zugfestigkeit als die der Matrix
allein nur dann wenn

$$\sigma_C \geqslant \sigma_M \, .$$

Mit Gl. (5.17) läßt sich dann ein kritischer Faservolumanteil definieren, der gegeben ist
durch

$$V_{krit} = \frac{\sigma_M - \sigma_M'}{\sigma_F - \sigma_M'} \approx \frac{\sigma_W}{\sigma_F} \, . \tag{5.18}$$

V_{krit} muß also überschritten werden, wenn durch das Einbringen von hochfesten Fasern,
die bei ihrem Bruch nur eine geringe Dehnung aufweisen, ein Verbundkörper erzeugt
werden soll, dessen Festigkeit größer ist als die der verfestigten Matrix allein.

Duktile Fasern versagen durch Einschnüren. Ist die Bindung zwischen Matrix und
Faser sehr fest, dann findet man, daß das Einschnüren der Faser durch die Matrix behindert wird. Ist nun nach Überschreiten des Maximums der nominellen Zugspannung
der Fasern die Abnahme der Tragfähigkeit der Fasern geringer als die Zunahme der Spannung, die die Matrix aushalten kann, dann läßt sich der Verbundkörper über die zur nominellen Zugfestigkeit der Fasern gehörige Dehnung hinaus noch gleichförmig verlängern
(vgl. *Kelly* und *Tyson* [11]). Der Verlauf der Festigkeit mit dem Faservolumanteil ist für
diesen Fall durch die Kurve für duktile Fasern in Bild 5.9 gegeben.

5.4.2. Diskontinuierliche Fasern

Enthält ein Verbundwerkstoff diskontinuierliche Fasern, dann ist die Spannung in
den Fasern nicht gleichförmig sondern baut sich von den Faserenden her auf. Um diese
Tatsache für die Berechnung der Festigkeit eines Verbundkörpers zu berücksichtigen,
ersetzen wir σ_F in Gl. (5.17) durch $\overline{\sigma}$ und erhalten

$$\sigma_c = \overline{\sigma} \, V_F + \sigma_M' \, (1 - V_F); \quad V_F > V_{min} \, . \tag{5.17.1}$$

Diese Beziehung darf nur unter der Voraussetzung verwendet werden, daß die Verteilung der Fasern rein statistisch ist. Das bedeutet, daß alle Querschnitte des Verbundkörpers gleichartig sind. Eine notwendige Bedingung dafür, daß dies zutrifft, ist die Forderung, daß in jedem beliebigen Abschnitt der Probe die Zahl der Faserzentren pro Flächeneinheit des Querschnitts konstant sein muß. Weiterhin müssen auch, um Versagen durch
Abscheren zu verhindern, Verteilungen der Art wie in Bild 5.12 (d) vermieden werden.

Ist die Dehnung im Verbundkörper so groß, daß sie im Mittelteil der Faser eine
Spannung gleich der Zugfestigkeit erzeugt, dann wird die mittlere Spannung $\overline{\sigma}$ in der
Faser diesen Wert nicht erreichen. Eine gute Näherung für die Spannungsverteilung in
der Faser, die sowohl für metallische Matrixmaterialien als auch für solche aus Kunststoff
angewendet werden kann, gibt Bild 5.7, wobei für a der Wert $l_c/2$ und für e die Dehnung
der Faser beim Bruch eingesetzt wird. Wir erhalten dann

$$\overline{\sigma} = \sigma_F \left(1 - \frac{l_c}{2\,l}\right) \, . \tag{5.18}$$

Baut sich die Spannung von den Faserenden her in einer nichtlinearen Weise auf, dann
kann man schreiben

$$\bar{\sigma} = \sigma_F \left\{ 1 - (1 - \beta) \frac{l_c}{l} \right\},$$ (5.19)

wobei β der Mittelwert der Spannung für den Teil der Faser ist, der innerhalb der Entfernung $l_c/2$ vom Faserende liegt.

Die Zugfestigkeit eines Verbundmaterials, das einsinnig ausgerichtete diskontinuierliche Fasern in statistischer Verteilung enthält, läßt sich nun aus Gln. (5.17.1) und (5.19)
berechnen. Wir erhalten

$$\sigma_C = \sigma_F V_F \left(1 - \frac{1 - \beta}{\alpha} \right) + \sigma'_M (1 - V_F); \quad V_F > V_{min};$$ (5.20)

dabei ist $\alpha = l/l_c$.

Die Gln. (5.17) und (5.20) zeigen, daß diskontinuierliche Fasern einen Verbundkörper in jedem Fall weniger wirksam verstärken als kontinuierliche. Der Unterschied
ist jedoch gering, falls α groß ist. Für $\alpha = 10$ werden mit diskontinuierlichen Fasern 95 %
der Festigkeit erreicht, die man mit dem gleichen Volumanteil an kontinuierlichen Fasern
erhält. Bild 5.10 macht das anhand experimenteller Ergebnisse plausibel. Die Gültigkeit
von Gl. (5.20) wurde an einer Reihe von Verbundsystemen für Werte von V_F bis zu 60 %
experimentell bestätigt (*Kelly* und *Tyson* [11], *Kelly* und *Davies* [12]). Das zeigt, daß

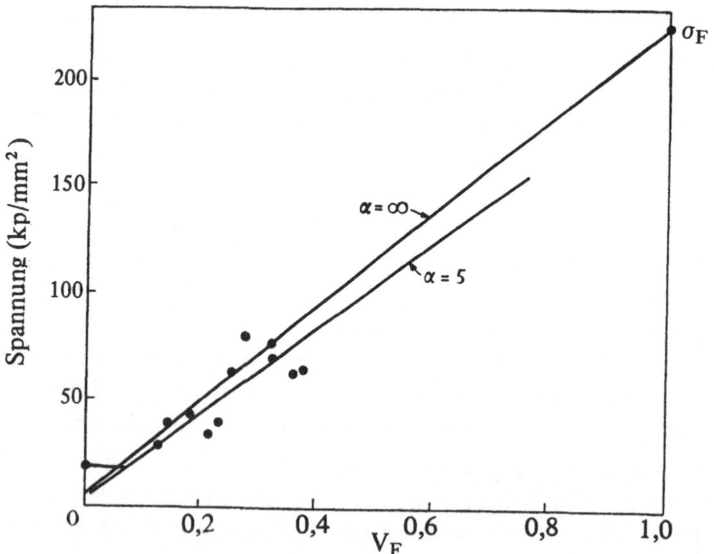

Bild 5.10. Verlauf der Zugfestigkeit eines Verbundwerkstoffs aus Kupfer, das mit kontinuierlichen und
diskontinuierlichen Wolframdrähten von etwa 0,13 mm Durchmesser verstärkt war, in Abhängigkeit vom
Faservolumanteil V_F. Die experimentell ermittelten Punkte sind nur für die Verbundkörper mit diskontinuierlichen Fasern angegeben. $\alpha = \infty$ bezeichnet die experimentell gefundene Kurve für kontinuierliche
Drähte. $\alpha = 5$ bezeichnet eine Linie, die mit der Methode des kleinsten Fehlerquadrats aus dem Experiment bestimmt wurde (nach *McDanels* und Mitarb. [6]).

Wechselwirkungen zwischen den Spannungsverteilungen in benachbarten Fasern, wie z.B. der Einfluß der Anwesenheit eines Faserendes auf das Aufbauen der Spannung in einer benachbarten Faser, dem Experiment zufolge für Werte von V_F kleiner als 60 % nicht wesentlich sind. Für diskontinuierliche Fasern mit Längen größer als l_c ist also die Festigkeit des Verbundwerkstoffs gegeben durch Gl. (5.20). Der kritische Volumanteil für die Steigerung der Festigkeit ist für diskontinuierliche Fasern

$$V_{krit} = \frac{\sigma_M - \sigma_M'}{\sigma_F \left(1 - \frac{1-\beta}{\alpha}\right) - \sigma_M'} \; ; \quad \alpha \geqslant 1. \tag{5.21}$$

Sind die Fasern nicht kontinuierlich, dann ergibt sich beim Versagen an einem bestimmten Querschnitt, daß die Fasern, deren Enden innerhalb eines Abstandes $l_c/2$ von der Bruchfläche liegen, nicht zerrissen, sondern aus der Matrix herausgezogen werden. Der Anteil der herausgezogenen Fasern beträgt $1/\alpha$. Das wurde von *Kelly* und *Tyson* [10] experimentell bestätigt. Die untere Grenze des Gültigkeitsbereichs von Gl. (5.20) erhält man dann aus der Beziehung

$$\sigma_C \geqslant \sigma_M (1 - V_F) + \frac{\beta}{\alpha} \sigma_F V_F.$$

Setzt man Gl. (5.20) in diese Beziehung ein, dann findet man

$$V_{min} = \frac{\sigma_W}{\sigma_F (1 - 1/\alpha) + \sigma_W} \; . \tag{5.22}$$

Für $V_F < V_{min}$ gilt

$$\sigma_C = \sigma_M (1 - V_F) + \frac{\beta}{\alpha} \sigma_F V_F. \tag{5.23}$$

Da σ_C nicht kleiner werden kann als der in Gl. (5.23) gegebene Wert, kann diese Beziehung dafür verwendet werden, einige Eigenschaften der Fasern zu definieren, die nötig sind, damit ein Verstärkungseffekt im Gebiet $V_F < V_{min}$ auftritt. Dazu muß gelten $\sigma_C > \sigma_M$ und daher auch nach Gl. (5.23)

$$\frac{\beta}{\alpha} \sigma_F > \sigma_M. \tag{5.24}$$

Ist nun $\beta/\alpha \, \sigma_F = \sigma_M$, dann wird $V_{krit} = V_{min}$.

Die Gln. (5.21) bis (5.23) sind anwendbar, wenn $l = l_c$, d.h. $\alpha = 1$. Ist das der Fall, dann wird V_{min} gleich 1, und das Versagen des Verbundkörpers wird durch plastisches Fließen der Matrix auftreten. Ist aber die Bedingung (5.24) erfüllt, dann wird $V_{min} > V_{krit}$, und ein Verstärkungseffekt wird gefunden. Die Zugfestigkeit des Verbundkörpers ist dann gegeben durch Gl. (5.23) mit $\alpha = 1$. Das ist die Festigkeit eines Verbundwerkstoffs mit ausgerichteten Fasern, die durch das plastische Fließen der Matrix in Stücke von der kritischen Länge zerrissen worden sind.

Für diskontinuierliche Fasern mit Länge $l < l_c$ ist die Festigkeit gegeben durch

$$\sigma_C = \sigma_M (1 - V_F) + \sigma_F' V_F,$$

wobei σ_F' die mittlere von den Fasern getragene Spannung ist. Baut sich die Spannung innerhalb der Faser linear auf, dann haben wir

$$\sigma_C = \sigma_M (1 - V_F) + \frac{\tau l}{d} V_F. \qquad (5.25)$$

Dabei gilt für eine Metallmatrix $\tau = \tau_f$ und für eine Kunststoffmatrix nach der Theorie von *Outwater* [14] $\tau = \mu n$.

5.5. Bestimmung des kritischen Schlankheitsgrades

Experimentell ermittelte Werte des kritischen Schlankheitsgrades l_c/d sind nützlich für die Entwicklung von Verbundwerkstoffen einer gewünschten Festigkeit. Ferner ist die Kenntnis dieser Größe unter gewissen Bedingungen notwendig für die Berechnung der Brucharbeit (vgl. Abschnitt 5.8). Streuen die Werte für die Festigkeit in einer gegebenen Menge von Fasern, dann ergeben sich selbstverständlich auch verschiedene Werte für l_c/d.

In metallischen Matrixmaterialien, bei denen die Übertragungslänge durch die Schubfestigkeit der Matrix bestimmt ist und nicht durch die der Grenzfläche, lassen sich die Werte von l_c/d bis auf einen Faktor 2 mit Gl. (5.11) bestimmen, wobei τ_f gleich der Schubfestigkeit der Matrix ist.

Eine ungefähre Bestimmung von l_c/d läßt sich durchführen, indem man eine einzelne Faser in ein Stück Matrixmaterial einbettet und die Spannung feststellt, die nötig ist, um die Faser herauszuziehen. Einige Ergebnisse von Versuchen dieser Art sind in Bild 5.11 gezeigt. Die notwendige Spannung für das Herausziehen einer Faser, die bis zu einer Länge l in die Matrix eingebettet ist, sollte die Größe

$$\sigma = \sigma_0 + k l/d$$

haben, wobei σ_0 und k Konstanten sind. k sollte für eine gegebene Kombination von Faser und Matrix unabhängig von der Festigkeit der Faser sein. Für diese Art Versuch ist es also nicht erforderlich, extrem feste Fasern anzuwenden. k wird ermittelt aus der Steigung der Linie, die in Bild 5.11 durch offene Dreiecke gekennzeichnet ist. Der kritische Schlankheitsgrad einer Faser mit der Zugfestigkeit σ_F ist gegeben durch die Beziehung

$$\frac{l_c}{d} = \frac{2\sigma_F}{k} .$$

Streuen die Festigkeitswerte der einzelnen Fasern nicht sehr stark, dann kann ein Wert für l_c/d aus der Untersuchung der Bruchfläche eines Verbundkörpers, der einen Volumanteil V_F größer als V_{krit} an diskontinuierlichen Fasern der Länge l und gleichförmigen Schlankheitsgrad enthält, gefunden werden. Alle Fasern, deren Enden innerhalb einer Entfernung $l_c/2$ von der Bruchfläche liegen, werden nicht zerrissen sondern werden

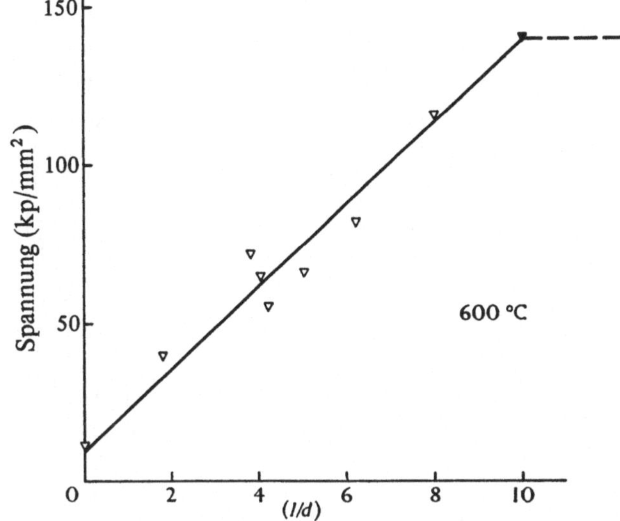

Bild 5.11
Die zum Herausziehen eines einzelnen Wolframdrahts aus einem Stück Kupfer nötige Zugspannung in Abhängigkeit von der Einbettlänge l. Das ausgefüllte Dreieck bezeichnet Bruch der Faser bevor sie herausgezogen ist. d ist der Drahtdurchmesser.

aus der Matrix herausgezogen. Die genaue Betrachtung der Bruchfläche ergibt dann die Zahl n_f der Fasern, die zerrissen wurden, und die Zahl n_p derer, die herausgezogen wurden. Es wird dann gelten

$$\frac{n_f}{n_p} = \frac{l}{l_c} - 1,$$

und die kritische Länge ergibt sich somit als ein bestimmter Bruchteil der Faserlänge (*Kelly* und *Tyson* [11]).

5.6. Orientierungsabhängigkeit

In Abschnitt 5.4 diskutierten wir die Zugfestigkeit von Verbundkörpern mit gleichmäßig ausgerichteten Fasern für den Fall, daß die Spannung parallel zur Faserrichtung wirkt. Im folgenden Abschnitt betrachten wir zunächst das Versagen unter Druckbelastung für eine Spannung parallel zur Faserrichtung. Anschließend diskutieren wir die Zugfestigkeit für den Fall, daß die Spannung unter einem Winkel ϕ zur Faserachse wirkt.

5.6.1. Versagen unter Druckbelastung

Das Versagen eines Verbundwerkstoffs, der parallel zur Faserrichtung auf Druck beansprucht wird, wurde von *Rosen* [3] und *Schuerch* [16] betrachtet. Beide Autoren betrachten das Versagen eines Verbundkörpers aus parallel liegenden Platten, der in einer Richtung in der Ebene der Platten auf Druck belastet wird, und erhalten sehr ähnliche Ergebnisse. Es wird angenommen, daß Versagen durch Ausknicken der Fasern eintritt. Hierbei sind die zwei Arten des Versagens möglich, die in Bild 5.12 (a) und (b) dargestellt sind. Das Versagen kann eintreten durch Scherung der Matrix, wie in Bild 5.12 (a)

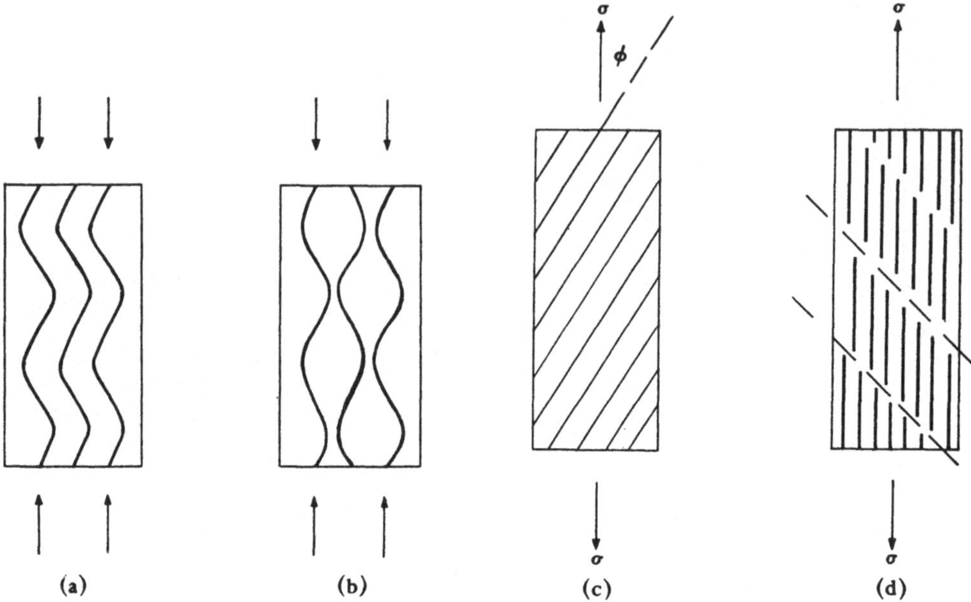

Bild 5.12 Verschiedene Möglichkeiten des Versagens eines Faserverbundwerkstoffs für Druckbelastung und für Belastung unter einem gewissen Winkel zu den Fasern. (a) und (b) zeigen mögliche Versagensarten für den Fall der Druckbelastung; (c) verdeutlicht die in Abschnitt 5.6 benutzte Bezeichnungsweise; (d) zeigt, daß bei Verwendung diskontinuierlicher Fasern Versagen eintreten kann durch Abscheren der Matrix auf einer Ebene, die gegen die Faserrichtung geneigt ist, falls die Verteilung der Fasern nicht wirklich regellos ist.

gezeigt. Falls die Matrix einen Schubmodul G_M hat und elastisch bleibt, dann versagt der Verbundkörper bei einer Spannung

$$\sigma_C = \frac{G_M}{1 - V_F} . \tag{5.26}$$

Eine andere Art des Versagens ist die in Bild 5.12 (b) gezeigte Möglichkeit, bei der die Fasern jeweils in entgegengesetzter Richtung ausknicken. Die wesentliche Verformung in der Matrix tritt auf durch Dehnung quer zur Faser. Die Spannung, die das hervorruft, beträgt etwa

$$\sigma_c = \frac{2}{\sqrt{3}} \, V_F \left(\frac{V_F \, E_M \, E_F}{1 - V_F} \right)^{\frac{1}{2}} . \tag{5.27}$$

Aus diesen beiden Beziehungen sieht man, daß bei kleinem V_F Versagen nach der in Bild 5.12 (b) abgebildeten Art auftritt, während für größere Werte von V_F vorwiegend Versagen nach dem Modell in Bild 5.12 (a) zu erwarten ist. Nachdem diese Ausdrücke nur die elastischen Konstanten von Matrix und Faser enthalten, sind die Spannungen, die durch die Gln. (5.26) und (5.27) gegeben werden, für einen Wert $V_F = 0{,}5$ sehr hoch.

Für eine metallische Matrix betragen die Werte für σ_c in beiden Fällen mehrere tausend kp/mm². Selbst für ein Kunstharz mit G_M = 140 kp/mm² ergibt Gl. (5.26) einen Wert σ_c = 280 kp/mm². Beim Versagen muß daher die Verformung im Verbundkörper mehrere % betragen. Plastisches Fließen einer Metallmatrix und unelastische Effekte in Kunstharzen müssen also in Betracht gezogen werden. Bild 5.8(b) zeigt die Druckfestigkeit eines Verbundmaterials aus Wolframdraht in Kupfer in Abhängigkeit vom Volumanteil. Das Verhalten unter Zugspannung ist in Bild 5.8(a) gezeigt. Man erhält für σ_c eine lineare Abhängigkeit von V_F, so daß Gl. (5.17) innerhalb der experimentellen Genauigkeit erfüllt ist. Es ist offensichtlich, daß die gezeigten Druckfestigkeiten mindestens ebenso groß sind wie die Zugfestigkeiten. Das Versagen der Kupfer-Wolfram-Proben erfolgte durch Ausknicken und Aufspalten der Wolframdrähte in der Längsrichtung[1]). Diese Versagensarten stimmen mit den erwarteten überein. In jedem Fall trat vor dem Versagen plastisches Fließen der Matrix auf.

5.6.2. Faserorientierung

Wird ein Verbundkörper, der einsinnig ausgerichtete Fasern enthält, unter einem bestimmten Winkel zur Faserrichtung auf Zug belastet, dann werden drei Größen wichtig. Es sind dies die Spannung σ_c, die zum Versagen durch Fließen parallel zur Faserrichtung führt und bestimmt wird aus Gl. (5.17) oder Gl. (5.20); die Schubspannung τ_u, die zur Abscherung parallel zur Faserrichtung führt (entweder in der Matrix oder an der Grenzfläche zwischen Faser und Matrix); und schließlich σ_u, die Zugspannung, die ein Versagen des Verbundmaterials in einer Richtung senkrecht zur Faserachse herbeiführt. σ_u wird entweder durch plastisches Fließen der Matrix im Zustand ebener Dehnung bestimmt, dann gilt

$$\sigma_u = \sigma_M^* \, (1 - V_F),$$

mit σ_M^* als der Zugfestigkeit der Matrix im Zustand ebener Dehnung, oder aber σ_u ist durch die Zugfestigkeit der Grenzschicht zwischen Faser und Matrix gegeben. Im zweiten Fall wird

$$\sigma_u = \sigma_i V_F,$$

wobei σ_i entweder die Zugfestigkeit der Grenzfläche zwischen Faser und Matrix oder die einer Grenzfläche parallel zu den Fasern im Zustand ebener Dehnung ist.

Ist ϕ der Winkel zwischen Faserachse und Richtung der angelegten Zugspannung σ (Bild 5.12(c)), dann erfordert das Versagen des Verbundkörpers durch Bruch der Fasern eine Zugspannung der Größe

$$\sigma = \frac{\sigma_c}{\cos^2 \phi} = \sigma_c \sec^2 \phi. \qquad (5.28)$$

---

[1]) Eine Kunstharzmatrix kann eine sehr geringe Zugfestigkeit haben. Wenn nun Versagen nach dem Modell von Bild 5.12 (b) eintritt, dann kann ein Verbundkörper mit festen Fasern unter Druck wesentlich weniger fest sein als unter Zug.

Versagen durch Abscheren in Faserrichtung auf einer Ebene parallel zu den Fasern erfordert eine Zugspannung

$$\sigma = \frac{\tau_u}{\sin\phi\,\cos\phi} = 2\,\tau_u\,\text{cosec}\,2\,\phi. \tag{5.29}$$

τ_u wird häufig die Schubfestigkeit der Matrix sein. Der anzusetzende Wert wird allerdings höher sein als der Wert, den man an der Matrix allein mißt, und zwar wegen der durch die Fasern hervorgerufenen Verspannungen. Analoge Befunde ergeben sich beim Versagen dünner Hartlötverbindungen. Metallische Matrixmaterialien zeigen eine beträchtliche Festigkeit gegenüber Abscheren. Beim Versagen durch diesen Mechanismus wird die Größe des Winkels ϕ während des Schervorgangs fallen, und damit steigt der Wert von σ. ϕ muß in diesem Fall als der Winkel angesehen werden, der vorliegt, wenn die Scherfestigkeit der Matrix erreicht ist. Ist die Größe τ_u die Scherfestigkeit der Grenzfläche zwischen Faser und Matrix, dann erwartet man keine wesentliche Änderung des Winkels ϕ.

Versagen durch Fließen der Matrix quer zur Faserrichtung oder Versagen der Grenzfläche unter Zugbeanspruchung erfordert eine angelegte Spannung der Höhe

$$\sigma = \frac{\sigma_u}{\sin^2\phi} = \sigma_u\,\text{cosec}^2\,\phi. \tag{5.30}$$

Wir nehmen an, daß jeweils derjenige der geschilderten Versagensmechanismen auftritt, der entsprechend den Gln. (5.28), (5.29) und (5.30) die niedrigste angelegte Spannung erfordert.

Bild 5.13 (a) zeigt den Verlauf der Spannung σ, die zum Versagen führt, in Abhängigkeit vom Winkel ϕ, gemessen an einem Verbundwerkstoff, der aus ausgerichteten SiO$_2$-Fasern in einer Aluminiummatrix bestand (*Jackson* und *Cratchley* [17]). Die durchgezogenen Linien geben die nach der vorausgegangenen Analyse bei Verwendung der gemessenen Werte von σ_c, σ_u und τ_u berechnete Bruchspannung. Berücksichtigt man die zu erwartende Änderung von ϕ für den Fall, daß Versagen entsprechend Gl. (5.29) eintritt, dann stellt man fest, daß die theoretischen Vorhersagen recht gut erfüllt werden und die beobachteten Versagensmechanismen mit den oben angegebenen übereinstimmen.

Aus den Gln. (5.28) und (5.29) ergibt sich ein kritischer Winkel

$$\phi_{\text{krit}} = \arctan\left(\frac{\tau_u}{\sigma_c}\right),$$

oberhalb dessen die Festigkeit abfällt. Für den in Bild 5.13 (a) gezeigten Fall beträgt der berechnete Winkel etwa 3,5°. Dieses Abfallen bedeutet, daß die Festigkeit eines faserverstärkten Verbundwerkstoffs stark anisotrop ist. Die außerordentlich starke Abhängigkeit der Festigkeit eines faserverstärkten Materials vom Winkel ϕ kann dadurch vermindert werden, daß man Platten, die jeweils gleichmäßig ausgerichtete Fasern enthalten, übereinander schichtet und miteinander verbindet. Diese Methode ist dem statistischen

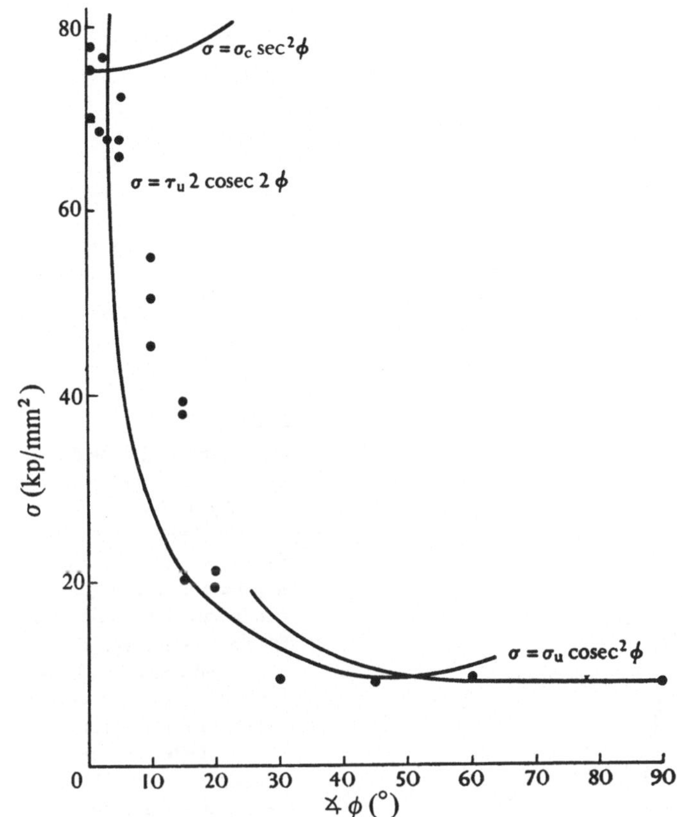

Bild 5.13 (a)

Gemessene Änderung der Zugfestigkeit σ mit dem Winkel zwischen den ausgerichteten kontinuierlichen Fasern und der Zugrichtung. Die Proben bestanden aus 50 Vol.–% SiO$_2$-Fasern in einer Matrix aus Reinaluminium. Die drei eingezeichneten Kurvenzüge entsprechen den Aussagen der Gln. (5.28), (5.29) und (5.30).

Verteilen von Fasern in einer Ebene überlegen, da man mit dem Schichtaufbau zu wesentlich höheren Werten von V_F gelangt, als man mit wahlloser Verteilung der Orientierungen erreicht. Bild 5.13 (b) zeigt Ergebnisse für SiO$_2$-Fasern in Aluminium, wobei Lagen übereinandergebracht und miteinander verbunden wurden, die abwechselnd mit den Winkeln $+\,\phi$ und $-\,\phi$ gegen die Zugrichtung orientiert waren. Bis zu einem Winkel von etwa $\phi = 25^\circ$ bleibt die Festigkeit auf einem hohen Wert. Das hat seinen Grund darin, daß für Winkel ϕ kleiner als 45° eine Scherung parallel zu den Fasern in der einen Lage in der anderen eine Verschiebung an der Grenzfläche erfordert, die eine Komponente parallel zur Faser hat. Die Erhaltung der Zugfestigkeit des Verbundkörpers beim Zunehmen von ϕ wird dann durch die Schubfestigkeit der Matrix bestimmt. Auf diese Weise hergestellte Verbundkörper mit metallischer Matrix behalten ihre Festigkeit bis zu recht großen Winkeln, da τ_u mindestens mehrere kp/mm^2 beträgt. Verbundkörper mit Kunstharzmatrix dagegen behalten ihre hohe Festigkeit nicht bis zu so hohen Werten von ϕ wie aus Bild 5.13 (b) ersichtlich ist. Allerdings bleibt auch in diesem Fall die Festigkeit bei abwechselnder Orientierung $+\,\phi$ und $-\,\phi$ bis zu größeren Winkeln erhalten, als das bei einsinniger Anordnung der Fall ist.

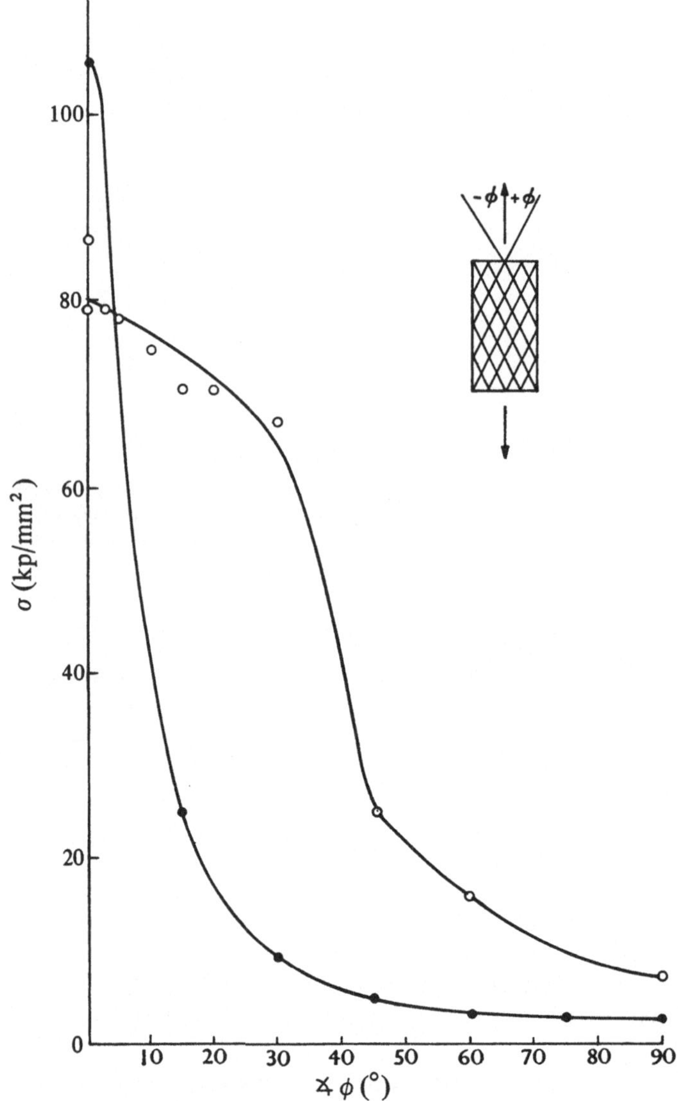

Bild 5.13 (b)

Gemessene Änderung der Zugfestigkeit σ mit dem Winkel ϕ für Proben, die aus abwechselnden Schichten von Fasern bestehen. Die Fasern in jeder einzelnen Lage sind parallel und kontinuierlich. Die Schichten liegen abwechselnd unter dem Winkel $+\phi$ und $-\phi$ zur Zugrichtung. Die offenen Kreise sind gemessene Daten für einen Volumanteil von 40 % SiO_2-Fasern in Aluminium. Die ausgefüllten Kreise sind die Meßdaten für einen Volumanteil von 66 % Fasern aus E-Glas in einem Epoxidharz. Die Daten für SiO_2-Faser/Aluminium stammen von *Jackson* und *Cratchley* [17], die für Glasfaser/Epoxidharz von *Tsai* [18].

Isotropie der Festigkeit in einer Ebene läßt sich erreichen, indem man Platten, die jeweils einachsig ausgerichtete Fasern enthalten, miteinander verbindet. Diese Methode macht man sich bei der Herstellung von Sperrholz zunutze.

Werden Fasern wahllos innerhalb einer Ebene oder im Raum angeordnet, so daß eine isotrope ebene Matte oder ein filzartiges Gebilde entsteht, dann liegen die Grenzen für den erreichbaren Faservolumanteil recht niedrig. Die Berechnung der Festigkeit solcher Anordnungen ist schwierig. Experimentell findet man, daß die Abhängigkeit der Festigkeit von der Orientierung für glasfaserverstärktes Kunstharz der Orientierungsabhängigkeit des

Elastizitätsmoduls entspricht. Ein Verbundkörper mit wahllos angeordneten langen, dünnen Fasern von einer Länge sehr viel größer als l_c versagt unter einer Zugspannung erst, wenn für eine bestimmte Richtung die Dehnung e_F erreicht ist, bei der die Faser bricht. Die dazu erforderliche Spannung ist $E_c e_F$, wobei E_c der Elastizitätsmodul des Verbundkörpers für diese Richtung ist.

Cox [1] berechnete den Elastizitätsmodul für einen Verbundkörper aus langen dünnen Fasern ohne Steifigkeit in der Querrichtung unter der Annahme, daß die Fasern nur von ihren Enden her belastet sind, und unter Vernachlässigung des Einflusses der Matrix. Für eine ebene Matte fand er $E_c = E_F V_F/3$ und G_c, der Schubmodul des Verbundkörpers, wird gleich $E_F V_F/8$. Für einen dreidimensionalen Filz sind die entsprechenden Werte $E_F V_F/6$ und $E_F V_F/15$. In Abschnitt 5.3 sahen wir, daß für Metall wie für Kunstharzmatrix bei Spannungen in der Nähe der Bruchspannung der Beitrag der Matrix zum Elastizitätsmodul vernachlässigt werden darf. Die Bruchfestigkeit einer ebenen Matte sollte demnach etwa $\sigma_F V_F/3$ betragen, die eines dreidimensionalen Filzes etwa $\sigma_F V_F/6$. Der theoretisch erreichbare Höchstwert von V_F beträgt bei ebenen Matten für einachsig ausgerichtete Fasern mit rechteckigem Querschnitt 1, bei rundem Querschnitt $\pi/4$ (= 0,785). Die entsprechenden Werte von V_F für den dreidimensionalen Filz sind 0,75 und $3\,\pi/16$ (= 0,589).

5.7. Schwankungen in der Festigkeit der Fasern

Die Zugfestigkeit der einzelnen Fasern in einem Verbundmaterial wird immer in gewissen Grenzen Schwankungen unterworfen sein. Eine Betrachtung darüber, welcher Durchschnittswert aus den einzelnen Festigkeitswerten anzusetzen ist um die Festigkeit eines Verbundkörpers zu berechnen, muß die Art und Weise des Versagens eines solchen Werkstoffes berücksichtigen.

Betrachten wir zunächst einen Verbundkörper bestehend aus einem Bündel völlig gleichartiger Fasern mit völlig gleichen Spannung-Dehnung-Kurven und gleicher Zugfestigkeit. Enthält der Verbundwerkstoff mehr als den Volumbruchteil V_{min} an parallel ausgerichteten kontinuierlichen Fasern und wird er in Faserrichtung belastet, dann werden nach Versagen einer Faser alle anderen an der Stelle, wo die erste Faser bricht, sofort überlastet, und der Verbundkörper geht zu Bruch. Das Matrixmaterial zwischen den Fasern wird entweder brechen oder aber sich zu einer Spitze einschnüren. Ein Verbundkörper mit diskontinuierlichen Fasern verhält sich ganz ähnlich. Allerdings werden Fasern, deren Enden innerhalb eines Bereichs der Länge $l_c/2$ von dem Querschnitt liegen, in dem die erste Faser bricht, nicht zerrissen. Die Arbeit zum Trennen der beiden Teile des Verbundkörpers, nachdem die Fasern in einem Querschnitt versagt haben, hängt vom Wert der Übertragungslänge ab. Dieses Problem wird in Abschnitt 5.8 diskutiert.

Unterscheiden sich die Fasern in ihrer Zugfestigkeit, dann wird das Problem sehr viel komplizierter. Die statistische Theorie des Bruchs eines derartigen faserverstärkten Werkstoffs wurde von *Rosen* [3] unter Benutzung der Ergebnisse von *Gücer* und *Gurland* [19] behandelt. Diese Autoren versuchen, statistische Theorien der Bruchfestigkeit von Faserbündeln anzuwenden, die nach dem Prinzip vom schwächsten Glied einer Kette entwickelt wurden (vgl. z.B. *Epstein* [20]).

Betrachten wir ein Bündel Fasern, das eine gewisse Verteilung der Festigkeit aufweist, die gekennzeichnet ist durch die Verteilungsfunktion $f(\sigma)$ derart, daß von einer großen Zahl N von einzeln untersuchten Fasern die Zahl derer, die bei einer Spannung zwischen σ und $\sigma + d\sigma$ bricht, $Nf(\sigma)\,d\sigma$ ist. Die kumulative Verteilungsfunktion $F(\sigma)$ ist definiert als

$$F(\sigma) = \int_0^{\sigma} f(\sigma)\,d\sigma. \tag{5.31}$$

Nehmen wir an, wir führen eine große Zahl von Messungen der Bruchlast von einzelnen Faserbündeln aus. Die Bündel werden jeweils an ihren Enden belastet, jedes einzelne enthält die gleiche große Zahl N von Fasern gleichen Querschnitts. Aus der gemessenen Bruchlast und der Zahl der Fasern bestimmen wir die durchschnittliche Spannung in der einzelnen Faser beim Versagen des Bündels. *Daniels* [21] zeigte, daß für sehr große N die Verteilung der mittleren Spannung in der Faser beim Versagen des Bündels, σ_b, sich einer Normalverteilung mit dem Mittelwert oder der Erwartung

$$\overline{\sigma}_b = \sigma_m \left\{ 1 - F(\sigma_m) \right\} \tag{5.32}$$

nähert. Die maximale Spannung σ_m in der Faser wird bestimmt aus der Bedingung, daß die vom Faserbündel getragene Kraft beim Bruch einen Höchstwert hat. Die Last ist das Produkt aus der Spannung in der Faser (multipliziert mit der Querschnittsfläche einer Faser) und der Zahl der nicht gebrochenen Fasern. Somit erhält man σ_m aus der Beziehung

$$\frac{d}{d\sigma} \left[\sigma \left\{ 1 - F(\sigma) \right\} \right]_{\sigma = \sigma_m} = 0. \tag{5.33}$$

Die Werte von σ_b sind gekennzeichnet durch die Verteilungsdichte

$$\omega(\sigma_b) = \frac{1}{\psi_b \sqrt{2\pi}} \exp \left\{ -\frac{1}{2} \left(\frac{\sigma_b - \overline{\sigma}_b}{\psi_b} \right) \right\}. \tag{5.34}$$

ψ_b ist hierbei die mittlere Abweichung, die gegeben ist durch

$$\psi_b = \sigma_m \left[F(\sigma_m) \left\{ 1 - F(\sigma_m) \right\} \right]^{1/2} N^{-1/2}. \tag{5.35}$$

ψ_b wird also gering, wenn N sehr groß gemacht wird. Das gibt dem plausiblen Gedanken Ausdruck, daß die Reproduzierbarkeit der Festigkeit eines Faserbündels umso höher wird, je größer die Zahl der Fasern pro Bündel ist.

Von ziemlich allgemeinen Annahmen ausgehend zeigte *Coleman* [22], daß die wahrscheinlichste Bruchspannung eines Faserbündels, die durch Gl. (5.32) gegeben ist, geringer ist als die mittlere Bruchspannung für die Fasern, aus denen sich das Bündel zusammensetzt. *Coleman* [22] gibt numerische Resultate für Fasern, deren Festigkeiten einer Weibull-Verteilung gehorchen. Er findet, daß das Verhältnis dieser beiden Größen z.B. 0,7 wird, falls man den Variationskoeffizienten der Faserfestigkeit (das Verhältnis zwischen der mittleren Abweichung für die Festigkeit und der mittleren Festigkeit) zwischen 0,1 und 0,2 ansetzt.

Für Faserbündel, die charakterisiert sind durch Gl. (5.34), definieren wir die kumulative Verteilungsfunktion $\Omega(\sigma_b)$ als

$$\Omega(\sigma_b) = \int_0^{\sigma_b} \omega(\sigma_b)\, d\sigma_b. \tag{5.36}$$

Nehmen wir nun an, daß wir eine Anzahl solcher Bündel hintereinandergeschaltet haben, so daß sie eine Kette bilden. Jedes Bündel ist jetzt also ein Glied in dieser Kette, die aus m Gliedern besteht. Die Kette wird reißen, sobald unter Belastung ein Bündel reißt. Die mittlere Spannung im Bündel beim Versagen wird also gleich der Zugfestigkeit der Kette, σ_c. Die Verteilungsfunktion für σ_c erhält man mit Hilfe des Gedankens vom schwächsten Glied. Sie lautet

$$\lambda(\sigma_c) = m\,\omega(\sigma_c)\,\{1 - \Omega(\sigma_c)\}^{m-1}. \tag{5.37}$$

Die Form dieser Beziehung ergibt sich aus folgendem Argument. $\lambda(\sigma_c)\,d\sigma_c$ ist gleich der Wahrscheinlichkeit dafür, daß ein Bündel bei einer Spannung zwischen σ_c und $\sigma_c + d\sigma_c$ versagt, (d.h. $\omega(\sigma_c)\,d\sigma_c$), multipliziert mit der Wahrscheinlichkeit dafür, daß für die verbleibenden $(m - 1)$ Glieder der Kette die Festigkeit $\sigma_c + d\sigma_c$ übertroffen wird $(\{1 - \Omega(\sigma_c)\}^{m-1})$. Nachdem die Kette aus m Gliedern besteht, folgt Gl. (5.37). Die wahrscheinlichste Bruchspannung erhält man aus der Bedingung

$$\left(\frac{d\lambda(\sigma_c)}{d\sigma_c}\right)_{\sigma_c = \sigma_c^*} = 0. \tag{5.38}$$

Es ist zu bemerken, daß Gl. (5.37) eine Erhöhung von $\lambda(\sigma_c)$ mit steigendem m voraussagt und damit die Bruchwahrscheinlichkeit bei einer bestimmten Spannung mit der Zahl der Glieder, aus der die Kette besteht, steigt.

Wir können nun versuchen, diese Gedanken anzuwenden auf das Versagen eines Verbundkörpers, der parallele kontinuierliche Fasern mit einer gewissen Streuung der Festigkeitswerte enthält. Wenn der Verbundkörper in der Faserrichtung gedehnt wird, dann werden die schwächsten Fasern versagen. Reißt in einem Verbundmaterial eine Faser, dann sinkt die von ihr getragene Last nur innerhalb eines Abstandes $l_c/2$ von der Bruchstelle. Vorausgesetzt die Fasern sind in einer solchen Matrix eingebettet, daß der Verbundkörper kerbunempfindlich ist, dann können wir alle Brüche als unabhängig voneinander ansehen (Abschnitt 5.8). Die Fasern werden dann mit dem Fortschreiten der Dehnung in kürzere Stücke zerrissen, wobei mit der schwächsten Faser begonnen wird. Die Spannungsverteilung in einer Faser wird etwa der in Bild 5.7 gezeigten entsprechen.

Versagt eine Faser, dann treten zwei Dinge ein: Zum einen wird die Faser auf den beiden Seiten des Bruchs jeweils auf der Länge $l_c/2$ teilweise entlastet, zum anderen bildet sich zwischen den beiden Bruchflächen ein Loch. Die Länge des Lochs in der

Richtung der Faserachse wird, grob gerechnet, etwa $e_F\, l_c/2$ betragen, was nur ein kleiner Bruchteil von l_c ist. Angenommen die Spannung in der Faser würde beim Bruch über die ganze Länge $l_c/2$ völlig abgebaut. Die Hälfte dieser Länge nennen wir δ. Wir stellen fest, daß δ offensichtlich von der Festigkeit der Faser abhängt. Nachdem eine Faser immer an ihrer schwächsten Stelle bricht, wird der Wert von δ mit steigender Dehnung des Verbundkörpers größer werden. Wir nehmen nun an, daß sich der Verbundkörper aus einer Kette von Faserbündeln aufbaut, wobei δ die Länge des einzelnen Bündels ist. Jedes dieser Bündel kann dann nach der Theorie von *Daniels* [21] behandelt werden, da eine Faser, die innerhalb eines Bündels bricht, nicht mehr zur Last beiträgt, die dieses Bündels tragen kann. Das Versagen des Verbundkörpers tritt also auf durch statistische Akkumulation von Brüchen der einzelnen Fasern solange, bis ein Bündel versagt. Die wahrscheinlichste Bruchspannung erhält man aus Gl. (5.38). Setzt man $m = L/\delta$, wobei L die Probenlänge ist und δ aus dem Wert von l_c unmittelbar vor dem Versagen entnommen wird, dann läßt sich diese Beziehung im Prinzip mit Hilfe von Gl. (5.37) quantitativ auswerten. Dazu ist allerdings die Kenntnis der Spannung in den Fasern beim Bruch erforderlich.

Es ist offensichtlich, daß es noch nicht möglich ist, die Festigkeit eines Verbundkörpers, der Fasern mit stark streuenden Festigkeitswerten enthält, genau zu berechnen. Die vorstehende Diskussion zeigt jedoch, daß die Festigkeit eines Verbundkörpers mit einer großen Zahl von Fasern reproduzierbar sein wird.

5.8. Kerbempfindlichkeit

Ein Verbundwerkstoff kann in der Praxis dort Kerben oder innere Risse enthalten, wo mehrere benachbarte Fasern im gleichen Querschnitt gebrochen sind. An solchen Stellen werden unter äußerer Last Spannungskonzentrationen auftreten. Wir wollen nun untersuchen, wie derartige Spannungskonzentrationen die Bruchfestigkeit eines faserverstärkten Materials beeinflussen.

Betrachten wir eine dünne Platte aus elastisch kontinuierlichem Material mit der Breite w, auf welche wir die Theorie aus Kapitel 2 anwenden können (Bild 5.14). An der Spitze einer scharfen Kerbe mit Krümmungsradius ρ und Tiefe a beträgt die Zug-

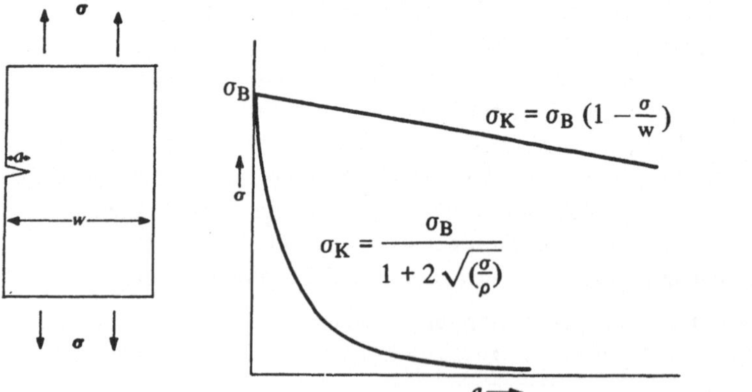

Bild 5.14

spannung $\sigma \{1 + 2\sqrt{a/\rho}\}$, wenn eine äußere Spannung σ angelegt wird. Diese Spannungskonzentration hängt empfindlich vom Wert von ρ ab. Kann sie die Bruchfestigkeit σ_B des ungekerbten Materials erreichen, dann tritt Versagen auch bei einer äußeren Spannung ein, die sehr viel geringer ist als σ_B. Die Abhängigkeit von σ_K, der äußeren Spannung, die zum Bruch führt, von der Kerbtiefe ist in Bild 5.14 schematisch aufgetragen. Die obere Kurve in Bild 5.14 gibt das Verhalten eines Materials, das nicht kerbempfindlich ist. In diesem Fall wird die Festigkeit nur proportional zur Querschnittsverrringerung vermindert.

Wenn wir ein faserverstärktes Material als ein Kontinuum betrachten, dann muß der kleinste effektive Wert von ρ eine Länge in der Größenordnung der Hälfte der Übertragungslänge l_c sein. Wird eine Faser zerrissen, dann wird die Last in dieser Faser auf der Länge l_c abgebaut. Die von zerrissenen Fasern nicht aufgenommene Last wird auf die Nachbarn verteilt, die innerhalb einer Entfernung $l_c/2$ liegen (Bild 5.15). Von Kerben mit einer Tiefe a, die geringer ist als $l_c/2$, kann man annehmen, daß sie keine nennenswerten Spannungskonzentrationen erzeugen. Die Festigkeit eines Verbundkörpers sollte daher relativ wenig durch sie beeinflußt werden. Der Verlauf der Bruchfestigkeit in Abhängigkeit von der Rißtiefe entspricht dann der oberen Kurve in Bild 5.14. Wird dagegen $a \gg l_c/2$, dann verursacht der Riß eine erhebliche Spannungskonzentration im Verbundkörper. In diesem Fall erstreckt sich das Gebiet, in dem die Matrix verformt wird, nur auf einem kleinen Bereich, und das hat zur Folge, daß die Fasern in der unmittelbaren Umgebung der Rißspitze wesentlich höher belastet werden als die weiter entfernt liegenden. Wenn wir jetzt den Verbundkörper als ein homogenes Material mit einem Elastizitätsmodul E, entsprechend der Darstellung in den Abschnitten 5.1 bis 5.3, ansehen, dann ist die Bedingung für eine schnelle Ausbreitung eines Risses für die verschiedenen Belastungsfälle durch die Gln. (2.3) bis (2.5) gegeben. Entsprechend der Irwinschen Interpretation der Griffithbeziehung (vgl. Abschnitt 2.3 sowie die Einleitung zu Abschnitt 4) setzen wir in diesen Gleichungen 2γ gleich γ_P, d.h. gleich der Arbeit, die beim Vergrößern des Risses oder der Kerbe um eine Flächeneinheit geleistet wird. Das Problem, die Kerbempfindlichkeit zu vermindern, ist also dadurch zu lösen, daß man für einen hinreichend großen Wert von γ_P sorgt.

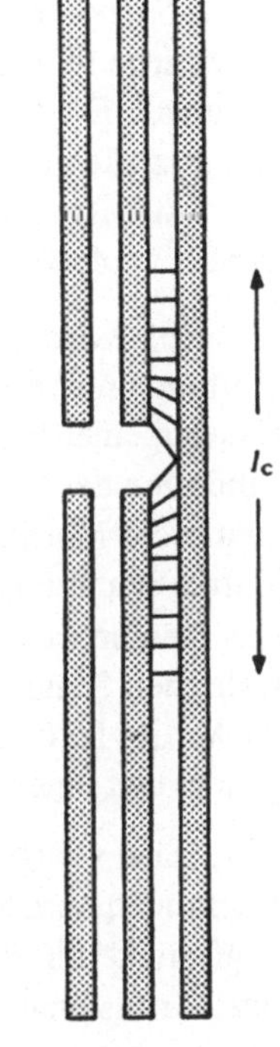

Bild 5.15

Für eine metallische Matrix können wir γ_P (die beim Auftrennen des Materials in zwei Teile geleistete Arbeit) abschätzen, falls die Spannungsverteilung in jeder einzelnen Faser der in Bild 5.7 gezeigten entspricht. Bei einem Verbundkörper mit diskontinuierlichen Fasern findet man experimentell, wenn Versagen durch Bruch der Fasern auftritt, daß alle die Fasern, deren Enden innerhalb eines Abstandes $l_c/2$ von der Bruchfläche liegen, nicht zerrissen sondern aus der Matrix herausgezogen werden. Der Bruchteil an Fasern, der herausgezogen wird, beträgt l_c/l. Nach Gl. (5.10) beträgt die Arbeit beim Herausziehen einer Faser, deren Ende den Abstand x von der Bruchfläche hat, unter der Voraussetzung, daß die Schubspannung τ_f während des Vorgangs konstant bleibt

$$\pi r^2 \int_0^x \sigma \, dx = \pi r^2 \int_0^x \frac{2\tau_f x}{r} \, dx = \pi r \tau_f x^2.$$

Die insgesamt pro Flächeneinheit des Probenquerschnitts geleistete Arbeit beim Herausziehen aller nicht zerrissenen Fasern ist

$$\frac{V_F}{\pi r^2} \left(\frac{l_c}{l}\right) \int_0^{l_c/2} \pi r \tau_f x^2 \frac{dx}{(l_c/2)} = \frac{V_F}{12} \left(\frac{l_c}{l}\right) \sigma_F l_c.$$

Cottrell [23] hat darauf hingewiesen, daß l_c groß gemacht werden muß und die Faserlänge sehr nahe bei l_c liegen sollte, falls man ein Maximum der Brucharbeit erreichen will. Die beim Verformen der Matrix geleistete Arbeit muß zu der Arbeit, die zum Herausziehen der Fasern nötig ist, hinzugezählt werden. Dieser Anteil steigt mit $(1 - V_F)$ und mit l_c, da die Last in einer Faser auf einer Strecke gleich der Übertragungslänge abgebaut wird, wenn eine Faser versagt.

Die vorstehend entwickelten Gedanken beziehen sich auf eine langsame Rißausbreitung und berücksichtigen nicht die dynamischen Effekte, die mit einem plötzlichen Brechen einer Faser verbunden sind. Derartige Effekte sind gleichbedeutend mit einer Erhöhung der Verformungsgeschwindigkeit und daher mit einem Ansteigen der Fließgrenze der Matrix, wodurch l_c vermindert wird. Weiterhin wird angenommen, daß die Matrix Spannungen durch Scherung abbauen kann. Erzeugen aber fehlorientierte Fasern eine Geometrie derart, daß dies nicht möglich ist (z.B. weil die Matrix unter einer hydrostatischen Spannung steht), dann kann der Riß in der Lage sein, sich in spröder Art durch die Matrix fortzupflanzen. Sind die Fasern ebenfalls spröde, dann wird die Brucharbeit gering, und eine hohe Kerbempfindlichkeit kann die Folge sein.

Eine völlige Kerbunempfindlichkeit läßt sich in einem Verbundkörper erreichen, indem man parallel zu den Fasern eine Zwischenschicht aufbaut, die nur eine geringe Zugfestigkeit besitzt (*Cook* und *Gordon* [24]). Das Modell hierfür ist im wesentlichen zweidimensional. Wir halten fest, daß der Maximalwert von σ_x in Bild 2.2 in einem gewissen Abstand vor der Rißspitze auftritt. Diese Spannung kann die Zwischenschicht parallel zur Faser zerreissen bevor die Faser bricht, falls die Bruchspannung unter Zugbelastung für die Zwischenschicht geringer ist als die für eine Faser. Wir erwarten also, daß ein quer zur Faserrichtung laufender Riß einen weiteren Riß in Faserrichtung öffnet und in diesen hineinläuft. Das tritt auf für Proben, die nicht wesentlich dicker sind als ein Faserdurchmesser (vgl. Tafel 3). Die vom Riß herrührende Spannungskonzentration kann auf diese Weise verschwinden, und die Folge wäre also völlige Kerbunempfindlichkeit. Für Verbundwerkstoffe, die dicker als einige wenige Faserdurchmesser sind, kann das Aufspalten in der Grenzschicht zwischen Faser und Matrix die Konzentration der Dehnung in der Matrix nicht völlig zum Verschwinden bringen, falls eine Kerbe angebracht wird, für die $a \gg l_c/2$ gilt. In diesem Fall sind Fasern in der Nähe der Rißspitze immer noch höher belastet als weiter entfernt liegende, und das Problem der Verminderung der Kerbempfindlichkeit reduziert sich wieder darauf, einen hohen Wert der Brucharbeit zu gewährleisten. Der Vorschlag von *Cook* und *Gordon* [24] enthält jedoch grundsätzlich zur Verformungsarbeit als weiteren Mechanismus der Energiedissipation die Öffnung von sekundären Rissen, von denen jeder eine gewisse Oberflächenenergie hat. Für mehrphasige Materialien, bei denen alle Phasen spröde sind, wie z.B. in keramischen Körpern, mag dieses Prinzip anwendbar sein.

5.9. Die Entwicklung hochfester Faserverbundwerkstoffe

Wir haben gesehen, daß wir durch das Zusammenbringen einer großen Zahl von hochfesten Fasern mit Hilfe einer geeigneten Matrix ein technisch anwendbares Material herstellen können, das in Faserrichtung eine Zugfestigkeit von etwa $\sigma_F V_F$ aufweist. Selbst spröde Fasern können benutzt werden, vorausgesetzt man schenkt den Eigenschaften der Matrix und der Grenzschicht zwischen Faser und Matrix die nötige Aufmerksamkeit. Werte von V_F in der Nähe von 0,5 sind durchaus möglich und somit sind nach den in Tabelle 1, Anhang A aufgeführten Festigkeitswerten von Whiskers anwendbare Werkstoffe mit Festigkeiten bis zu etwa 1 000 kp/mm^2 bei Raumtemperatur realisierbar, indem man Whiskers aus Graphit, Al_2O_3, Siliziumkarbid und anderen Stoffen als Verstärkungsfasern einsetzt. Derartige Festigkeiten liegen nahezu zweieinhalbmal so hoch wie die von höchstfesten Stahldrähten (vgl. Tabelle 4, Anhang A), und drei- bis viermal so hoch wie die von austenitformgehärtetem Stahl. Die maximale Festigkeit der Faserverbundwerkstoffe liegt jedoch in der Richtung des Faserverlaufs[1]). Für einen aus Schichten aufgebauten Faserverbundwerkstoff erwartet man eine Festigkeit von mindestens einem Drittel des Wertes bei einachsig homogenem Aufbau (Abschnitt 5.6). Somit müßte eine Festigkeit von etwa 350 kp/mm^2 für einen aus Schichten aufgebauten Faserverbundwerkstoff mit planarer Isotropie erreichbar sein.

Für den Konstrukteur ist meist nicht nur die statische Festigkeit interessant, Gewicht und Steifigkeit eines Bauteils sind mindestens ebenso wichtig. Für Zugbelastung sind die wichtigsten Größen die spezifische Festigkeit σ_B/γ, nämlich Zugfestigkeit σ_B dividiert durch spezifisches Gewicht γ, und der spezifische Elastizitätsmodul E/γ. Unter Druckbelastung ist die Größe σ_B/γ ebenfalls wichtig, doch läßt sich das Ausknicken eines Bauteils mit dem geringsten Gewicht verhindern, falls E/γ^2 einen Maximalwert hat. Die Werte von σ_B/γ und E/γ für die in den Tabellen 1 und 2, Anhang A aufgeführten Whiskers und Fasern zeigen, daß die mögliche Verbesserung in der spezifischen Festigkeit gegenüber Stahldraht bei Al_2O_3 mehr als einen Faktor 3, bei SiC einen Faktor 6 und bei Bor ungefähr einen Faktor 3 ausmacht, wobei jeweils $V_F = 0,5$ und eine Matrix von der gleichen Dichte wie das Fasermaterial angenommen wurde. Die Werte von E/γ und E/γ^2 können gegenüber Stahl, wenn man z.B. $V_F = 0,5$ und einen verschwindenden Elastizitätsmodul für die Matrix annimmt, mit Graphitwhiskers um ungefähr einen Faktor 6 verbessert werden. Mit Graphitfäden lassen sich ähnliche Werte erzielen (Tabelle 2,

---

[1]) Bei metallischer Matrix kann diese Festigkeit über einen beträchtlichen Winkelbereich beibehalten werden (vgl. das Beispiel in Abschnitt 5.6.2).

Anhang A). Ist Steifigkeit wichtiger als Festigkeit, dann ergibt sich als weiterer Vorteil, daß man größere Faservolumanteile benutzen kann.Das einzige Metall, das auch nur annähernd die in Tabelle 1, Anhang A aufgeführten Werte von E/γ erreicht, ist das Beryllium mit dem bemerkenswerten Wert $1{,}75 \cdot 10^6$ cm.

Diese außerordentlich günstigen Eigenschaften zu erhalten ist durchaus möglich. In Kapitel 6, wo die Eigenschaften einer Reihe von neuen Werkstoffen beschrieben wird, befassen wir uns mit einigen praktischen Überlegungen. Zum Schluß des vorliegenden Kapitels seien noch einmal kurz die Bedingungen zusammengefaßt, die erfüllt sein müssen, damit in Verbundwerkstoffen hohe Festigkeit und Steifigkeit erreicht werden.

Um die höchsten Werte von E_c zu erhalten, sind kontinuierliche Fasern erforderlich. Die Zugfestigkeit in Faserrichtung ist in diesem Fall unabhängig von der Übertragungslänge. Die Werte von l_c können groß gemacht werden, das verringert jedoch die Festigkeit in Querrichtung. Stehen nur diskontinuierliche Fasern zur Verfügung, dann sollte l_c klein gehalten werden, so daß für eine gegebene Faserlänge l die Größe l/l_c so groß wie möglich wird. Zweidimensionale Festigkeit kann erreicht werden durch Schichtaufbau, d.h. durch Zusammenfügen dünner Platten, die jeweils einachsig ausgerichtete Fasern enthalten.

Im wesentlichen sind zwei Arten von Matrixmaterial möglich: Metall und Kunststoff. Um die höchsten Werte von E/γ und σ_B/γ zu erreichen, ist eine Kunststoffmatrix am besten geeignet. Die meisten Stoffe lassen sich mit Kunstharzen verkleben, außerdem ist die Technik der Herstellung von Verbundwerkstoffen mit dieser Art von Matrix schon sehr hoch entwickelt. Der Nachteil der Kunststoffmatrix ist der niedrige Wert des Schubmoduls bei den Kunstharzen. Man kann daher hohe Werte für l_c erwarten, falls das Harz nicht an den Faserenden versagt (Abschnitt 5.1). Tritt Versagen an den Faserenden auf, dann ist l_c bestimmt durch die Bruchfestigkeit des Harzes und den Reibungskoeffizienten zwischen Faser und Kunstharzmatrix. Aus diesem Grund werden die Werte von l_c sehr viel höher als bei Metallen bei Raumtemperatur. Kunststoffe für eine Anwendung bei Temperaturen nennenswert oberhalb 200 °C sind noch nicht verfügbar.

Duktile metallische Matrixmaterialien können sich plastisch verformen und bauen Spannungskonzentrationen an Faserenden ab. Bei Raumtemperatur sind die Werte von l_c klein. Kann man voraussetzen, daß es möglich ist, eine ausreichende Bindung zwischen Faser und Metallmatrix herzustellen, dann wird l_c von der Schubfestigkeit der Matrix bestimmt. Metalle besitzen eine gute Oxydationsbeständigkeit und können bei hohen Temperaturen eingesetzt werden. Die Fließgrenze kann durch Zulegieren beeinflußt werden, und damit läßt sich l_c ändern. Der Festigkeitsunterschied zwischen nicht-metallischen Fasern und Metallen ist nicht so groß wie zwischen diesen Fasern und Kunststoffen, daher muß im Auge behalten werden, daß gewisse Mindestkonzentrationen an Fasern notwendig sind, um in Metallen, die sich verfestigen, deutliche Erhöhungen der Festigkeit hervorzubringen (Abschnitt 5.4). Plastisches Fließen des Metalls kann zur Erhöhung der Bruchzähigkeit eines Verbundkörpers beitragen, aber gleichzeitig wird die zyklische Beanspruchung der Metallmatrix zu Ermüdungserscheinungen führen. Das ist der hauptsächliche Nachteil der Metallmatrix; ein anderer besteht darin, daß die hohe Dichte das Erreichen sehr hoher Werte der spezifischen Festigkeit und der spezifischen Steifigkeit verhindert.

6. Herstellung und Eigenschaften faserverstärkter Werkstoffe

Der Zweck dieses Kapitels besteht nicht darin, im Einzelnen zu beschreiben, wie Verbundwerkstoffe hergestellt werden können, die aus langen, sehr festen Fasern in einer Matrix bestehen. Für glasfaserverstärkte Kunststoffe sind die für die Praxis wichtigen Gesichtspunkte gut bekannt (siehe z.B. *Morgan* [1]), und auch für metallische Matrixmaterialien sind die Grundlagen und Eigenschaften bereits beschrieben worden (*Kelly* und *Davies* [2]; *Cratchley* [3]). Das Ziel soll hier die Beschreibung einiger der Methoden sein, die entweder angewendet worden sind oder aber angewendet werden könnten, um Fasern herzustellen und sie in eine Matrix einzubringen. Damit sollen die Unterschiede zu den konventionellen Arten der Herstellung hochfester Materialien aufgezeigt werden. In einigen Fällen sollen damit auch Anregungen für neue Methoden gegeben werden. Gewisse Eigenschaften faserverstärkter Werkstoffe, wie z.B. die Kriechfestigkeit und die nutzbare Lebensdauer unter Wechsellast (Materialermüdung), die beide zur Zeit noch für keinen Werkstoff theoretisch voll erfaßt sind, werden dann als Beispiele für die Eigenschaften bestimmter Systeme behandelt.

In diesem Kapitel werden wir zwischen Fasern und Whiskers als möglichen Verstärkungskomponenten unterscheiden. Als Faser sehen wir einen langen, dünnen Stab mit einer Länge von mindestens mehreren Zentimetern an, gleichgültig ob er einen kreisförmigen Querschnitt hat oder nicht, ob er vielkristallin, amorph oder einkristallin ist. Beispiele sind Metalldraht und Glasfaden. Als Whisker sehen wir einen Einkristall an, der durch fadenförmiges Wachstum erzeugt ist, einen Durchmesser von maximal 10 μm hat und sich durch ein großes Verhältnis von Länge zu Durchmesser auszeichnet. Whiskers sind immer diskontinuierliche Verstärkungselemente, Fasern dagegen können entweder als kontinuierliche oder aber in kurze Stücke geschnitten als diskontinuierliche Verstärkungselemente dienen.

Mit den Eigenschaften, die von Faser und Matrix gefordert werden müssen, damit eine wirksame Verstärkung erreicht wird, haben wir uns in Abschnitt 5.9 befaßt. Abschnitt 6.1 behandelt die Eigenschaften glasfaserverstärkter Kunstharze und deren mögliche Verbesserungen durch die Anwendung von Fasermaterialien, die sowohl fester als auch steifer sind als Glas. In Abschnitt 6.2 wird die Herstellung hochfester Fasern geschildert, Abschnitt 6.3 befaßt sich mit einigen wichtigen Eigenschaften von Whiskers. Bei metallischen Matrixmaterialien ergibt sich die Möglichkeit, die Verstärkungsfasern in situ, d.h. direkt in der Matrix zu erzeugen. Damit, sowie mit anderen Aspekten von Faserverbundwerkstoffen mit metallischer Matrix, befaßt sich Abschnitt 6.4. Die Abschnitte 6.5 und 6.6 schließlich behandeln das, was über das Verhalten faserverstärkter Werkstoffe beim Versagen durch Ermüdung oder Kriechen bekannt ist.

Im ganzen Kapitel soll die Verbesserung konstruktiv verwendbarer Materialien im Auge behalten werden. Aus diesem Grund werden die Eigenschaften faserverstärkter Werkstoffe mit denen der in Kapitel 4 behandelten Metalle und Legierungen sowie mit glasfaserverstärkten Kunststoffen verglichen, die jetzt zur Verfügung stehen. Zu dem Zeitpunkt an dem die neuen Werkstoffe in größeren Mengen zum Einsatz kommen, werden die glasfaserverstärkten Kunststoffe und die metallischen Materialien ebenfalls verbessert worden sein, da die Entwicklung neuer Werkstoffe auch Anregungen für die Verbesserung bereits eingeführter Werkstoffe gibt. Das ist besonders wesentlich, wenn man die Kosten der Entwicklung eines neuen Werkstoffs bedenkt. Macht es die Herstellung eines neuen Verbundmaterials nötig, sehr reine Substanzen anzuwenden oder Stoffe, die unter Hochvakuumbedingungen oder in kontrollierten Atmosphären hergestellt werden, dann bringt die Anwendung der gleichen Methoden auch häufig Verbesserungen bei den konventionellen Werkstoffen. Schließlich sei auch noch betont, daß die Probleme im Zusammenhang mit der Herstellung eines neuen Werkstoffs, der eine ganz bestimmte Funktion haben soll, sehr speziell sind. Daher lassen sich keine allgemeinen Regeln für die Entwicklung solcher Werkstoffe aufstellen.

6.1. Verstärkte Kunststoffe

Hochfeste Glasfasern wurden zum ersten Mal 1920 von *Griffith* [4] genau untersucht. Sie werden seit mehr als zwanzig Jahren in handelsüblichen Werkstoffen verwendet, nämlich um Kunstharze zu verstärken. Normale glasfaserverstärkte Kunststoffe sind Verbundwerkstoffe, die aus Glasfasern in einer Kunststoffmatrix des duroplastischen Typs bestehen. Neuere Arten enthalten thermoplastische Kunststoffe als Bindemittel bzw. Matrix. Die Glasfasern können einsinnig ausgerichtet sein, wie etwa in einer Angelrute, normalerweise enthalten aber die festeren Sorten das Glas in der Form eines Gewebes. In der Form einer Matte mit wahlloser Faserverteilung oder in kurz geschnittenen Stücken sind die Glasfasern billiger. Die Festigkeit ist proportional zur verwendeten Glasmenge.

Die am weitesten verbreitete Einbettmasse ist ein Duroplast vom Typ der Polyesterharze, daneben werden aber auch andere Duroplaste wie Phenolharz, Epoxidharz und Silikonharz verwendet, in einigen Fällen auch Thermoplaste wie Polystyrol und Polyvinylchlorid (PVC). Das für diese Zwecke verwendete Glas ist meist ein alkalifreies Kalk-Tonerde-Borosilikatlgas, das auch unter dem Namen E-Glas bekannt ist. Es wird aus dem geschmolzenen Zustand mit Geschwindigkeiten bis zu $2 \cdot 10^3$ cm/sec auf Durchmesser zwischen 5 und 20 μm gezogen. Normalerweise wird es, wenn es in Lagen zusammengebracht wird, einer Oberflächenbehandlung unterzogen, die man Schlichten nennt. Die Zugfestigkeit des Glases nach dem Ziehen beträgt im Durchschnitt etwa 280 kp/mm^2 bei einem Elastizitätsmodul von etwa $7,4 \cdot 10^3$ kp/mm^2, einer Querkontraktionszahl von 0,22 und einem spezifischen Gewicht von 2,55 p/cm^3 (Massivglas der gleichen Zusammensetzung ist etwas dichter, es hat das spezifische Gewicht 2,58 p/cm^3). Das frisch gezogene Glas hat eine große Neigung, Wasser aufzunehmen, was zu Festigkeitseinbußen führt (Abschnitt 2.5). Das Glas wird entweder in Form kontinuierlicher Stränge verwendet, die zu Litzen zusammengedreht oder zu Geweben verarbeitet werden, oder aber es wird in Stücke zerschnitten, die dann als Matten von Fasern zur Verfügung stehen.

Die Mischung aus Glasfaser und flüssigem Polyester wird durch Pressen in die gewünschte Form gebracht, danach wird das Polyestermaterial ausgehärtet. Das Aushärten ist die chemische Reaktion zwischen dem Polyester und einem Stoff, wie etwa Styrol, bei der die vernetzte Struktur entsteht, die für die Duroplaste charakteristisch ist. Dieser Vorgang kann bei relativ niedrigen Temperaturen (weniger als etwa 120 °C) ausgeführt werden, und da auch der erforderliche Druck gering ist (kleiner als 0,18 kp/mm^2), kann das Glas ohne großen Verlust an Festigkeit eingebettet werden.

Die Festigkeitscharakteristiken handelsüblicher glasfaserverstärkter Kunststoffe stimmen mit den im Kapitel 5 aufgezeigten Prinzipien gut überein. Die Festigkeit hängt sowohl für parallele Lagen, als auch für Matten linear von V_F ab. Die Festigkeit ist bei Verwendung wahllos angeordneter Matten in der Ebene der Matte proportional zum Elastizitätsmodul für die jeweilige Richtung. Mit Litzen aus kontinuierlichen Fasern erreicht man mit V_F = 0,5 parallel zur Faserrichtung eine Zugfestigkeit von etwa 90 kp/mm^2. Danach zu schließen, müßte die Festigkeit der Glasfasern im Harz etwa 180 kp/mm^2 betragen. Das spezifische Gewicht eines solchen Verbundmaterials liegt bei etwa 1,9 p/cm^3 und so wird $\sigma_B/\gamma \approx 47 \cdot 10^5$ cm, d.h. etwa gleich dem entsprechenden Wert für Stahldraht. Der Elastizitätsmodul ist etwa $3{,}5 \cdot 10^3$ kp/mm^2, E/γ somit $1{,}8 \cdot 10^8$ cm, was etwas weniger ist als der bei Stahl erreichte Wert. Die im Schlagversuch an einer ungekerbten Probe aufgenommene Energie beträgt etwa $4{,}5 \cdot 10^7$ erg/cm^2. Proben, die eine Fasermatte enthalten und dementsprechend in der Ebene der Matte elastisch isotrop sind, weisen Werte von Elastizitätsmodul und Bruchfestigkeit auf, die etwa halb so hoch sind wie die des Materials mit parallelen Lagen. Die Brucharbeit ist jedoch in beiden Fällen etwa gleich. Bei Harzanteilen kleiner als 50 % beginnen sich die Eigenschaften glasfaserverstärkter Kunststoffe zu verschlechtern. Die Temperaturabhängigkeit der Festigkeit entspricht der des Glases, sie fällt zwischen 77 K und 200 °C um einen Faktor 3, zwischen 77 K und Raumtemperatur um einen Faktor 2.

Die Festigkeit einer Probe, die parallele Lagen enthält, ist am größten für kontinuierliche Fasern und fällt für Faserlängen kleiner als 1,5 cm rasch ab (*Sonneborn* [5]). Diese Länge entspricht bei Fasern von 20 μm Durchmesser einem Schlankheitsgrad von 750. Ein solcher Befund ist in Übereinstimmung mit der Theorie aus Kapitel 5. Wir erwarten, daß die Festigkeit merklich abnimmt, falls $l/d \lesssim 5\, l_c/d$. Nach Gl. (5.16) ergibt sich mit σ_F = 180 kp/mm^2 und μn = 0,7 kp/mm^2 für $5\, l_c/d$ ein Wert von rund 650, was dem beobachteten Wert recht nahe kommt.

Glasfaserverstärkte Kunststoffe lassen sich leicht herstellen, sie zeigen hohe Werte von σ_B/γ und eine angemessene Schlagfestigkeit bei Raumtemperatur. Sie demonstrieren schon seit einer ganzen Reihe von Jahren die Brauchbarkeit des Prinzips der Verstärkung durch Fasern. Die wesentlichen Schwächen dieses Material liegen in folgendem:

1. Der Elastizitätsmodul ist sehr niedrig, deshalb wird ihre volle Festigkeit erst bei elastischen Dehnungen von 3—4 % erreicht.

2. Aufgrund einer Reaktion an der Grenzfläche zwischen Faser und Matrix verringert sich in Anwesenheit von Wasser die Festigkeit.

3. Die Lebensdauer unter Wechsellast ist nur gering.

Nach 10^7 Lastwechseln liegt die Festigkeit im Biegeversuch bei Raumtemperatur für ein Polyestermaterial, das mit 50 % Glasfasergewebe verstärkt ist, bei nur etwa 11 kp/mm^2, während die statische Festigkeit etwa 46 kp/mm^2 beträgt. Eine handelsübliche hochfeste Aluminiumlegierung hat eine Lebensdauer von 10^8 Lastwechseln bei einer Spannung von 15,5 kp/mm^2. Weiterhin zeigen glasfaserverstärkte Kunststoffe statische Ermüdung bei Raumtemperatur, außerdem können sie bei Temperaturen oberhalb 250 °C nicht eingesetzt werden.

Eine deutliche Erhöhung des Elastizitätsmoduls faserverstärkter Kunststoffe läßt sich erreichen, indem statt Glas andere Fasern mit hoher Festigkeit und hohem Elastizitätsmodul verwendet werden. Anstelle von Glas wird seit einigen Jahren Asbestfaser eingesetzt, ferner stehen neuerdings steife Fasern aus Graphit und Bor zur Verfügung. Beide lassen sich mit den handelsüblichen Epoxid- und Polyesterharzen zufriedenstellend verbinden. Zur Zeit des Schreibens dieses Buches sind mit diesen Fasern Werkstoffe hergestellt worden, die Methoden sind jedoch für die Hersteller geschützt [1]). Die Herstellung der Fasern wird in Abschnitt 6.2 behandelt. Verbundwerkstoffe mit Festigkeiten mindestens so groß wie die der handelsüblichen glasfaserverstärkten Kunststoffe, deren Elastizitätsmodul aber um mehr als einen Faktor 6 gesteigert werden konnte, wurden hergestellt. Damit wurde ein Wert für E/γ von $14 \cdot 10^8$ cm erreicht. Ein weiterer Vorteil von Bor-, Asbest- und Graphitfasern gegenüber Fasern aus E-Glas ist die Tatsache, daß diese Stoffe bei Anwesenheit von Wasser weniger korrosionsanfällig sind.

6.2. Faserherstellung

Die höchsten Werte für Festigkeit und Elastizitätsmodul eines faserverstärkten Werkstoffs werden erreicht, wenn man parallel verlaufende kontinuierliche Fasern einbaut. Kontinuierliche Fasern lassen sich leicht parallel ausrichten, ferner sind mit ihnen hohe Packungsdichten erreichbar.

Metalle lassen sich durch Kaltziehen leicht in Drahtform herstellen, damit haben wir uns in Kapitel 4 beschäftigt. Hochfeste Drähte sind brauchbare Verstärkungselemente. Ihre Festigkeit rührt von der Kaltverformung her und steigt mit zunehmender Querschnittsverminderung. Die hohe Festigkeit läßt sich aber bisher bei hohen Temperaturen nicht beibehalten. Werkstoffe wie Kupfer-Legierungen, in denen durch innere Oxydation eine Dispersion einer extrem stabilen Phase erzeugt wurde, zeigen jedoch weder Rekristallisation noch Härteabfall bis zu Temperaturen nahe beim Schmelzpunkt (*Preston* und *Grant* [9]). Es gibt daher keinen theoretischen Grund dafür, daß es nicht gelingen könnte, den Temperaturbereich erheblich zu erweitern, in dem stark kaltverformte Metalldrähte ihre Festigkeit beibehalten.

Es scheint unzweifelhaft, daß mit dem Gebrauch sehr reiner Materialien Stahldraht mit einer Festigkeit von 700 kp/mm^2 und β-Titandraht mit einer Festigkeit von 350 kp/mm^2 bei Raumtemperatur hergestellt werden kann. Für Berylliumdraht findet man

---

[1]) Anmerkung des Übersetzers: Kunststoffe mit Graphitfasern, wie auch mit Borfasern als Verstärkungselement werden mittlerweile im Flugzeugbau bereits eingesetzt (vgl. z.B. *Gunston* [6], *Dresher* [7], *Fleck* und *Jablonowski* [8]).

etwa $17{,}5 \cdot 10^8$ cm für E/γ, dieser Wert wird experimentell nur von Whiskers aus Graphit oder Siliziumkarbid übertroffen. Weiterhin zeigt der Elastizitätsmodul von Beryllium eine geringere Temperaturabhängigkeit als der der meisten anderen Metalle. Die mit Berylliumdraht bisher erzielten Festigkeiten sind nicht sehr hoch, sie liegen bei etwa 140 kp/mm^2. Es gibt jedoch keinen Grund zur Annahme, daß sich ein derartiger Wert nicht auf konventionelle Weise überschreiten läßt. Mit 50 % Berylliumdraht in einer Aluminiummatrix läßt sich ein Verbundwerkstoff mit einem spezifischen Gewicht von 2,35 p/cm^3 herstellen (nach den neuesten Zustandsbildern [10] gibt es zwischen den beiden Komponenten keine gegenseitige Löslichkeit).

Sehr dünne Metalldrähte lassen sich auch herstellen, indem man ein Rohr aus Quarzglas, das geschmolzenes Metall enthält, zu einem dünnen Faden auszieht (*Taylor* [11]). Es gibt zwar keinen theoretischen Grund dafür, daß reine Metalle, die in dieser Form hergestellt wurden, hohe Festigkeiten besitzen. Werden aber Durchmesser in der Größenordnung wie bei Whiskers erreicht, dann kann man aufgrund der experimentellen Erfahrung dennoch hohe Festigkeit erwarten. Nach Wissen des Autors hat bisher nur *Ulitovsky* [12] berichten können, wirklich hochfeste Drähte nach der Taylorschen Methode hergestellt zu haben (1000 kp/mm^2 für Gußeisen, 250 kp/mm^2 für Manganin, eine Legierung auf Kupferbasis)[1]).

Die Taylorsche Methode könnte auch eine Möglichkeit zur Herstellung hochfester Fasern aus Nichtmetallen, die unterhalb von etwa 2200 °C schmelzen, wie z.B. Silizium, darstellen. Silizium ist sehr fest, sofern die Oberfläche glatt ist (Abschnitt 3.2). Vorausgesetzt, daß während des Ziehens keine Reaktion mit dem Quarzglas auftritt, sollten sich auf diese Weise hochfeste Fasern erzeugen lassen. Von *McCreight, Rauch* und *Sutton* [14] wurden Stoffe in Quarzglas gezogen, die bei Temperaturen oberhalb von 2000 °C schmelzen. Möglicherweise lassen sich auch eutektische Mischungen zweier inhärent fester Stoffe mit dieser Methode zu Fasern ausziehen.

Hochfeste Fasern aus SiO$_2$ lassen sich durch einfaches Ziehen erzeugen. Die Bedingungen, unter denen sehr hohe Festigkeit erreicht wird, sind von *Morley, Andrews* und *Whitney* [15] sehr genau bestimmt worden. SiO$_2$-Fasern lassen sich kontinuierlich ziehen und mit einer bestimmten, den Herstellern geschützten, Aluminiumlegierung überziehen. Auf diese Weise gewonnene SiO$_2$-Fasern haben eine Festigkeit von 380 kp/mm^2 (*Arridge, Baker* und *Cratchley* [16]). Der Faserdurchmesser beträgt etwa 50 μm, die Aluminiumschicht ist 10 μm dick. Aus diesen Fasern läßt sich ein Verbundwerkstoff herstellen, indem man sie einfach zusammenpreßt. Dabei ergibt sich ein Volumanteil von etwa 50 % SiO$_2$-Fasern. Die zum Pressen erforderlichen Drucke und Temperaturen (0,85 kp/mm^2 und 450 °C) sind sehr viel höher als die bei der Herstellung glasfaserverstärkter Kunststoffe angewendeten. Die Fasern werden daher beim Pressen teilweise beschädigt. Bei den so hergestellten Verbundwerkstoffen mit ausgerichteten Fasern wurden bei Raumtemperatur Festigkeiten bis zu 125 kp/mm^2, bei 400 °C bis zu 42 kp/mm^2 erzielt (*Cratchley* und *Baker* [17]). Der Durchschnittswert bei Raumtemperatur liegt bei etwa 80 kp/mm^2. Die Werte des Elastizitätsmoduls sind bei Aluminium und SiO$_2$ sehr ähnlich,

---

[1]) Anmerkung des Übersetzers: Neuerdings wurden auch von *Nixdorf* [13] Taylordrähte aus einer nicht näher bestimmten Legierung gezogen, die eine Festigkeit von etwa 400 kp/mm^2 zeigten.

so daß der Elastizitätsmodul des Verbundwerkstoffs bei kleinen Dehnungen etwa
$7 \cdot 10^3$ kp/mm^2 ist. Bei Spannungen oberhalb etwa 7 kp/mm^2 beginnt jedoch die Matrix
plastisch zu fließen, wodurch der Elastizitätsmodul auf rund $4{,}2 \cdot 10^3$ kp/mm^2 sinkt. Bei
Raumtemperatur entsprechen die Werte für Festigkeit und Elastizitätsmodul etwa denen,
die man bei glasfaserverstärkten Kunststoffen erreicht, oberhalb Raumtemperatur jedoch
sind sie bei dem Verbundwerkstoff aus Aluminium und SiO$_2$-Fasern höher. Das mit SiO$_2$-
Fasern verstärkte Aluminium behält die bei Raumtemperatur vorhandene Festigkeit bis
etwa 300 °C bei. Im Kurzzeitversuch beträgt die Zugfestigkeit bei 400 °C immer noch
42 kp/mm^2. Dieser Wert liegt um mehr als einen Faktor 9 höher als der an handelsüblichen Aluminiumlegierungen bei der gleichen Temperatur gemessene. Die Festigkeit im
Langzeitversuch wird bei Temperaturen oberhalb 400 °C durch die chemische Reaktion
zwischen dem Aluminium und dem Fasermaterial beeinträchtigt.

Der große Nachteil jedes Materials, das SiO$_2$-Fasern als Verstärkungselement enthält, ist der niedrige Wert des Elastizitätsmoduls von SiO$_2$ und der Festigkeitsverlust
oberhalb 300 °C. Quarzglas läßt sich so leicht ziehen, daß viele Versuche unternommen
worden sind, Gläser auf SiO$_2$-Basis mit höherem Elastizitätsmodul herzustellen. Ergebnisse dieser Versuche werden von *Loewenstein* [18] berichtet. Man findet, daß die Oxide,
die als Glasbildner in Frage kommen, z.B. die von Al, B oder P den Elastizitätsmodul
senken. Ionen mit hoher Feldstärke, die in die Zwischenräume der Glasstruktur eingebaut werden, wie z.B. die von Be, Ti oder Zr dagegen erhöhen den Elastizitätsmodul.
Besonders wirksam ist hier das Beryllium. Durch Zusatz von Be lassen sich Elastizitätsmoduln bis zu $14 \cdot 10^3$ kp/mm^2 erreichen, während man ohne Be nur zu Werten bis zu
$12 \cdot 10^3$ kp/mm^2 kommt. Bei der Verwendung von Beryllium treten jedoch wegen dessen
Giftigkeit Gefahren beim Ziehen auf.

Kein anderes Glas kann in bezug auf Festigkeit wie auch Leichtigkeit des Faser-
ziehens mit Quarzglas konkurrieren. Gläser lassen sich ziehen ohne sich einzuschnüren,
wie das die Metalle tun, weil in dem Temperaturbereich, in dem das Ziehen möglich ist,
die zum Dehnen eines Stabes erforderliche Spannung σ proportional der Geschwindigkeit der wahren Dehnung $\dot\epsilon$ ist. Es gilt

$$\sigma = 3\,\eta\,\dot\epsilon, \tag{6.1}$$

wobei η der Viskositätskoeffizient ist. Ist der Stabquerschnitt A, dann wird $d\epsilon = -\,dA/A$
und $F = \sigma \cdot A$. Durch Einsetzen in Gl. (6.1) erhält man dann

$$F = -\,3\,\eta\,\dot A.$$

Die Geschwindigkeit der Querschnittsveränderung ist somit proportional der Kraft,
mit der gezogen wird, und daher wird ein Stab, dessen Querschnitt nicht über die ganze
Länge gleich groß ist, die Querschnittsunterschiede beim Ziehen beibehalten (*Nadai* und
Manjoine [19]).

Gläser lassen sich bequem ziehen, wenn ihr Viskositätskoeffizient etwa 100 Poise
beträgt. Je nach den Bedingungen, unter denen gezogen wird, sind jedoch recht starke
Abweichungen von diesem Wert möglich. Die Grenzen liegen etwa bei 10 Poise und
10^5 Poise. Neben einem passenden Wert von η ist auch eine günstige Temperaturabhängigkeit von η notwendig, damit das Ziehen leicht vonstatten geht.

Am Schmelzpunkt tritt bei einem normalen Festkörper eine sprunghafte Änderung der Viskosität auf, und zwar von einem Wert größer als 10^{15} Poise, der als Definition für den festen Zustand angesehen werden kann, auf einen Wert von weniger als 10^{-1} Poise, so daß ein Ziehen nicht möglich ist. Das Anwenden von Druck zum Ändern der Viskosität einer gegebenen Flüssigkeit ist zwar im Prinzip möglich, stößt aber bei Stoffen mit hohem Schmelzpunkt auf Schwierigkeiten. SiO_2 behält eine hohe Viskosität bei Temperaturen, die nach der oben angedeuteten Definition des festen Zustands merklich über der Schmelztemperatur liegen. Bei mehr als 2000 °C beträgt der Viskositätskoeffizient noch 10^5 Poise, und das ist der Grund, weshalb eine Reihe von Stoffen mit Schmelzpunkten, die nominell über dem des SiO_2 liegen, in einer SiO_2-Umhüllung gezogen werden können.

Kontinuierliche Fasern aus hochfestem Bor mit einem Elastizitätsmodul von $3,86 \cdot 10^4$ kp/mm² lassen sich herstellen, indem man Bor bei 1200 °C auf einem Wolframdraht mit etwa 12 μm Dicke abschneidet. Eine Mischung aus BBr_3 und H_2 reagiert an der Drahtoberfläche und das dabei freiwerdende Bor schlägt sich in nichtkristalliner Form nieder (*Talley* [20]). Die Eigenschaften dieses Materials sind in Tabelle 2, Anhang A aufgeführt. Das abgeschiedene Bor steht unter beträchtlicher Spannung (vermutlich wird der Draht teilweise in Wolframborid umgewandelt). Borfäden sind mit Erfolg in Kunstharze, Aluminium, Magnesium und Titan als Matrixmaterialien eingebettet worden (vgl. z.B. *McCreight* und Mitarbeiter [14]). Es gibt sehr viele verschiedene Möglichkeiten der Beschichtung, die zur Herstellung kontinuierlicher Fasern verwendet werden können. Dünne und sehr leichte Textilfasern natürlichen und künstlichen Ursprungs stehen zur Verfügung auf denen Beschichtungen bei niedrigen Temperaturen ausgeführt werden können. Für Beschichtungen bei hoher Temperatur lassen sich Metalle verwenden. Das Beschichten bei niedriger Temperatur ist noch nicht sehr weit erforscht. Das Beschichten eines erhitzten Drahts durch Zersetzen einer flüchtigen Verbindung des gewünschten Beschichtungsmaterials oder durch Reduktion einer Verbindung ist dagegen in einer Reihe von Fällen mit Erfolg durchgeführt worden. Mit Hilfe solcher Methoden war es möglich, vielkristalline Fäden aus Bor, Borkarbid, Siliziumkarbid, Titanborid, Titankarbid, Berylliumoxid, Beryllium und anderen Stoffen herzustellen (vgl. *McCreight* und Mitarbeiter [14], die Einzelheiten und weitere Literaturzitate angeben). Die Elastizitätsmoduln und Festigkeiten dieser Fäden sind zum Teil ziemlich niedrig. Weiterhin können solche Fäden auch porös sein. Die Möglichkeiten, die Eigenschaften dieser Fäden durch Glühen, schnelles Schmelzen und Erstarren oder kontinuierliches Flammpolieren zu verbessern, sind jedoch offensichtlich.

Sehr feinkörniges Zirkondioxid (ZrO_2 mit etwa 6 % CaO) läßt sich als kontinuierliche Faser herstellen mit einer Technik, bei der extreme kleine Oxidteilchen (von weniger als 1 μm Durchmesser) mit einem organischen Bindemittel gemischt und dann stranggepreßt werden. Problematisch ist dabei das Schrumpfen beim Trocknen und Brennen. Bei Raumtemperatur werden Festigkeiten zwischen 140 und 350 kp/mm² erreicht bei einem Elastizitätsmodul von $3,15 \cdot 10^4$ kp/mm². Die Fasern haben einen Durchmesser von nur etwa 2 μm und können wegen Kornwachstums anscheinend nicht oberhalb von etwa 1000 °C verwendet werden.

Fasern aus vielkristallinem Al_2O_3 lassen sich durch Strangpressen einer plastischen Masse aus Al_2O_3-Teilchen und Ammoniumalginat und anschließendes Sintern bei Temperaturen bis zu 1900 °C herstellen (*Kliman* [21]). Diese Fasern haben bei Raumtemperatur eine Festigkeit von 70 kp/mm^2, bei 1050 °C eine solche von 52,5 kp/mm^2. Bei der hohen Temperatur beträgt der Elastizitätsmodul $2,7 \cdot 10^4$ kp/mm^2. Solche Fasern, eventuell noch mit polierter Oberfläche, können bei hohen Temperaturen als Verstärkungselemente eingesetzt werden. Nabarro-Herring-Kriechen tritt in vielkristallinem Al_2O_3 bei Temperaturen oberhalb 1200 °C auf. In Al_2O_3-Einkristallen wird Kriechen schon bei niedrigeren Temperaturen beobachtet, läßt sich jedoch durch Zusätze vermindern (vgl. Abschnitt 6.6).

Graphit und Kohlenstoff werden vielfach in Faserform hergestellt. Bis vor kurzer Zeit ließen sich dabei keine hohen Elastizitätsmoduln und Festigkeiten erreichen (vgl. z.B. *Carroll-Porczyinsky* [22]). Die elastischen Eigenschaften von Graphit sind stark anisotrop. Deshalb ist es zum Erzielen eines hohen Wertes für E in Richtung der Faserachse erforderlich, eine Faser mit ausgeprägter Textur zu erzeugen, und zwar derart, daß die ⟨0001⟩-Richtung die Tendenz hat, senkrecht zur Faserachse zu liegen. Das Graphitisieren gewisser Polymere, wie etwa Polyacrylnitril, bei hoher Temperatur (*Shindo* [23]) führt zu dieser Orientierung und damit zu einem Wert des Elastizitätsmoduls von $1,2 \cdot 10^4$ kp/mm^2. Dieser Wert liegt über dem von normalem vielkristallinen Graphit. Vor kurzem ist es gelungen, kontinuierliche Graphitfasern mit einer mittleren Zugfestigkeit von 240 kp/mm^2 und einem mittleren Elastizitätsmodul von $4,5 \cdot 10^4$ kp/mm^2 herzustellen. Die Methode ist geschützt (*Watt* und *Johnson* [24]). Die Fasern haben einen Durchmesser von 6 bis 10 μm und sind vielkristallin, die ⟨0001⟩ -Achse liegt vorwiegend senkrecht zur Faserachse. Graphit läßt sich mit Kunstharzen leicht zusammenfügen, auf diese Weise sind Verbundwerkstoffe erzeugt worden, deren Elastizitätsmodul mehr als viermal so hoch war wie der von glasfaserverstärkten Kunststoffen.

6.3. Whiskers

Detaillierte Literaturangaben über Wachstum und Eigenschaften von Whiskerkristallen finden sich in den von *Doremus, Roberts* und *Turnbull* [25] und *Gilman* [26] herausgegebenen Büchern, sowie in dem Übersichtsartikel von *Coleman* [27].

Whiskerkristalle sind die festesten Stoffe, die man kennt, Graphitwhiskers zeigen die höchsten bekannten Werte von σ_B/γ und E/γ (vgl. Anhang A). Das Wachstum der Whiskers ist mit dem dentritischen Kristallwachstum in einer Flüssigkeit verwandt. Im allgemeinen versteht man aber darunter das fadenförmige Wachstum eines Festkörpers, das unverzweigte, haarartige Kristalle erzeugt. Diese Kristalle sind außerordentlich fest und zeigen mit geringer werdendem Durchmesser ein Ansteigen der maximal beobachteten Festigkeit. Als Beispiel für den Verlauf der Bruchfestigkeit in Abhängigkeit vom Whiskerdurchmesser sind in Bild 6.1 an Saphirwhiskers gewonnene Meßwerte aufgetragen. Diese Whiskers haben keinen kreisförmigen Querschnitt, aus diesem Grund wurde zur Beschreibung der Querdimension im Diagramm die Wurzel der Querschnittsfläche gewählt. Wie man sieht, steigt die Festigkeit für Whiskers mit einem Durchmesser von weniger als 10 μm Durchmesser steil an. Trägt man statt der gemessenen Festigkeit als Ordinate den erreichten Bruchteil des Elastizitätsmoduls auf, dann ergeben sich für alle metallischen und nicht-

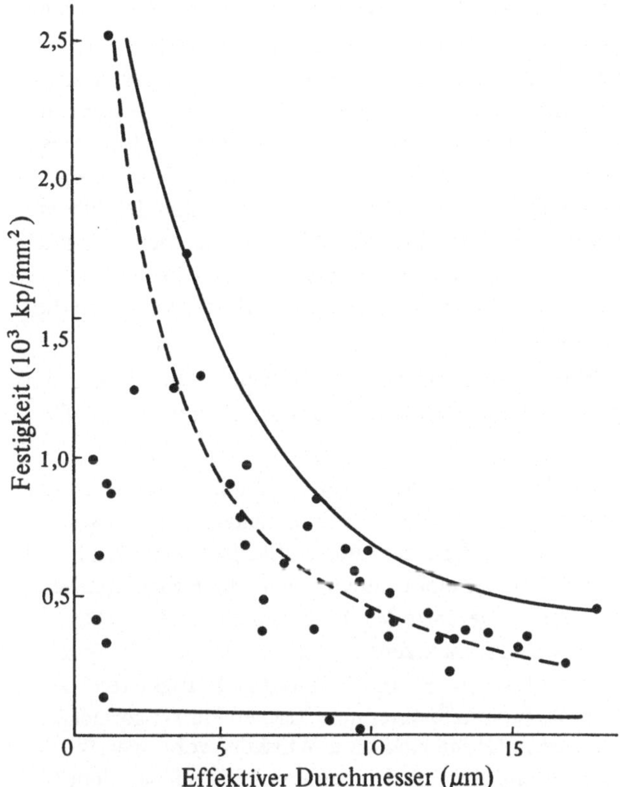

Bild 6.1
Die Auftragung der gemessenen Festigkeiten von Saphir (α-Al_2O_3)-Whiskers als Funktion der Wurzel der Querschnittsfläche (nach *Mehan, Sutton* und *Herzog* [29]).

metallischen Whiskers, die keine Spaltebenen längs zur Whiskersachse besitzen, ganz ähnliche Kurven. Bei den Stoffen, die eine ausgeprägte Spaltebene parallel zur Whiskerachse haben, ist die Festigkeit weit weniger von der Größe abhängig (*Cook* und *Gordon* [28]).

Die meisten Whiskers, sowohl metallischer wie nichtmetallischer Art, zeigen vor dem Versagen unter Zugspannung nur elastische Verformung. Gelegentlich zeigen jedoch auch Whiskers von Metallen oder Ionenkristallen eine plastische Dehnung. Im Fall einiger Metallwhiskers, wie z.B. Kupfer und Zink, ist das Einsetzen der plastischen Verformung meist von einem starken Abfall der Fließspannung begleitet. Sind die Whiskers anfänglich fehlerfrei und werden dann an der oberen Streckgrenze Versetzungen eingeführt, dann muß man mit einem sehr starken Abfallen der Fließspannung rechnen, weil sich die Versetzungen, wenn sie einmal eingeführt sind, im weitgehend fehlerfreien Gitter bei sehr niedrigen Spannungen bewegen können.

Die Ursache für die hohe Festigkeit der Whiskers, die bis zu etwa 0,05 E betragen kann, ist noch nicht völlig geklärt. Sie hängt bestimmt damit zusammen, daß keine gröberen Kristallbaufehler vorhanden sind und daß die Oberfläche von Whiskers aus den inhärent festen Stoffen sehr glatt ist. Bild 6.1 ist typisch für die Ergebnisse, die man bei vielen Arten von Whiskers findet. Man sieht sehr deutlich, daß mit kleiner werdendem

Durchmesser sowohl die maximale Festigkeit als auch die Streuung der Meßwerte ansteigt. Ein kleiner Durchmesser ist also keine Garantie für einen sehr festen Kristall.

Durch sorgfältiges Verlesen von Hand kann man erreichen, daß nur Whiskers ausgesucht werden, die keine Einschlüsse enthalten und deren Oberfläche fehlerfrei erscheint. Diese zeigen ebenfalls eine Erhöhung der Festigkeit mit geringer werdendem Durchmesser (*Sutton* und *Chorné* [30]). Dieser Punkt ist sehr wichtig, wenn man die Benutzung von Whiskers als Verstärkungselemente in Betracht zieht. Für die Diskussion der Dickenabhängigkeit der Festigkeit von Whiskers wird meistens die in Bild 6.1 gestrichelte Linie als Darstellung der Ergebnisse benutzt. Aus den Messungen geht hervor, daß sich die Streubreite für die Festigkeitswerte mit abnehmender Dicke stark erhöht, was durch die ausgezogenen Linien in Bild 6.1 dargestellt ist.

Um eine wirkungsvolle Verstärkung hervorzurufen, müssen fehlerfreie Whiskers ausgewählt werden. Sind die Whiskers klein, dann erhöht sich die Wahrscheinlichkeit dafür, daß sie fehlerfrei sind.

Sollen Whiskers als Verstärkungselement eingesetzt werden, dann müssen sie in ausreichender Menge mit reproduzierbarer Festigkeit erzeugt, zusammengetragen, ausgerichtet und in eine Matrix eingebettet werden. Whiskers der kubisch flächenzentrierten Metalle als Verstärkungsfasern in Betracht zu ziehen, ist nicht sinnvoll, weil deren theoretische Schubfestigkeiten niedrig sind und einmal eingeführte Versetzungen zu drastischem Festigkeitsverlust führen. Whiskers der kubisch raumzentrierten Metalle sind sehr fest. Sie erreichen Zugfestigkeiten bis zu etwa $1,4 \cdot 10^3$ kp/mm^2. Derartige Festigkeiten lassen sich auch erzielen, wenn die Whiskers innerhalb einer metallischen Matrix gewachsen sind (*Herzberg* und *Kraft* [31]). Aus diesem Grund sind diese Whiskers, vorausgesetzt, daß Versetzungen aus der Matrix nicht leicht in sie eindringen können, geeignet, deutliche Verstärkungseffekte hervorzubringen.

Die aussichtsreichsten Whiskers sind die der inhärent festen Materialien, weil diese hohe Festigkeit, hohen Elastizitätsmodul und geringe Dichte in sich vereinen. Zur Zeit des Schreibens dieses Buches waren Whiskers aus Al_2O_3, Siliziumnitrid, Siliziumkarbid und Borkarbid in Mengen von einigen Gramm hergestellt worden. Die Herstellungsmethoden gingen vom Wachstum aus der Dampfphase aus, meist über eine chemische Reaktion in der Dampfphase. Einzelheiten über die Herstellungsprozesse und die erzeugten Mengen, sowie auch über einige Eigenschaften finden sich bei *McCreight, Rauch* und *Sutton* [14].

Die meisten aus der Dampfphase gezüchteten Whiskers entstehen in watteartig verfilzter Form. Versuche über die Verstärkungswirkung solcher Whiskerfilze sind durchgeführt worden. Um aber Werkstoffe hoher Festigkeit herzustellen, müssen die Whiskers verlesen und ausgerichtet werden. *Parrat* [32] beschreibt eine halbautomatische Auslesemethode, bei der die Whiskers in Äthylenglycol dispergiert werden und die so entstehende Suspension in schnelle Rotation versetzt wird. Die Whiskers laufen dann zum Entfernen von Trümmerstücken durch Wassersäulen, anschließend über Siebe, wo sie nach ihren verschiedenen Längen sortiert werden. Auf diese Weise entsteht eine Matte mit wahlloser Verteilung der Orientierungen. Das automatische Ausrichten von Whiskers konnte durch Strangpressen eines Kolloids, das die Whiskers enthielt, bewerkstelligt werden (*Gordon* und *Wakelin* [33]). Diese Methoden sind für die Urheber geschützt. Während des Prozesses des Sortierens und Ausrichtens durch Dispergieren in einer Flüssigkeit können Metallpulver zugefügt werden, so daß anschließend mit pulvermetallurgischen Methoden ein Verbundkörper, der Whiskers in einer metallischen Matrix enthält, hergestellt werden kann.

Die bedeutsamsten Versuche zum Verstärken von Werkstoffen durch Whiskers sind von *Sutton* und seinen Mitarbeitern [30] beschrieben worden. Bei diesen Versuchen wurden Al_2O_3-Whiskers sowohl in metallische Matrixmaterialien als auch in Epoxidharz eingebettet. Die Al_2O_3-Whiskers, die bei 1300–1500 °C durch die Reaktion von Aluminiumdampf mit Sauerstoff in einen Wasserstoffstrom hergestellt worden waren, wurden von Hand verlesen und nach einer Beschichtung mit Nickel oder Platin in eine Silbermatrix eingebettet. Die Festigkeit der Whiskers hängt von ihrer Größe ab und auch von ihrer kristallographischen Orientierung. Dazu gibt es eine große Zahl von Ergebnissen. Die Bruchfestigkeit von Verbundkörpern, die Whiskers von gleichmäßiger Größe enthalten, ändert sich mit dem Faservolumanteil entsprechend Gl. (5.17.1). Nimmt man $\bar{\sigma}$ gleich dem arithmetischen Mittel der an Whiskers einer bestimmten Größe vor dem Einbetten gemessenen Festigkeitswerte, dann variieren die erreichten Festigkeiten bei Raumtemperatur zwischen 80 und 97 % des nach Gl. (5.17.1) erwarteten Werts. Die Größe l/d lag zwischen 100 und 2600. Der Verbundkörper mit der höchsten Festigkeit bei Raumtemperatur versagte bei einer Spannung von 160 kp/mm². Er enthielt 24 % Whiskers mit einer mittleren Bruchfestigkeit von 770 kp/mm², die Werte von l/d lagen zwischen 1300 und 2600. Auch bei hohen Temperaturen wurden Zugversuche ausgeführt und zwar jeweils nachdem die Probe eine kurze Zeit bei der erhöhten Temperatur gehalten wurde. Für die Bruchfestigkeit eines Verbundkörpers wurden bei 870 °C (0,93 T_s, wenn T_s die Schmelztemperatur der Matrix in K ist) Werte von mehr als 56 kp/mm² erreicht, bei 0,98 T_s noch 17,5 kp/mm². Diese Versuche beweisen, daß eine Verstärkung von Metallen durch Whiskers für Anwendungen bei Raumtemperatur und, zumindest für kurze Zeiten, bei Temperaturen nahe bei der Schmelztemperatur der Matrix durchaus möglich ist, wenn bei den Whiskers eine sorgfältige Auswahl getroffen wird.

Das Einbetten ähnlicher Whiskers in ein Epoxidharz bringt, wie *Sutton, Rosen* und *Flom* [34] gezeigt haben, ebenfalls eine wirkungsvolle Verstärkung. Mit einem Volumanteil $V_f = 0,14$ an ausgerichteten Whiskers wurde eine Bruchfestigkeit von mehr als 80 kp/mm² für ein Verbundmaterial mit spezifischem Gewicht 1,64 erreicht, was einer Reißlänge σ_B/γ von mehr als $48 \cdot 10^5$ cm entspricht. Der Elastizitätsmodul dieser Verbundwerkstoffe wurde in Abschnitt 5.3.2 diskutiert.

6.4. Metallische Matrixmaterialien

Eine metallische Matrix, die hochfeste Fasern umgibt, ist durch ihr plastisches Fließen ein sehr wirksames Medium für die Übertragung von Spannungen auf die Fasern. Das plastische Fließen trägt außerdem dazu bei, den Verbundwerkstoff kerbunempfindlich zu machen. Der Nachteil besteht darin, daß die Matrix durch das plastische Fließen bei niedriger Spannung nur wenig zum Elastizitätsmodul des Verbundwerkstoffs beiträgt und außerdem zum Versagen durch Ermüdung neigt.

Da ein metallisches Matrixmaterial in der Lage ist, viele verschiedene Elemente bei hoher Temperatur zu lösen und bei niedriger Temperatur wieder auszuscheiden, ergibt sich die Möglichkeit, verstärkte Verbundwerkstoffe allein durch Wärmebehandlung herzustellen.

Um in solchen Verbundmaterialien hohe Festigkeit zu erreichen, müssen verschiedene Bedingungen erfüllt werden (vgl. *Davies* [35], *Kelly* und *Davies* [2]). Das duktile Metall, das die Matrix bilden soll, muß die kontinuierliche Phase sein. Die Verstärkungsphase muß, sofern sie nicht in der Form paralleler Stäbe ohne Verästelungen ausgebildet wird, diskontinuierlich sein. Weiterhin muß es möglich sein, einen hinreichend großen Volumanteil der verstärkenden Phase zu erzeugen, die überdies in ausgerichteter faseriger Form mit einem für wirkungsvolle Kraftübertragung auf die Faser genügend großen Wert von l/d vorliegen muß. Andererseits steht es fest, daß Fasern aus intermetallischen Verbindungen und andere aus metallischen Matrixmaterialien extrahierte kleine Kristalle Festigkeiten zeigen, die denen von Whiskers gleichkommen (vgl. Abschnitt 4.6).

Die Erzeugung von faserigen Gefügen durch Umwandlung im festen Zustand ist bisher nicht in nennenswertem Maß angewendet worden. Der erreichbare Volumanteil der hochfesten Phase ist oft sehr klein (vgl. Abschnitt 4.2), ferner entsteht die hochfeste Phase in einer Vielfalt von Orientierungen entsprechend den verschiedenen kristallographisch gleichwertigen Varianten. Bei der Herstellung von hartmagnetischen Werkstoffen jedoch läßt sich eine weitgehende Ausrichtung in eine bestimmte dieser möglichen Orientierungen erzielen, indem man während der Umwandlung ein magnetisches Feld wirken läßt (vgl. z.B. *de Vos* [36]). In anderen Fällen besteht die Möglichkeit eine Zug- oder Druckspannung oder einen anderen Zwang auf das Material auszuüben und dadurch einen ähnlichen Effekt hervorzurufen.

Die Herstellung faseriger Gefüge aus der Schmelze gelang einer Reihe von Wissenschaftlern in den Laboratorien der United Aircraft Corporation mit Systemen, die ein Eutektikum bilden können (vgl. Tafel 2). Es wurden einachsig ausgerichtete Al_3Ni-Whiskers von einigen μm Durchmesser in einer Aluminium-Matrix erzeugt, wobei ein Volumanteil an Fasern von etwa 10 % erreicht wurde. Die Festigkeiten der Al_3Ni-Whiskers betragen 210 bis 280 kp/mm^2. Die durch eutektische gerichtete Erstarrung hergestellten Verbundmaterialien gehorchen sehr gut den in Kapitel 5 aufgezeigten Gesetzmäßigkeiten (*Herzberg*, *Lemkey* und *Ford* [37]). Diese Herstellungsart für einen Verbundwerkstoff bietet die Möglichkeit, auf direktem Wege Strukturen zu erzeugen, bei denen inhärent feste Stoffe wie Graphit, Silizium, Beryllium oder Bor in metallischer Matrix eingebettet sind. Natürlich kann die hochfeste Phase auch in der Form von einzelnen Platten auftreten. Diese Form ist jedoch nicht so günstig, da eine Platte einen langen Riß in einer Ebene senkrecht zur Plattenebene enthalten kann, wodurch ihre Festigkeit stark vermindert wird. Ist es möglich, die inhärent feste Phase in der Form ausgerichteter Fasern zu erzeugen, dann dürften sich technisch nutzbare Verbundwerkstoffe vermutlich relativ billig herstellen lassen.

Die Erzeugung faseriger Gefüge aus der Schmelze ist nicht nur mit Schmelzen mit eutektischer Zusammensetzung möglich, auch dentritisches Wachstum läßt sich nützen (*Davies* [35]). Macht man sich dentritische oder eutektische Erstarrung zunutze, um

Fasern in situ herzustellen, dann sind diese bis zum Schmelzpunkt der metallischen Matrix thermodynamisch stabil. Die Fasern werden auch über lange Zeiten bei Temperaturen nahe beim Schmelzpunkt des Matrixmaterials ihre Form behalten, und sind aus diesem Grund für Hochtemperaturanwendungen recht vielversprechend. Die Instabilität bei hoher Temperatur einer durch Ausscheidung erzeugten Phase ist ein sehr schwieriges Problem, wenn man ein faseriges Gefüge durch einsinnige mechanische Verformung erzeugen will (vgl. *Kelly* und *Davies* [2]).

In Kapitel 1 stellten wir fest, daß Oxide und andere Festkörper mit Ionenbindung niedrigere Oberflächenenergien besitzen als die gängigen Metalle. Das bedeutet, daß der Kontaktwinkel zwischen flüssigen Metallen und solchen Stoffen normalerweise hoch ist ($> 90°$). Aus diesem Grund ist es schwierig, einen Verbundkörper herzustellen, indem man geschmolzenes Metall in irgendwelche Anordnungen von Whiskers oder Fasern keramischer Natur eindringen läßt. Diese Schwierigkeit kann man dadurch überwinden, daß man die Fasern vor dem Einbetten, z.B. durch Bedampfen mit einer dünnen Schicht eines Metalls bedeckt, das einen höheren Schmelzpunkt hat als das vorgesehene Matrixmaterial. Weiterhin kann man das Eindringen des Matrixmetalls auch durch eine kontrollierte Atmosphäre oder besondere Zusätze unterstützen (*Kelly* und *Davies* [2] geben hierzu weitere Hinweise). Zwischen Karbiden und Metallen treten geringere Kontaktwinkel auf als zwischen Oxiden und Metallen, aus diesem Grund dringt flüssiges Metall in Bündel aus solchen Fasern leichter ein.

Eines der Merkmale der metallischen Matrix ist die Vielfalt der Möglichkeiten, die sich außer dem Gießen zur Herstellung von Verbundkörpern ergeben. So lassen sich pulvermetallurgische Methoden anwenden, bei denen die Fasern zusammen mit einem Metallpulver gepreßt und gesintert werden. Verbundmaterialien können auch durch kontinuierliche galvanische Abscheidung hergestellt werden. Ferner können auch, mindestens im Prinzip, die stromlose Abscheidung von Metallniederschlägen und das Aufsprühen angewendet werden, obgleich diese Methoden, soweit dem Autor bekannt ist, für das Einbetten von Fasern bisher nicht angewendet wurden [1]).

6.5. Ermüdung

In Abschnitt 5.9 hatten wir festgestellt, daß bei Benützung der hochfesten Fasern und Whiskers, die heute zur Verfügung stehen, Verbundwerkstoffe hergestellt werden könnten, die eine höhere Festigkeit als Stahl haben, daß aber die Steigerung von E/γ und σ_B/γ wesentlich bedeutender sind. In der Tat sind Proben hergestellt worden, bei denen Werte von σ_B/γ und E/γ erzielt wurden, die höher liegen als die an Stahldraht heute erreichten (Abschnitt 6.1, 6.2 und 6.3). Aus diesem Grund ist das Prinzip der Verstärkung durch Fasern für Anwendungen bei Raumtemperatur am vielversprechendsten für die Herstellung von Werkstoffen mit hoher spezifischer Festigkeit und hoher

---

[1]) Anmerkung des Übersetzers: Von *Kreider* und *Marciano* [38] wurde inzwischen mit Hilfe des Plasmasprüh-Verfahrens ein Verbundwerkstoff aus SiC-beschichtetem Borfaden in einer Aluminium-Matrix hergestellt.

spezifischer Steifigkeit. Die meisten Fälle des Versagens von Werkstoffen in der prak-
tischen Anwendung rühren her von Versagen durch Materialermüdung, wenn man vom
Versagen aufgrund chemischen Angriffs absieht. Manche Werkstoffe zeigen statische
Ermüdung. Die Ermüdung unter Wechsellast, d.h. Versagen nach wiederholter Einwirkung einer Last, die unterhalb der eigentlichen Bruchlast liegt, ist jedoch weit häufiger.
Mit Ausnahme der Gläser und gewisser Whiskerkristalle scheinen alle Werkstoffe dieses
Phänomen zu zeigen. Diese Beobachtung stimmt überein mit der allgemeinen Feststel-
lung, daß Ermüdung immer dann auftritt, wenn es unter Spannung Abweichungen vom
ideal elastischen Verhalten gibt.

Die Ermüdungsfestigkeit glasfaserverstärkter Kunststoffe hängt stark von der Anwesenheit von Wasserdampf ab. Sie ist am größten, wenn die Fasern kein Gewebe bilden,
kontinuierlich sind und unter einem kleinen Winkel zu beiden Seiten der Zugrichtung ausgerichtet sind. Es gibt wenige mikroskopische Beobachtungen über die Art des Versagens,
es steht aber fest, daß das Versagen von den Eigenschaften der Matrix bestimmt wird. Zur
Zeit ist das günstigste Harz ein Epoxidharz, und zwar wegen seiner besseren Korrosionsbeständigkeit, wegen des geringeren Schrumpfens beim Aushärten und wegen der im Vergleich mit anderen Harzen höheren Festigkeit. Der optimale Faservolumanteil beträgt
etwa 50 % (*Davis, McCarthy* und *Schurb* [39]). Die besten Kombinationen von Faser und
Kunstharz ergeben eine Lebensdauer im Ermüdungsversuch von 10^7 Lastwechseln unter
einer axialen Spannung von etwa 20 bis 28 kp/mm^2.

Mit faserverstärktem Reinaluminium wurden von *Baker* und *Cratchley* [40] Versuche durchgeführt, mit faserverstärkten ausgehärteten Aluminiumlegierungen von
Forsyth, George und *Ryder* [41]. Im ersten Fall handelte es sich um Aluminium, das
mit SiO$_2$-Fasern verstärkt war. Das Verbundmaterial wurde hergestellt durch Heißpressen
von aluminiumbeschichteten SiO$_2$-Fasern (Abschnitt 6.2). Der Faservolumanteil war
etwa 50 %. Ein solches Material ist im Grunde dreiphasig, weil jeweils eine dünne Schicht,
die reich an Al$_2$O$_3$ ist, parallel zu den Fasern durch die Matrix läuft. Obwohl die Zugfestigkeit parallel zu den Fasern im statischen Test mehr als 70 kp/mm^2 betrug, waren bei
Raumtemperatur die Spannungen, die unter Wechsellast ausgehalten wurden, praktisch
die gleichen wie bei konventionellen Aluminiumlegierungen (14 kp/mm^2 für 10^7 bis 10^8
Lastwechsel). Die Proben wurden auf Biegung um eine Achse senkrecht zur Faserrichtung
beansprucht. In unbeschädigten Fasern wurden keine Ermüdungserscheinungen festgestellt.
Die durch die Ermüdung hervorgerufenen Erscheinungen waren auf das Gebiet der Matrix
beschränkt, wo sich Risse entwickelten ganz ähnlich wie in Reinaluminium oder in Aluminiumlegierungen. Ein wichtiges Ergebnis ist die Tatsache, daß die in der Matrix ent-
standenen Risse in keinem Fall Risse in unbeschädigten Fasern erzeugten. Bei $V_F = 0,5$
konnte sich die Spannung in der Matrix also nicht so stark konzentrieren, daß Fasern zerrissen wurden. Einige Fasern erhielten im Verlauf der Herstellung Risse. Diese Risse er-
streckten sich beim Auftreten der Ermüdung quer über eine Faser. Einige Fasern brachen
bei der Herstellung. An den Bruchstellen wurde verstärktes plastisches Fließen in der Matrix beobachtet. Man fand, daß die Risse in der Matrix an diesen Stellen ihren Ausgang
nahmen. Das Versagen trat auf durch Rißfortpflanzung in der Matrix. Die Risse in der
Matrix liefen zusammen, indem sie sich parallel zu den Fasern entlang der dünnen Al$_2$O$_3$-
reichen Schichten fortbewegten, was zur Ablösung der Faserummantelungen voneinander

führte. Versagen trat niemals an der Grenzfläche Faser-Matrix auf, d.h. die Grenzschicht hatte eine höhere Scherfestigkeit als die Matrix. Mit dem Fortschreiten der Risse in der Matrix sank der im Biegeversuch beobachtete Elastizitätsmodul des Verbundwerkstoffs bis bei einer begrenzten Schwingungsamplitude die Belastung der Probe nicht mehr beibehalten werden konnte.

Forsyth und Mitarbeiter [41] führten Versuche aus, um zu finden, ob in handelsübliche Aluminiumlegierungen hoher Festigkeit eingebettete Stahldrähte eine Erhöhung der Lebensdauer im Ermüdungsversuch bringen. Die Proben waren Bleche, in die die Drähte durch Einwalzen eingebracht wurden. Die Bleche enthielten in der Mitte einen Schlitz quer zur Belastungsrichtung. Die Versuche waren so angelegt, daß die Ausbreitungsgeschwindigkeit eines Risses, der vom Schlitz ausging, gemessen werden konnte. Die Bleche wurden mit einer Mittelspannung von 12,5 kp/mm^2 belastet, der eine wechselnde Spannung von 1,4 kp/mm^2 überlagert wurde. Gemessen wurde die Rißausbreitung pro Lastwechsel. Unter diesen Bedingungen wurde die Rißausbreitungsgeschwindigkeit durch kleine Faservolumanteile zunächst verringert. Die Lebensdauer einer Probe mit 13 % Stahldraht wurde um etwa einen Faktor 10 erhöht.

Die erste der beiden beschriebenen Versuchsreihen zeigt, daß die Lebensdauer eines Verbundkörpers unter Wechsellast durch die Ermüdung der Matrix bestimmt ist. Das geschieht über die Erzeugung von Rissen in der Matrix, die wegen der wiederholten plastischen Dehnung der Matrix auftreten. Um den Einfluß der Ermüdung zu vermindern, muß also die plastische Dehnung der Matrix verringert werden. Wie das erreicht werden kann, läßt sich aus der Diskussion der Spannung-Dehnung-Kurve eines Verbundmaterials mit metallischer Matrix entnehmen, die in Abschnitt 5.3.1 durchgeführt ist. Liegt die Fließgrenze der Matrix im Vergleich zur Zugfestigkeit der Fasern niedrig, dann ist der Elastizitätsmodul des Verbundwerkstoffs etwa gleich $E_F V_F$. Wird nun der Verbundkörper einer bestimmten Wechsellast ausgesetzt, dann wird die mittlere plastische Dehnung in der Matrix sinken, wenn entweder E_F oder V_F erhöht werden. Werden diskontinuierliche Fasern benutzt, dann tritt in der Matrix an den Faserenden in erhöhtem Maß plastisches Fließen auf. Eine Erhöhung der Faserlänge wird also eine Erhöhung der Lebensdauer im Ermüdungsversuch bringen.

Wird bei einem Verbundwerkstoff Kerbunempfindlichkeit angestrebt, indem man für eine Grenzschicht geringer Festigkeit parallel zu den Fasern sorgt, dann wird das unter Ermüdungsbedingungen wahrscheinlich zu einem Zerfallen des Werkstoffs führen. Um einen Verbundwerkstoff zu erhalten, der unter Ermüdungsbedingungen keinen Festigkeitsverlust erleidet, muß man danach trachten, Faser und Matrix frei von anelastischen Effekten zu haben. Hat man Fasern, die diese Forderung erfüllen, und ist zusätzlich noch Kerbunempfindlichkeit erforderlich, dann ist die ideale Matrix eine, die einen niedrigen Elastizitätsmodul und eine hohe Dehnung beim Bruch hat und bei dieser großen Dehnung keine anelastische Effekte zeigt. Daraus folgt eine große Übertragungslänge und damit ein niedriger Elastizitätsmodul des Verbundwerkstoffs (Abschnitt 5.1). Für praktische Zweckse wird man einen Kompromiß zwischen einer hohen statischen Festigkeit und einer hohen Lebensdauer unter Wechsellast anstreben müssen. Dazu sind Versuche notwendig, die zeigen, wie stark die Fließgrenze der Matrix relativ zur Bruchfestigkeit der Faser erhöht werden kann, ohne daß eine zu hohe Kerbempfindlichkeit des Verbundmaterials hervorgerufen wird. Prinzipiell könnte es möglich sein, die Ausbreitung von Ermüdungsrissen in der Matrix zu verhindern und damit die Lebensdauer eines Verbundwerkstoffs zu erhöhen, indem man in die Matrix eine Wabenstruktur eines gummiartigen Materials einführt. Das würde jede Faser und einen Teil des umgebenden Matrix innerhalb jeder Zelle der Wabenstruktur isolieren. Wenn dann das gummiartige Material eine hohe Dehnung beim Bruch aufweist, die sehr viel größer als die des Verbundkörpers ist, dann könnte die Rißausbreitung in der Matrix verhindert werden.

6.6. Kriechen

Die Schwächen der aushärtbaren metallischen Materialien für den Gebrauch bei höheren Temperaturen wurden in Abschnitt 4.5 diskutiert. Das Prinzip der Verstärkung durch Fasern verspricht Werkstoffe mit erhöhter Kriechfestigkeit. Dazu werden Fasern aus einer Substanz mit sehr hohem Schmelzpunkt, die eine hohe Kriechfestigkeit bei Temperaturen oberhalb etwa 1000 °C aufweisen, in eine metallische Matrix eingebracht, die eine ausreichende Korrosionsfestigkeit bei den geforderten Arbeitsbedingungen besitzt. Die Geometrie des faserverstärkten Verbundwerkstoffs gewährleistet eine gewisse Kerbunempfindlichkeit und Schlagfestigkeit bei tiefen Temperaturen, sofern die Matrix über eine gewisse Duktilität verfügt. Bei der höheren Temperatur tragen die Fasern den größeren Teil der Last.

Zur Zeit würde ein Werkstoff mit einer angemessenen Widerstandsfähigkeit gegenüber thermischen Schocks und Stoßbeanspruchung bei tiefen Temperaturen, der eine Festigkeit von 70 kp/mm² für 1000 Stunden bei 1200 °C beibehalten würde, einen sehr bedeutsamen technischen Fortschritt darstellen. Es gibt eine Reihe von Werkstoffen, die eine Kurzzeitfestigkeit (gemessen während einiger Minuten) von mehr als 70 kp/mm² bei 1200 °C zeigen (z.B. Al_2O_3-Whiskers, wie in Abb. 3.4 gezeigt wurde, sowie bestimmte Karbide). Vielkristallines Titankarbid und Vanadiumkarbid besitzen bei 1700 °C eine Festigkeit von mehr als 35 kp/mm².

Werden nun diese inhärent festen Stoffe zur Verstärkung verwendet, dann ergibt sich die Möglichkeit, Werkstoffe mit verbesserter Kriechfestigkeit herzustellen. Bevor sich das jedoch erreichen läßt, müssen einige Schwierigkeiten in Betracht gezogen werden. Diese seien im folgenden diskutiert.

Zum ersten muß die Langzeitfestigkeit des Verstärkungsmaterials bei hohen Temperaturen nachgewiesen werden. In reinen Einkristallen der meisten Stoffe von hoher inhärenter Festigkeit werden bei Temperaturen oberhalb der halben Schmelztemperatur Versetzungen beweglich, und daher wird für diese Werkstoffe Kriechen bei hohen Temperaturen erwartet (vgl. Abschnitt 3.2). Zusätzlich kann statische Ermüdung auftreten. So zeigen z.B. Al_2O_3-Whiskers verzögertes Versagen schon bei einer Temperatur von 630 °C (*Brenner* [42]). In verunreinigten keramischen Werkstoffen oder solchen, die eine glasartige Phase zwischen den Körnern enthalten, tritt bei hohen Temperaturen Gleiten an den Korngrenzen auf, und das Kriechverhalten wird durch Verunreinigungen bestimmt. Das Kriechverhalten von Al_2O_3 wurde von *Stokes* [43] geprüft. In sehr reinem und dichtem vielkristallinem Al_2O_3 wird die Fließgeschwindigkeit zwischen 1200 °C und 1800 °C durch Nabarro-Herring-Kriechen bestimmt (*Folweiler* [44]). Die erforderlichen Spannungen um Kriechen an einem Vielkristall hervorzurufen, sind höher als die, die an Einkristallen Kriechen mit gleicher Verformungsgeschwindigkeit erzeugen. Aus diesem Grund könnte es vorteilhaft sein, vielkristallines Material zu benutzen. Das Nabarro-Herring-Kriechen ergibt aber unter einer Zugspannung σ eine Dehnungsgeschwindigkeit $\dot{\epsilon}$ die durch

$$\dot{\epsilon} = \frac{k\sigma}{d^2}$$

gegeben ist, wobei k eine dem Diffusionskoeffizienten proportionale, der Temperatur umgekehrt proportionale Konstante und d der Korndurchmesser ist. Somit wird man für geringe Korngrößen die größten Kriechgeschwindigkeiten erwarten. In den Abschnitten 3.2 und 3.3 wurde darauf hingewiesen, daß es vorteilhaft ist, in einer vielkristallinen Probe eines Materials von hoher inhärenter Festigkeit die Korngröße zu vermindern, wenn man Festigkeit bei niedrigen Temperaturen erreichen will. Das ist aber unvereinbar mit dem Erzielen des höchsten Widerstands gegenüber Nabarro-Herring-Kriechen.

In einem Verbundwerkstoff kann thermische Ermüdung auftreten, wenn er zyklischen Wechseln zwischen hoher und tiefer Temperatur ausgesetzt wird, weil Unterschiede im Koeffizienten der thermischen Ausdehnung von Faser und Matrix zu plastischem Fliessen in der Matrix führen können. Thermische Schockbeanspruchung kann selbst bei Einkristallen keramischer Stoffe zur Rißbildung führen, wie das z.B. von *Miles* und *Clarke* [45] an Magnesiumoxid beobachtet wurde. Sind die Verstärkungsfasern vielkristallin und spröde bei niedriger Temperatur, dann treten zusätzliche Probleme auf (Abschnitt 3.2 und 3.3).

Trotz der Schwierigkeiten bei der Entwicklung eines ideal kriechfesten Materials, konnte jedoch die Möglichkeit von Verbesserungen der Hochtemperatureigenschaften durch Nutzung des Prinzips der Faserverstärkung demonstriert werden.

Sutton [30] und *Parrat* [32] zeigten, daß das Verstärken mit Whiskers für Kurzzeitversuche nahe bei der Schmelztemperatur der Metallmatrix möglich ist, wenn die Matrix um die Fasern gegossen (*Sutton* [30]) oder heiß gepreßt wird (*Parrat* [32]). *Baskey* [46] stellte fest, daß durch das Einbringen eines Volumanteils von 23 % kontinuierlicher Wolframdrähte von 250 μm Durchmesser in eine Kobaltlegierung, die 20 % Cr, 20 % Mo und 15 % Al enthielt, ein Verbundwerkstoff mit einer Kurzzeitfestigkeit von 34 kp/mm^2 bei 1100 °C erzeugt wurde. Das ist zweieinhalb mal die Festigkeit der Kobaltlegierung allein. Kontinuierliche Wolframdrähte wurden auch von *Dean* [47] in Nickellegierungen eingebaut. Die Spannung, die nötig ist um Versagen nach hundert Stunden hervorzurufen, ist in Bild 4.5 gegen die Temperatur aufgetragen. Die Verbesserung gegenüber dem Nickel und den Nickellegierungen ist erheblich. Bei allen diesen Versuchen mit kontinuierlichen Metalldrähten ist das Verhalten unter Kriechbedingungen durch die Eigenschaften der Drähte sowie durch eventuelle Reaktionen zwischen Draht und Matrix bestimmt.

Das Kriechen von Verbundwerkstoffen aus Silber mit diskontinuierlichen Wolframdrähten von 200 μm Durchmesser wurde von *Kelly* und *Tyson* [48] untersucht. Eine typische Kriechkurve ist in Bild 6.2 gezeigt. Die Dehnung bis zum Bruch ist sehr gering, sie ist kleiner als die der Matrix. Die Kriechgeschwindigkeit im linearen Teil der Kurve (in

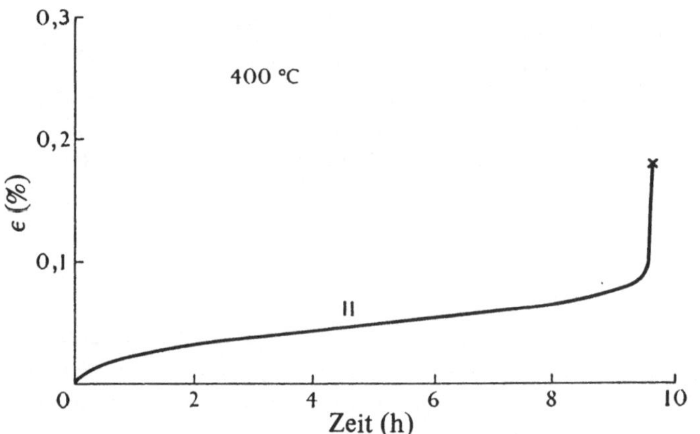

Bild 6.2
Die Zeitabhängigkeit der Dehnung eines Verbundwerkstoffs aus 40 Vol-% Wolframdraht in Silber bei 400 °C unter einer Spannung von 17,3 kp/mm².

Bild 6.2 mit II bezeichnet) ist in Bild 6.3 für zwei Temperaturen, nämlich 400 °C und 600 °C, gegen die Spannung aufgetragen. In der Bezeichnungsweise von Kapitel 5 war der Schlankheitsgrad der Fasern l/d = 30. Bei 400 °C ist das mehr als l_c/d, bei 600 °C dagegen ist das weniger als l_c/d, wenn man l_c aus Kurzzeit-Zugversuchen bei beiden Temperaturen ermittelt. Aus diesen Ergebnissen erkennt man, daß die Verstärkung durch Fasern die Kriechgeschwindigkeit der Matrix bei gegebener Spannung, sowohl für Faserlängen größer als l_c wie auch für Faserlängen kleiner als l_c, stark vermindert. Das Verbundmaterial zeigt eine geringere Dehnung bis zum Bruch als das die Matrix tut, so daß bei einer sehr duktilen Matrix die Verbesserung der Lebensdauer im Kriechversuch nicht sehr groß ist. In den Verbundwerkstoffen wird der größte Teil der Last von den Fasern getragen. Die Spannung muß durch Scherung in der Matrix in der Nähe der Faserenden auf die Fasern übertragen werden, und daher muß die Matrix an den Faserenden kriechen. Die Kriecheigenschaften eines Verbundwerkstoffs mit diskontinuierlichen Fasern werden daher auf irgendeine Weise mit den Eigenschaften von Matrix und Grenzfläche Faser-Matrix zusammenhängen. Die Beobachtung von Bruchflächen zeigt, daß der Anteil an Fasern, der in einem Kriechversuch zerrissen wird, sehr viel kleiner ist als der bei einem normalen Zugversuch bei der gleichen Temperatur. Die Kriechgeschwindigkeit fällt mit steigendem Wert von l/d.

Aus den geschilderten Versuchen wird es klar, daß Verbesserungen der Kriecheigenschaften durch Verstärkung mit Fasern erreicht werden können, und daß die niedrigste Kriechgeschwindigkeit mit kontinuierlichen Fasern und dem höchstmöglichen Faservolumanteil erzielt wird. Ein mit Whiskers verstärkter Verbundwerkstoff wird deshalb kaum eine so gute Kriechfestigkeit besitzen, wie ein Verbundwerkstoff, der kontinuierliche Fasern enthält. Weiterhin werden Whiskers mit einem Durchmesser von wenigen μm nur dann eine Verstärkung über längere Zeiten ergeben, wenn sie sich nicht in der Matrix lösen und nicht chemisch mit ihr reagieren.

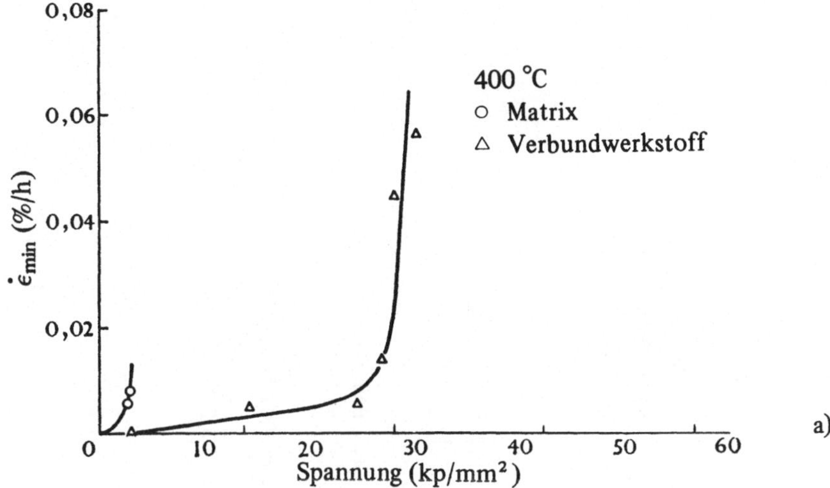

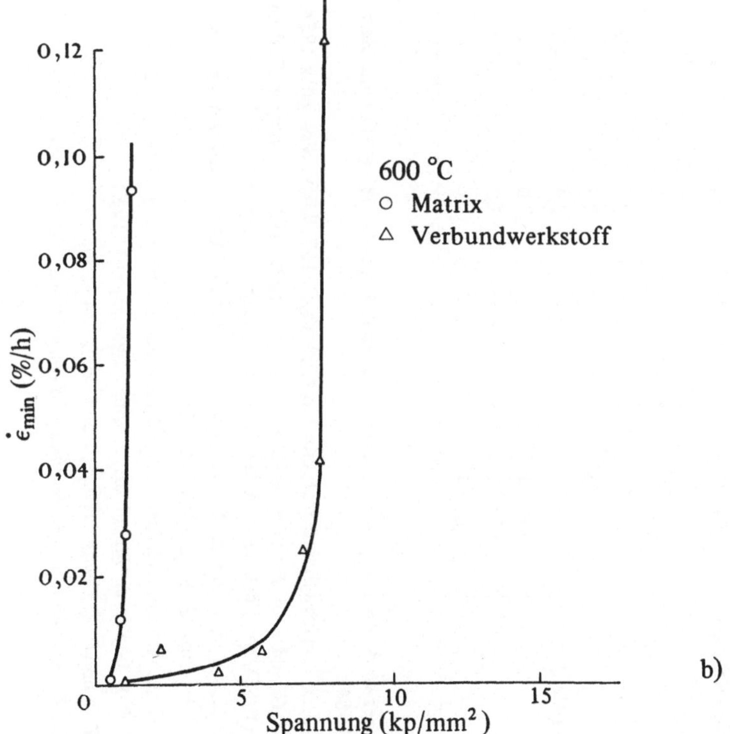

Bild 6.3. Die Abhängigkeit der Kriechgeschwindigkeit von der Spannung für reines Silber (Kreise) und für Silber mit 40 Vol.-% Wolframdraht (Dreiecke) bei (a) 400 °C und (b) 600 °C.

Anhang A

Tabelle 1. Zugfestigkeit von Whiskers bei Raumtemperatur

Material	Zugfestigkeit σ_B (10^3 kp/mm^2)	Elastizitätsmodul E (10^3 kp/mm^2)	Spezifisches Gewicht γ (p/cm^3)	σ_B/γ (10^5 cm)	E/γ (10^8 cm)	Schmelzpunkt (°C)
Graphit	1,96	69 [1]	2,2	890	31,7	unter 3000
Al_2O_3	1,55 [2]	53,5 (max.)	4,0	387	13,4	2050
Al_2O_3 (großer Kristall)	0,70 [3]	53,5 (max.)	4,0	176	13,4	2050
Eisen	1,26 [2]	19,6	7,8	162	2,5	1540
Si_3N_4	1,4 [4]	38,6 [5]	3,1	458	12,7	unter 1900
SiC	2,1 [4]	70,3 (max.)	3,2	660	21,8	2600
Si	0,7 [4]	18,3	2,3	302	7,9	1450
Si (großer Kristall)	0,38 [6]	18,3	2,3	148	7,9	1450
BeO	0,70 [7]	35,9	3,0	232	11,9	2520
AlN	0,70 [8]	35,2	3,3	212	10,5	unter 2000
NaCl	0,01 [9]					

[1] Gemessener Wert von $1/S_{11}$. Vgl. *Bacon, R.*, J. appl. Phys. **31**, 283 (1960) und *Baker, C.* und *A. Kelly*, Phil. Mag. **9**, 927 (1964).

[2] *Brenner, S. S.* in: Growth and Perfection of Crystals, S. 157, Wiley, New York 1958.

[3] *Morley, J. G.* und *B. A. Proctor*, Nature, Lond. **196**, 1082 (1962); *Mallinder, F. P.* und *B. A. Proctor*, Phil. Mag. **13**, 197 (1966). Die Festigkeit wurde aus Biegeversuchen ermittelt.

[4] *Evans, C. C., J. E. Gordon, D. M. Marsh* und *J. N. Parrat*, Tube Investiments Res. Lab. Report No. 133 (1961).

[5] *Gordon, J. E.*, Proc. R. Soc. **A282**, 16 (1964).

[6] *Dash, W. C.* in: Growth and Perfection of Crystals, S. 189, Wiley, New York 1958.

[7] *Edwards, P. L.* und *R. J. Happel*, Jr., J. appl. Phys. **33**, 943 (1962).

[8] *Davies, T. J.* und *P. E. Evans*, Nature, Lond. **207**, 254 (1965).

[9] *Gyulai, Z., E. Hartmann* und *B. Jeszinsky*, phys. stat. sol. **1**, 726 (1961).

Tabelle 2. Hochfeste nichtmetallische Fasern

Material	Zugfestigkeit σ_B (10^3 kp/mm^2)	Elastizitäts-modul E (10^3 kp/mm^2)	Spezifisches Gewicht γ (p/cm^3)	σ_B/γ (10^5 cm)	E/γ (10^8 cm)	Schmelzpunkt ($^\circ$C)
Asbest (Krokydolit)	0,60 [1]	19,0	2,5	240	7,58	verliert bei 500 °C Kristallwasser
Glimmer	0,32 [2]	23,2	2,7	119	8,58	verliert bei ca. 400 °C Kristallwasser
Geätztes Natron-	0,28 (Mittelw.) [3]	6,9	2,5	112	2,76	
kalkglas	0,35 (max.) [3]	6,9	2,5	140	2,76	
SiO$_2$-Faser	0,61 (Mittelw.) [3]	7,4	2,5	242	2,96	1700
SiO$_2$ in Luft	1,05 (max.) [3]	7,4	2,5	420	2,96	1700
SiO$_2$ in Vakuum	0,84 (Mittelw.) [3]	7,4	2,5	336	2,96	1700
SiO$_2$ bei 77 °K	1,41 (Mittelw.) [3]	7,4	2,5	564	2,96	1700
Borfaden mit Wolframseele	0,70 [4]	38,6	2,3	304	16,8	2040
Hochfestes Nylon 66	0,105 [5]	0,49 [6]	1,1	95,5	0,44	
Graphitfaden	0,32 [7]	49,3 [7]	1,9	169	26,0	unter 3000

[1] *Zukowski, R.* und *R. Gaze*, Nature, Lond. **185**, 35 (1959).

[2] *Orowan, E.*, Z. Phys. **82**, 235 (1933).

[3] *Morley, J. G., P. Andrews* und *I. Whitney*, Physics Chem. Glasses **5**, 1 (1964), vgl. auch *Morley, J. G.*, Proc. R. Soc. A **282**, 43 (1964).

[4] *Talley, C. P.*, J. appl. Phys. **30**, 1114 (1959) und *Talley, C. P.* und *W. J. Clark*, AD 296575 (1962).

[5] *Frank, F. C.*, Proc. R. Soc. A **282**, 9 (1964).

[6] *Gordon, J. E.*, Jl. R. aeronaut. Soc. **56**, 704 (1952).

[7] *Watt, W. W.* und *W. Johnson*, persönliche Mitteilung. Aufgeführt sind die im Oktober 1965 erreichten Maximalwerte.

Tabelle 3. Hochfeste Kristalle (Die Werte für die Fließgrenze wurden aus Härtemessungen bei Raumtemperatur ermittelt)

Material	Eindruck-härte [1] (kp/mm^2)	Fließgrenze σ_F $(10^3\ kp/mm^2)$	Elastizitäts-modul E $(10^3\ kp/mm^2)$	Spezifisches Gewicht γ (p/cm^3)	σ_F/γ $(10^5\ cm)$	E/γ $(10^8\ cm)$	Schmelzpunkt $(^\circ C)$
Diamant	8400 [2]	5,4	105 [3]	3,5	1540	30	wandelt sich um
WC	2100 [4]	0,70	73	15,8	44,3	4,6	2755 [5]
TiB_2	3400 [6]	1,41	66 [7]	4,5	313	14,8	2900
TiC	2900	2,04	51 [7]	4,9	416	10,4	3250
B_4C	2400	1,2	46,5 [8]	2,5	480	18,5	2470
B	2500	1,34	45 [9]	2,3	608	19,5	2300
BeO	1300	0,70	35,9	3,0	232	11,9	2520
AlN	1225	0,63	35,2 [9]	3,3	191	10,5	2300 [10]
TiN	1994	1,41	35,2 [9]	5,4	260	6,5	2950
TaC	1800	0,70	63,3 [11]	14,5	48,3	4,4	3880
Al_2O_3	2600	1,13	40	4,0	282	10	2050

[1] Die Werte für die Vickershärte stammen, soweit nicht andere Quellen angeführt sind, aus *Shaffer, P. T. B.*, Handbook of High Temperature Materials, Materials Index, Plenum Press, New York 1964.

[2] *Mott, B. W.*, Microindentation Hardness Testing, Butterworth, London 1956.

[3] $\langle 111 \rangle$-Richtung.

[4] Maximalwert parallel zu $\langle 0001 \rangle$. *Takahashi, T.* und *E. J. Freise*, Phil. Mag. **12**, 1 (1965).

[5] WC zersetzt sich.

[6] *Lynch, C. T., S. A. Mersol* und *F. W. Vahldiek*, Trans. Am. Inst. Min. metall. Petrol. Engrs. **233**, 631 (1965).

[7] Aus Messungen an Einkristallen von *Gilman, J. J.* und *B. W. Roberts*, J. appl. Phys. **32**, 1405 (1961).

[8] *Gilman, J. J.*, Mech. Engng. **83**, 55 (1961).

[9] *Gordon, J. E.*, Proc. R. Soc. A **282**, 16 (1964).

[10] AlN sublimiert.

[11] *Lang, S. M.*, NBS Monograph No. 6.

Tabelle 4. Zugfestigkeiten von Metalldrähten (die Daten gelten, soweit nicht anders angegeben, für Raumtemperatur)

Material	Zusammen-setzung	Durchmesser (mm)	Zugfestigkeit σ_B (kp/mm^2)	Elastizitäts-modul E [1] (10^3 kp/mm^2)	Spezifisches Gewicht γ (p/cm^3)	σ_B/γ (10^5 cm)	E/γ (10^8 cm)	Schmelzpunkt (°C)
Patentierter Stahldraht	0,9 % C	0,102	422 [2]	21,1	7,9	53,4	2,67	1300
Patentierter Stahldraht bei 260 °C nach 30 min	0,9 % C	0,102	323 [2]	–	–	–	–	–
Rostfreier Stahl	18Cr-8Ni-0,8Mo	0,051	211 [2]	20,4	7,9	26,7	2,58	
René 41	19Cr-11Co-10Mo-3Ti-1, 7Al-Rest Ni	0,102	232 [2]	22,5	8,2	28,3	2,84	
René 41 bei 800 °C nach 30 min	19Cr-11Co-10Mo-3Ti-1, 7Al-Rest Ni	0,102	141 [2]	–	–	–	–	
Ti	13V-11Cr-3Al	0,152	225 [3]	11,9	4,6	48,9	2,59	
W	99,95	0,051	387 [2]	35,2	19,3	20,0	1,83	3390
Mo	99,9	0,152	211 [3]	34,5	10,3	20,5	3,35	2610
Be	handelsübliche Reinheit	0,152	127 [4]	31,6	1,8	70,5	17,6	1284
Al	hochrein	0,152	17 [3]	7,04	2,7	6,3	2,6	660

[1] Die Werte des Elastizitätsmoduls gelten für massives Material. Bei Drähten können aufgrund von Texturen andere Werte auftreten.

[2] *Roberts, D. A.*, DMIC Memorandum 80 (1961).

[3] *Rumbles, W. E., S. F. Watanabe, E. J. Hayes* und *E. N. Petrick* in: Proc. S.A.M.P.E. Filament Winding Conference, S. 122 (1961).

[4] *Fulap, R. J.*, Mater. Des. Engng. **55**, 10 (1962).

Tabelle 5. Bindungsenergien

Bindung	Energie (kcal/Mol)	Bindung	Energie (kcal/Mol)
Si-C	78	C_{aliph}-C_{aliph}	83
Si-Si	53	C_{aliph}-O	93
Si-O	106	C_{aliph}-H	97
Si-F	135	C -Cl	80
B-N	105	C_{aliph}-N	82
B_{arom}-N_{arom}	115	C_{arom}-N	110
B-C_{aliph}	89	C_{arom}-C_{arom}	98
B-C_{arom}	100	C_{arom}-O	107

Diese Werte stammen in der Hauptsache aus der Arbeit *Bawn, C. E. H.*,
Proc. R. Soc. A **282**, 91 (1964) (nach *Pauling, L.*, The Nature of the
Chemical Bond, 3. Aufl., Cornell University Press, 1960 und *Cottrell, T. L.*,
The Strength of Chemical Bonds, 2. Aufl., Butterworth, London 1958).

Anhang B

Tabelle 1. Gleitelemente von Kristallen (bei Raumtemperatur)

Stoff	Kristall-klasse	Translations-gitter	Gleit-richtung	Gleit-ebene	Bemerkungen
kub. flächenzentr. Metalle und Mischkristalle	m3m	F	$\langle 1\bar{1}0 \rangle$	$\{111\}$	
Si, Ge, C	m3m	F	$\langle 1\bar{1}0 \rangle$	$\{111\}$	
InSb, a-ZnS	$\bar{4}$3m	F	$\langle 1\bar{1}0 \rangle$	$\{111\}$	
CaF$_2$, UO$_2$	m3m	F	$\langle 1\bar{1}0 \rangle$	$\{001\}$ $\{1\bar{1}0\}$ $\{111\}$	
NaCl, MgO und andere Stoffe mit NaCl-Struktur [1])	m3m	F	$\langle 1\bar{1}0 \rangle$	$\{1\bar{1}0\}$ $\{001\}$	wellige Gleitung bei hoher Temperatur
PbS, PbTe	m3m	F	$\langle 1\bar{1}0 \rangle$ $\langle 001 \rangle$	$\{001\}$ $\{110\}$	
kub. raumzentr. Metalle	m3m	I	$\langle 1\bar{1}1 \rangle$	$\{110\}$	wellige Gleitung
CsCl-Struktur	m3m	P	$\langle 001 \rangle$	$\{110\}$	

[1]) TiC mit dieser Struktur gleitet wie die kubisch flächenzentrierten Metalle.

Stoff	Kristallklasse	Translationsgitter	Gleitrichtung	Gleitebene	Bemerkungen
β-Sn	4/mmm	I	$\langle 001 \rangle$	$\{110\}$ $\{100\}$	
Rutil (TiO_2)	4/mmm	P	$\langle 10\bar{1} \rangle$ $\langle 001 \rangle$	$\{101\}$ $\{110\}$	
Bi	$\bar{3}$m	R	$\langle 10\bar{1} \rangle$	(111)	$a < 60°$ [2]
Hg	$\bar{3}$m	R	$\langle 100 \rangle$	$\{110\}$	$60° < a < 90°$ [2]
Graphit, MoS_2	6/mmm	P	$\langle 11\bar{2}0 \rangle$	(0001)	
a-Al_2O_3	$\bar{3}$m	P	$\langle 11\bar{2}0 \rangle$	(0001) $\{10\bar{1}0\}$	
Zn, Cd, Mg			$\langle 11\bar{2}0 \rangle$ $\langle 11\bar{2}3 \rangle$	$\{0001\}$ $\{10\bar{1}1\}$ $\{10\bar{1}0\}$ $\{11\bar{2}2\}$	
Be, AgMg	6/mmm	P	$\langle 11\bar{2}0 \rangle$	(0001) $(10\bar{1}0)$	
Ti	6/mmm	P	$\langle 11\bar{2}0 \rangle$	$\{10\bar{1}0\}$ $\{10\bar{1}1\}$ (0001)	

[2]) a ist der Winkel der rhomboedrischen Einheitszelle.

Tabelle 2. Unabhängige Gleitsysteme in Kristallen

Gleitsystem		Kristallklasse	Zahl der unabhängigen Systeme	Beispiel
$\langle 1\bar{1}0 \rangle$	$\{111\}$	m3m	5	kub. flächenzentrierte Metalle, Diamantstruktur
$\langle 1\bar{1}1 \rangle$	$\{110\}$	m3m	5	kub. raumzentr. Metalle
$\langle 1\bar{1}0 \rangle$	$\{110\}$	m3m	2	NaCl-Struktur
$\langle 10\bar{1} \rangle$	$\{101\}$	4/mmm	4	TiO_2
$\langle 001 \rangle$	$\{110\}$	m3m	3	CsCl-Struktur
$\langle 1\bar{1}0 \rangle$	$\{001\}$	m3m	3	CaF_2 und UO_2, die auch wie NaCl gleiten
$\langle 11\bar{2}0 \rangle$	(0001)	6/mmm	2	Graphit
$\langle 11\bar{2}0 \rangle$	$\{10\bar{1}0\}$	6/mmm	2	Zr und Te, die auch wie Graphit gleiten
$\langle 11\bar{2}0 \rangle$	$\{10\bar{1}1\}$	6/mmm	4	Zn, Cd, Ti
$\langle 11\bar{2}3 \rangle$	$\{11\bar{2}2\}$	6/mmm	5	Zn, Cd, Mg

Anhang C

Tabelle 1. Die Werte der elastischen Konstanten von Einkristallen, die in diesem Buch verwendet werden, stammen jeweils aus der neuesten Bestimmung, die in den folgenden zusammenfassenden Berichten zitiert werden. Seit dem Erscheinen dieser Übersichtsartikel sind außerdem Werte für Graphit, Magnesiumoxid, Titankarbid und Korund bestimmt worden.

Aleksandrov, K. S. und *T. V. Ryzkova,* Soviet. Phys. Crystallogr. **6,** 228 (1961).

Huntington, H. B., Solid St. Phys. **7,** 213 (1958).

Hearmon, R. F. S., Adv. Phys. **5,** 323 (1956); Rev. Mod. Phys. **18,** 409 (1946).

MgO:

Chung, D. H., Phil. Mag. **8,** 833 (1963).

TiC:

Gilman, J. J. und *B. W. Roberts,* J. appl. Phys. **32,** 1405 (1961).

Graphit:

Spence, G. B., J. appl. Phys. **33,** 729 (1962).

Baker, C. und *A. Kelly,* Phil. Mag. **9,** 927 (1964).

Al_2O_3:

Wachtmann, J. B., Jr., *W. E. Tefft, D. G. Lam,* Jr. und *R. P. Stinchfield,* J. Res. Nat. Bur. Stds. **64** A, 213 (1960).

Tabelle 2. Werte der Querkontraktionszahl bei Raumtemperatur

Material	Vielkristall	$-S_{12}/S_{11}$	$-S_{13}/S_{33}$	$-S_{13}/S_{11}$
Aluminium	0,34	0,38		
Kupfer	0,34	0,42		
Gold	0,42	0,46		
Silber	0,38	0,43		
a-Eisen	0,28	0,36		
Wolfram	0,29	0,28		
Glas	0,25	−		
Silizium	0,27	0,28		
Germanium	0,28	0,25		
Magnesiumoxid	0,18 [1]	0,23 [1]		
Titankarbid	0,19 [2]	0,19		
Aluminiumoxid	0,20 [3]	0,30	0,17	0,15
Quarz	0,17 [4]	0,14	0,13	0,10
Graphit	0,16 [5]	0,05	0,78	(2,3)
Diamant		0,10		

Die Werte für Metallvielkristalle sind entnommen aus der Arbeit *Köster, W.* und *H. Franz,* Metall. Rev. **6,** 1 (1961).

[1] *Chung, D.-H.,* Phil. Mag. **8,** 833 (1963).

[2] *Shaffer, P. T. B.,* Handbook of High Temperature Materials, Materials Index, Plenum Press, New York 1964.

[3] Die Daten von Aluminiumoxid stammen aus dem Glass Technology Laboratory der General Electric Co.

[4] Quarzglas, vgl. das Zitat in Fußnote [5].

[5] *Huntington, H. B.,* Solid St. Phys. **7,** 213 (1958).

Anhang D

Maßeinheiten

Erdbeschleunigung $g = 981 \ cm/s^2 = 32,1 \ ft/s^2$
$1 \ bar = 10^6 \ dyn/cm^2 = 10^5 \ Newton/m^2$
$1 \ kp/mm^2 = 9,81 \cdot 10^7 \ dyn/cm^2 = 1422 \ lb/in^2 = 1422 \ psi$
$10^4 \ psi = 7,04 \ kp/mm^2$
$10^6 \ psi = 6,90 \cdot 10^{10} \ dyn/cm^2$
$1 \ t.s.i. = 1,575 \ kp/mm^2$
$1 \ long \ ton \ (Brit.) = 2240 \ lb = 1016 \ kp$
$1 \ short \ ton = 2000 \ lb = 907 \ kp$
$10^8 \ erg/cm^2 = 47,68 \ ft \ lb/in.^2 = 572,16 \ psi. \ in.$
$1 \ p/cm^3 = 0,0361 \ lb/in.^3$
$1 \ lb/in.^3 = 27,68 \ p/cm^3$

Literatur

Literatur zu Kapitel 1

[1] *Orowan, E.*, Rep. Prog. Phys. **12**, 185 (1949); vgl. auch *Weld. J.* **34**, 157 (1955).

[2] *Mallinder, F. P.*, und *B. A. Proctor*, Phys. Chem. Glasses **5**, 91 (1964).

[3] *Gomer, R.*, und *C. S. Smith* (Herausgeber), The Structure and Properties of Solid Surfaces, University of Chicago Press, 1952.

[4] *Allen, B. C.*, Trans. Am. Inst. Min. metall. Petrol Engrs. **227**, 1175 (1963).

[5] *Price, A. T., M. A. Hall* und *A, P. Greenough*, Acta metall. **12**, 49 (1964).

[6] *Sundquist, B. E.*, Acta metall. **12**, 67 (1964).

[7] *Gilman, J. J.*, J. appl. Phys. **31**, 2208 (1960).

[8] *Class, W.*, Dissertation, Columbia University 1964.

[9] *Hawkins, W. D.*, J. chem. Phys. **10**, 269 (1941).

[10] *Good, R. J., L. A. Girifalco* und *G. Kraus*, J. phys. Chem. **62**, 1418 (1958).

[11] *Griffith, A. A.*, Phil. Trans. R. Soc. **A221**, 163 (1920).

[12] *Kingery, W. D.*, J. Am. ceram. Soc. **37**, 42 (1954).

[13] *de Boer, J. H.*, Trans. Faraday Soc. **32**, 10 (1936).

[14] *Silver, S.*, J. chem. Phys. **8**, 919 (1940).

[15] *Vincent, P. I.*, Proc. R. Soc. **A282**, 113 (1964).

[16] *Shimanouchi, T., M. Asahina* und *S. Enomoto*, J. Polym. Sci. **59**, 93 (1962).

[17] *Zwicky, F.*, Phys. Z. **24**, 131 (1923).

[18] *Tyson, W. R.*, Phil. Mag. **14**, 925 (1966).

[19] *Born, M.* und *R. Fürth*, Proc. Camb. phil. Soc. math. phys. Sci. **36**, 454 (1940).

[20] *Frenkel, J.*, Z. Phys. **37**, 572 (1926).

[21] *Mackenzie, J. K.*, Dissertation, Bristol 1949.

[22] *Musgrave, M. J. P.*, und *J. A. Pople*, Proc. R. Soc. **A268**, 474 (1962).

[23] *Frank, F. C.*, Symposium on Plastic Deformation of Crystalline Solids, S. 89, Carnegie Institute of Technology, 1950.

[24] *Kronberg, M. L.*, Acta metall. **5**, 507 (1957).

[25] *Brenner, S. S.*, J. appl. Phys. **27**, 1484 (1956).

[26] *Brenner, S. S.*, in: Growth and Perfection of Crystals (Herausgeber R. H. Doremus et al.), Wiley, New York, 1958.

[27] *Gilman, J. J.*, Prog. ceram. Sci. **1**, 146 (1961).

[28] *Tabor, D.*, The Hardness of Metals, Clarendon Press, Oxford 1951.

[29] *Marsh, D. M.*, Proc. R. Soc. **A279**, 420 (1964).

Literatur zu Kapitel 2

[1] *Griffith, A. A.*, Phil. Trans. R. Soc. **A221**, 163 (1920).

[2] *Inglis, C. E.*, Trans. Inst. nav. Archit. **55**, 219 (1913).

[3] *Kolosoff, G.*, Z. Math. Phys. **62**, 26 (1914).

[4] *Timoshenko, S.* und *J. N. Goodier,* Theory of Elasticity, 2. Aufl., McGraw-Hill, New York, 1951.

[5] *Cook, J.* und *J. E. Gordon,* Proc. R. Soc. **A282,** 508 (1964).

[6] *Schijve, J.,* Analysis of the Fatigue Phenomenon in Aluminium Alloys, Techn. Report M2122, N.A.A.R.I., Amsterdam, 1964.

[7] *Neuber, H.,* Kerbspannungslehre, 1. und 2. Aufl., Springer, Berlin, 1937 und 1958.

[8] *Marsh, D. M.,* in: Fracture of Solids (Herausgeber D. C. Drucker und J. J. Gilman), S. 119, Wiley, New York, 1963.

[9] *Sack, R. A.,* Proc. phys. Soc. **58,** 729 (1946).

[10] *Orowan, E.,* Rep. Prog. Phys. **12,** 185 (1949).

[11] *Irwin, G. R.,* in: Fracturing of Metals, S. 147, Am. Soc. Metals, Cleveland, 1948.

[12] *Barenblatt, G. I.,* Adv. appl. Mech. **7,** 55 (1962), vgl. auch L. M. Keer, J. Mech. Phys. Solids **12,** 149 (1964).

[13] *Elliott, H. A.,* Proc. phys. Soc. **59,** 208 (1947).

[14] *Cottrell, A. H.* und *A. Kelly,* Endeavour **25,** 27 (1966).

[15] *Gilman, J. J.,* J. appl. Phys. **31,** 2208 (1961).

[16] *Johnston, T. L., R. J. Stokes* und *C. H. Li,* Acta metall. **6,** 713 (1958).

[17] *Thomas, W. F.,* Phys. Chem. Glasses **1,** 4 (1960).

[18] *Proctor, B. A.,* Appl. mater. Res. **3,** 28 (1964).

[19] *Gurney, C.,* Proc. R. Soc. **A282,** 24 (1964).

[20] *Gurney, C.* und *S. Pearson,* Glasses and Ceramics, H.M.S.O., London, 1952.

[21] *Morley, J. G.,* Proc. R. Soc. **A282,** 43 (1964).

[22] *Morley, J. G., P. A. Andrews* und *I. Whitney,* Phys. Chem. Glasses **5,** 1 (1964).

[23] *Shand, E. B.,* J. Am. ceram. Soc. **42,** 474 (1959).

[24] *Shand, E. B.,* J. Am. ceram. Soc. **44,** 71 und 451 (1961).

[25] *Marsh, D. M.,* Proc. R. Soc. **A282,** 33 (1964); sowie die dort zitierte Literatur.

[26] *Mindlin, R. D.,* J. appl. Mech. **16,** 259 (1949).

[27] *Tabor, D.,* Proc. phys. Soc. **67 B,** 249 (1954).

Literatur zu Kapitel 3

[1] *Sanders, W. T.,* Phys. Rev. **128,** 1540 (1962).

[2] *Pearson, G. L., W. T. Read, Jr.* und *W. L. Feldmann,* Acta metall. **5,** 181 (1957).

[3] *Williams, W. S.,* J. appl. Phys. **35,** 1329 (1964).

[4] *Wachtmann, J. B.,* Jr. und *L. H. Maxwell,* J. Am. ceram. Soc. **37,** 291 (1954) und J. Am. ceram. Soc. **42,** 433 (1959).

[5] *Mallinder, F. P.* und *B. A. Proctor,* Phil. Mag. **13,** 197 (1966).

[6] *Haasen, P.,* Acta metall. **5,** 588 (1957).

[7] *Chaudhuri, A. R., J. R. Patel* und *L. G. Rubin,* J. appl. Phys. **33,** 2736 (1962).

[8] *Kronberg, M. L.,* Acta metall. **5,** 507 (1957).

[9] *Kabler, M. N.,* Phys. Rev. **131,** 54 (1963).

[10] *Hirthe, W. H.* und *J. O. Brittain,* J. Am. ceram. Soc. **46,** 411 (1963).

[11] *Haasen, P.,* in: The Relation between the Structure and Mechanical Properties of Metals, S. 588, H.M.S.O., London, 1963.

[12] *Nabarro, F. R. N.,* in: Rep. Conf. Strength of Solids, S. 75, Physical Society, London, 1948.

[13] *Herring, C.*, J. appl. Phys. **21**, 437 (1950).
[14] *Brenner, S. S.*, J. appl. Phys. **33**, 33 (1962).
[15] *Rowcliffe, D. J.*, Dissertation, Cambridge 1965.
[16] *Frank, F. C.* und *J. F. Nicholas*, Phil. Mag. **44**, 1213 (1953).
[17] *von Mises, R.*, Z. angew. Math. Mech. **8**, 161 (1928).
[18] *Groves, G. W.* und *A. Kelly*, Phil. Mag. **8**, 877 (1963).
[19] *Hulse, C. O., S. M. Copley* und *J. A. Pask*, J. Am. ceram. Soc. **46**, 317 (1963).
[20] *Johnston, T. L., R. G. Davies* und *N. S. Stoloff*, Phil. Mag. **12**, 305 (1965).
[21] *Johnson, L. D.* und *J. A. Pask*, J. Am. ceram. Soc. **47**, 437 (1964).
[22] *Day, R. B.* und *R. J. Stokes*, J. Am. ceram. Soc. **49**, (1966).
[23] *Nabarro, F. R. N., Z. S. Basinski* und *D. B. Holt*, Adv. Phys. **13**, 193 (1964).

Literatur zu Kapitel 4

[1] *Conrad, H.*, in: The Relation between the Structure and Mechanical Properties of Metals, S. 476, H.M.S.O., London, 1963.
[2] *Inman, M. C.*, und *H. R. Tipler*, Metall. Rev. **8**, 105 (1963).
[3] *Nock, J. A.*, Jr. und *H. Y. Hunsicker*, J. Metals **15**, 216 (1963).
[4] *Hahn, G. T., B. L. Averbach, W. S. Owen* und *M. Cohen* in: Fracture (Herausgeber B. L. Averbach et al.), S. 91, Wiley, New York, (1959).
[5] *Irwin, G. R.*, Trans. ASM **40**, 147 (1948).
[6] *Orowan, E.*, Rep. Progr. Phys. **12**, 185 (1949).
[7] *Irwin, G. R.*, und *A. A. Wells*, Metall. Rev. **10**, 223 (1965).
[8] *Cottrell, A. H.*, Proc. R. Soc. **A276**, 1 (1963).
[9] *Armstrong, R.*, I. Codd, R. M. Douthwaite und N. J. Petch, Phil. Mag. **7**, 45 (1962).
[10] *Petch, N. J.*, Phil. Mag. **3**, 1089 (1958).
[11] *Cottrell, A. H.*, Trans. Am. Inst. Min. metall. Petrol. Engrs **212**, 142 (1958).
[12] *Fleischer, R. L.*, und *W. L. Hibbard*, Jr., in: The Relation between the Structure and Mechanical Properties of Metals, S. 262, H.M.S.O., London, 1963.
[13] *Kelly, A.*, und *R. B. Nicholson*, Prog. mater. Sci. **10**, 149 (1963).
[14] *Mott, N. F.*, und *F. R. N. Nabarro* in: Rep. Conf. Strength of Solids, S. 1, Physical Society, London, 1948.
[15] *Orowan, E.*, in: Symposium on Internal Stresses in Metals and Alloys, S. 451, Institute of Metals, London, 1948.
[16] *Cottrell, A. H.*, und *B. A. Bilby*, Proc. phys. Soc. **A62**, 49 (1949).
[17] *Mott, N. F.*, in: Imperfections in Nearly Perfect Crystals (Herausgeber W. Shockley), S. 173, Wiley, New York, 1950.
[18] *Friedel, J.*, Dislocations, Pergamon Press, Oxford, 1964.
[19] *Cochardt, A. W., G. Schoek* und *H. Wiedersich*, Acta metall. **3**, 533 (1955).
[20] *Saxl, I.*, Czech. J. Phys. **B14**, 381 (1964).
[21] *Winchell, P. G.*, und *M. Cohen*, Trans. ASM **55**, 347 (1962).
[22] *Byrne, G. J., M. E. Fine* und *A. Kelly*, Phil. Mag. **6**, 1119 (1961).
[23] *Kelly, A.*, und *M. E. Fine*, Acta metall. **5**, 365 (1957).
[24] *Hirsch, P. B.*, und *A. Kelly*, Phil. Mag. **12**, 881 (1965).

[25] *Kennedy, A. J.*, Processes of Creep and Fatigue in Metals, S. 306, Oliver & Boyd, Edinburgh, 1962.

[26] *Wadsworth, N. J.*, in: Internal Stresses and Fatigue in Metals (Herausgeber G. M. Rassweiler und W. L. Grube), S. 382, Elsevier, Amsterdam, 1959.

[27] *Capus, J. M.*, und *G. Mayer*, J. Iron Steel Inst. **196**, 149 (1960).

[28] *Ineson, E.*, The Development and Application of Very Strong Steels. Ministry of Defence Inter-Service Metallurgical Research Council Publication, ISMET 3452, H.M.S.O., London, 1965.

[29] *Shyne, J., V. Zackay* und *D. Schmatz*, Trans. ASM **52**, 346 (1960).

[30] *Owen, W. S.*, Proc. R. Soc. **A282**, 79 (1964).

[31] *Thomas, G., D. Schmatz* und *W. Gerberich* in: High Strength Materials (Herausgeber V. Zackay), S. 251, Wiley, New York, 1965.

[32] *Decker, R. F.*, in: The Relation between the Structure and Mechanical Properties of Metals, S. 648, H.M.S.O., London, 1963.

[33] *Speich, G. R.*, Trans. Am. Inst. Min. metall. Petrol. Engrs **227**, 1426 (1963).

[34] *Embury, J. D.*, und *R. M. Fisher*, Acta metall. **14**, 147 (1966).

[35] *Speich, G. R.*, und *R. A. Oriani*, Trans. Am. Inst. Min. metall. Petrol. Engrs **233**, 623 (1965).

[36] *Decker, R. F.*, und *R. R. DeWitt*, J. Metals **17**, 139 (1965).

[37] *Bloch, E. A.*, Metall. Rev. **6**, 193 (1961).

[38] *Preston, O.*, und *N. J. Grant*, Trans. Am. Inst. Min. metall. Petrol. Engrs **221**, 164 (1961).

[39] *Alexander, G. B.*, und *W. M. Pasfield*, U. S. Patent 3019013, 1961.

[40] *Worn, D. K.*, und *S. F. Marton* in: Powder Metallurgy (Herausgeber W. Leszynski), S. 309, Interscience, New York, 1961.

[41] *von Heimendahl, M.*, und *G. Thomas*, Trans. Am. Inst. Min. metall. Petrol. Engrs **230**, 1520 (1964).

[42] *Dean, A. V.*, J. Inst. Metals **95**, 79 (1967).

[43] *Ashby, M.*, Z. Metallk. **55**, 5 (1963).

[44] *Lewis, M. H.*, und *J. W. Martin*, Acta metall. **11**, 1207 (1963).

[45] *Kelly, A.*, Proc. Roy. Soc. **A282**, 63 (1964).

[46] *Wilson, D. V.*, Trans. ASM **47**, 321 (1955).

[47] *Webb, W. W.*, und *W. D. Forgeng*, Acta metall. **6**, 462 (1958).

[48] *Herzberg, R. W.*, und *R. W. Kraft*, Trans. Am. Inst. Min. metall. Petrol. Engrs **227**, 580 (1963).

[49] *Cottrell, A. H.*, Proc. R. Instn Gt Br. **38**, 346 (1960).

Literatur zu Kapitel 5

[1] *Cox, H. L.*, Br. J. appl. Phys. 3, 72 (1952).

[2] *Dow, N. F.*, General Electric Company Report R 63SD61 (1963).

[3] *Rosen, B. W.*, in: Fiber Composite Materials, Am. Soc. Metals, 1965.

[4] *Tyson, W. R.*, Dissertation, Cambridge 1964.

[5] *McDanels, D. L., R. W. Jech* und *J. W. Weeton*, N.A.S.A. Technical Note D-1881 (1963).

[6] *McDanels, D. L., R. W. Jech* und *J. W. Weeton*, Trans. Am. Inst. Min. metall. Petrol. Engrs 233, 636 (1965).

[7] *Hill, R.*, J. Mech. Phys. Solids **12**, 199 (1964); **12**, 213 (1964); **13**, 189 (1965).

[8] *Hashin, Z.* und *B. W. Rosen.* J. appl. Mech. **31**, 223 (1964).

[9]   *McDanels, D. L., R. W. Jech* und *J. W. Weeton,* Metal Prog. **78** (6), 118 (1960).

[10] *Kelly, A.* und *W. R. Tyson,* in: High Strength Materials (Herausgeber V. Zackay), S. 578, Wiley, New York, 1965.

[11] *Kelly, A.* und *W. R. Tyson,* J. Mech. Phys. Solids **13,** 329 (1965).

[12] *Kelly, A.* und *G. J. Davies,* Metall. Rev. **10,** 1 (1965).

[13] *Sutton, W. H., B. W. Rosen* und *D. G. Flom,* S.P.E.Jl. **20,** 1 (1964).

[14] *Outwater, J. O.,* Jr., Mod. Plast. **33,** 156 (1956).

[15] *Daniel, I. M.* und *A. J. Durelli,* 16th Conference Society of Plastics Industry, Paper 19A, 1961.

[16] *Schuerch, H.,* N.A.S.A. Report CR-202 (1965).

[17] *Jackson, P. W.* und *D. Cratchley,* J. Mech. Phys. Solids **14,** 49 (1966), vgl. auch G. A. Cooper, J. Mech. Phys. Solids **14,** 103 (1966).

[18] *Tsai, S. W.,* N.A.S.A. Report CR-224 (1965).

[19] *Gücer, D. E.* und *J. Gurland,* J. Mech. Phys. Solids **10,** 365 (1962).

[20] *Epstein, B.,* J. appl. Phys. **19,** 140 (1948).

[21] *Daniels, H. E.,* Proc. R. Soc. **A183,** 405 (1945).

[22] *Coleman, B. D.,* J. Mech. Phys. Solids 7, 60 (1958).

[23] *Cottrell, A. H.,* Proc. R. Soc. **A282,** 2 (1964).

[24] *Cook, J.* und *J. E. Gordon,* Proc. R. Soc. **A282,** 508 (1964).

Literatur zu Kapitel 6

[1]   *Morgan, P.* (Herausgeber), Glass Reinforced Plastics, 3. Ausg., Iliffe, London 1961.

[2]   *Kelly, A.* und *G. J. Davies,* Metall. Rev. **10,** 1 (1965).

[3]   *Cratchley, D.,* Metall. Rev. **10,** 79 (1965).

[4]   *Griffith, A. A.,* Phil. Trans. R. Soc. **A221,** 163 (1920).

[5]   *Sonneborn, R. H.,* Fiberglass Reinforced Plastics, Reinhold Publishing Corp., New York 1954.

[6]   *Gunston, W. T.,* Science J. **5** (2), 39 (1969).

[7]   *Dresher, W. H.,* J. Metals **21** (4), 17 (1969).

[8]   *Fleck, J. N.* und *E. J. Jablonowski,* Met. Progr. **95** (3), 99 (1969).

[9]   *Preston, O.* und *N. J. Grant,* Trans. Am. Inst. Min. metall. Petrol. Engrs **221,** 164 (1961).

[10] *Moore, A.,* persönliche Mitteilung.

[11] *Taylor, G. F.,* Phys. Rev. **23,** 655 (1924); vgl. auch U.S. Patent No. 1739529 (1931).

[12] *Ulitovskiy, A. V.,* Pribory Tekh. Eksp. **3,** 115 (1957).

[13] *Nixdorf, J.,* Metall **23,** 887 (1969).

[14] *McCreight, L. R., H. W. Rauch,* Sr. und *W. H. Sutton,* Ceramic and Graphite Fibres and Whiskers, Academic Press, New York 1965.

[15] *Morley, J. G., P. A. Andrews* und *I. Whitney,* Physics Chem. Glasses **5,** 1 (1964).

[16] *Arridge, R. G. C., A. A. Baker* und *D. Cratchley,* J. scient. Instrum. **41,** 259 (1964).

[17] *Cratchley, D.* und *A. A. Baker,* Metallurgia **69,** 153 (1964).

[18] *Loewenstein, K. L.,* Physics Chem. Glasses **2,** 69 und 119 (1961).

[19] *Nadai, A.* und *M. J. Manjoine,* J. appl. Mech. **8,** A-77 (1941).

[20] *Talley, C. P.,* J. appl. Phys. **30,** 1114 (1959).

[21] *Kliman, M. I.,* Watertown Arsenal Technical Report WAL TR 371/50 (1962).

[22] *Carroll-Proczynski, C. Z.,* in: Advanced Materials, S. 132, Astex Publishing Co., Guildford, 1962.

[23] *Shindo, A.*, Rep. Gov. Ind. Res. Inst. Osaka No. 317 (1961).

[24] *Watt, W.* und *W. Johnson,* Royal Aircraft Establishment, persöntliche Mitteilung.

[25] *Doremus, R. H., B. W. Roberts* und *D. Turnbull* (Herausgeber), Growth and Perfection of Crystals, Wiley, New York, 1958.

[26] *Gilman, J. J.* (Herausgeber), The Art and Science of Growing Crystals, Wiley, New York, 1963.

[27] *Coleman, R. V.,* Metall. Rev. **9**, 261 (1964).

[28] *Cook, J.* und *J. E. Gordon,* Proc. R. Soc. **A282**, 508 (1964).

[29] *Mehan, R. L., W. H. Sutton* und *J. A. Herzog,* General Electric Company Report No. R65SD28 (1965).

[30] *Sutton, W. H.* und *J. Chorné,* in: Fiber Composite Materials, S. 173, Am. Soc. Metals, Cleveland, 1965.

[31] *Herzberg, R. W.* und *R. W. Kraft,* Trans. Am. Inst. Min. metall. Petrol. Engrs **227**, 580 (1963).

[32] *Parrat, N. J.,* Powder Metall. **7**, 152 (1964).

[33] *Gordon, J. E.* und *R. J. Wakelin,* persönliche Mitteilung.

[34] *Sutton, W. H., B. W. Rosen* und *D. G. Flom,* S.P.E. Jl **20**, 1 (1964).

[35] *Davies, G. J.,* in: High Strength Materials (Herausgeber V. Zackay) S. 603, Wiley, New York, 1965.

[36] *de Vos, K. J.,* in: Proc. Int. Conf. Magnetism, S. 772, Inst. of Physics and Phys. Soc., London, 1964.

[37] *Herzberg, R. W., F. D. Lemkey* und *J. A. Ford,* Trans. Am. Inst. Min. metall. Petrol. Engrs **233**, 342 (1965).

[38] *Kreider, K.* und *M. Marciano,* Trans. Am. Inst. Min. metall. Petrol. Engrs **245**, 1279 (1969).

[39] *Davis, J. W., J. A. McCarthy* und *J. N. Schurb,* Mat. in Design Engr. **60** (7), 87 (1964).

[40] *Baker, A. A.* und *D. Cratchley,* Appl. mater. Res. **3**, 215 (1964).

[41] *Forsyth, P. J. E., R. W. George* und *D. A. Ryder,* Appl. mater. Res. **3**, 223 (1964).

[42] *Brenner, S. S.,* J. appl. Phys. **33**, 33 (1962).

[43] *Stokes, R. J.,* in: Microstructure of Ceramic Materials, S. 41, U.S. Dept. of Commerce, National Bureau of Standards, 1964.

[44] *Folweiler, R. C.,* J. appl. Phys. **32**, 773 (1961).

[45] *Miles, G. D.* und *F. J. P. Clarke,* Phil. Mag. **6**, 1449 (1961).

[46] *Baskey, R. H.,* Clevite Corporation, Final Report on Contract AF 33 (657)–7139 (1963).

[47] *Dean, A. V.,* J. Inst. Metals **95**, 79 (1967).

[48] *Kelly, A.* und *W. R. Tyson,* J. Mech. Phys. Solids **14**, 177 (1966).

Sachwortverzeichnis